普通高等教育"十一五"国家级规划教材

机床液压传动与控制

（第 4 版）

周计明　卢光贤　主编

西北工业大学出版社

西　安

【内容简介】 本书是在《机床液压传动与控制》第3版(第3版是普通高等教育"十一五"国家级规划教材)基础上修订而成。本书较系统地介绍了液压传动的流体力学基础理论;从正确选用的角度出发,介绍了各种液压元件的工作原理、性能、特点和典型结构;以调速回路为主,介绍了常用基本回路的原理、性能和应用,以及典型液压系统和液压系统设计的方法与步骤,并用实例加以说明;最后,除了介绍液压伺服系统的一般工作原理、特点外,还着重用具体实例介绍了液压伺服系统动态和静态特性分析的基本方法与步骤。

本书可作为高等院校机械制造专业液压传动课程的教材,也可作为机械类其他专业的液压传动课程教材或参考书,也可供相关工厂或研究单位的技术人员学习、参考之用。

图书在版编目(CIP)数据

机床液压传动与控制 / 周计明,卢光贤主编. — 4
版. — 西安:西北工业大学出版社,2022.8
ISBN 978 - 7 - 5612 - 8276 - 2

Ⅰ. ①机… Ⅱ. ①周… ②卢… Ⅲ. ①液压传动 ②液
压控制 Ⅳ. ①TH137

中国版本图书馆 CIP 数据核字(2022)第 131393 号

JICHUANG YEYA CHUANDONG YU KONGZHI

机 床 液 压 传 动 与 控 制

周计明 卢光贤 主编

责任编辑:杨 军		策划编辑:杨 军	
责任校对:高茸茸		装帧设计:李 飞	

出版发行:西北工业大学出版社
通信地址:西安市友谊西路 127 号　　　邮编:710072
电　　话:(029)88491757,88493844
网　　址:www.nwpup.com
印 刷 者:兴平市博闻印务有限公司
开　　本:787 mm×1 092 mm　　　1/16
印　　张:15
字　　数:394 千字
版　　次:1984 年 5 月第 1 版　2022 年 8 月第 4 版　2022 年 8 月第 1 次印刷
书　　号:ISBN 978 - 7 - 5612 - 8276 - 2
定　　价:59.00 元

第 4 版前言

本书内容涵盖流体力学基础、液压元件原理及应用、典型液压回路及应用、液压系统的控制理论基础等,具有鲜明的行业特色,自 1984 年初版以来,分别于 1992 年和 2005 年历经两次修订。经过近 40 年的教学实践和广大兄弟院校的持续使用,教材内容和编写方法得到了广泛认可并于 1996 年分别获得中国航空工业总公司第四届航空高校优秀教材一等奖和陕西省首届"优秀双效书奖",特别是在 2005 年第 3 版修订时被列为普通高等教育"十一五"国家级规划教材。

本次修订在保持第 3 版体系、结构、内容和特色不变的基础上,所做修订工作的要点如下:

(1)按照最新国家标准 GB/T 786.2—2021《流体传动系统及元件图形符号和符号图第 1 部分:图形符号》,自建了矢量液压元件图形符号库,并重新绘制了所有液压回路图,使液压符号及回路图更加清晰、规范。

(2)更新了第 3 版绘制的液压回路图之外的其他原理图、曲线图等,修正了原图存在的诸如中心线不居中、粗细实线区分不明显、图形明显不对称等不规范之处,订正了原理图存在的错误,使其更加科学、规范。

(3)在第三章液压缸、第九章液压伺服系统增加了结合工程实践的教学案例,突出理论与实践相结合。

(4)通篇修订了文字内容,语言更加流畅,叙述更加清晰,内容更加准确。

(5)修订了不规范用语。

本次修订由西北工业大学周计明、卢光贤担任主编。参加本次修订的人员有西北工业大学齐乐华(第二章),姜万生(第三、七章),周计明(绪论、第八、九章),罗俊(第四、六章),付佳伟(第一、五章)。全书由西安交通大学赵升吨教授担任主审,在此表示衷心感谢。

由于水平所限,书中难免有疏漏和不足之处,欢迎读者批评指正。

编　者

2021 年 9 月

第 3 版前言

本书初版是全国航空高等院校机械制造类专业统编教材。它是按照西北工业大学，北京航空航天大学、南京航空航天大学、沈阳航空工业学院.南昌航空工业学院五所航空院校共同拟定的有关航空机械加工专业"机床液压传动与控制"课程的教学大纲编写的教材。在教材中增添了飞行器制造专业及有关其他机械制造类专业需要的内容。

自 1984 年本书初版发行以来，经上述各航空院校以及其他院校使用，一致认为内容安排恰当，针对性强，编写方法深入浅出，图文并茂，便于自学。

1993 年，进行第 2 版修订时，本着基本内容与讲授方法不变的指导思想，根据几年的教学实践和生产发展情况.将书中不适当之处进行了调整、修改，1993 年修订本发行以来，受到广大师生的欢迎，曾多次重印，并于 1996 年分别获得中国航空工业总公司第四届航空高校优秀教材一等奖和陕西省首届"优秀双效书奖"。

本次修订(第 3 版)按照"普通高等教育'十一五'国家级教材规划"精神，对原书部分内容进行了更新，文字叙述也作了适当修改，并适当扩充了其他领域，以扩大使用范围。修定的主要内容是以液压传动系统的工作原理、设计方法和正确使用为着重点，适当地加强了液压传动理论和液压伺服控制的介绍，对于液压元件这部分内容，只从正确使用为出发点介绍主要元件的原理、特点和使用场合，液压伺服系统不作为一般液压系统看待，除介绍它的一般工作原理、特点和使用外，着重用具体的实例较详细地介绍了液压伺服系统动、静态特性分析的基本方法与步骤，而对其设计则不做介绍。由于近年来电液伺服系统的广泛应用，本次修订重新恢复了关于电液伺服系统的特性分析与计算内容，全书仍按 50 学时进行修订，有关液压系统和基础理论的内容约占 3/5，液压元件内容约占 2/5。

本书由西北工业大学卢光贤担任主编，王立伦担任副主编。参加本次修订的人员有西北工业大学胡粹华(绪论，第二章)，姜万生(第三、七章)，王立伦(第五、八章)，卢光贤(第九章)，北京航空航天大学李述楣(第一章)，南京航空航天大学雷玉亮(第四、六章)，曾经参加编写和修订的同志还有计永心、 曾贤启 、宋学燕、骆简文、陈佩琳、张晓坤等同志，

本书难免有疏漏和不足之处，欢迎读者批评指正。

编　者

2005 年 12 月

第 2 版前言

本书自 1984 年第 1 版发行以来,经西北工业大学、北京航空航天大学、南京航空学院、沈阳航空工业学院等高等院校以及厂办大学使用,一致认为内容安排恰当,针对性强,编写方法深入浅出,图文并茂,便于自学。

这次修订,本着基本内容与讲授方法不变,只是根据几年的教学实践和生产发展情况将书中不适当之处进行调整、修改。全书按 50 学时进行修改编写,删去了部分内容,字数比第一版有所减少。对书中插图进行了适当筛选和修改,并对全部插图重新描绘。

本书由西北工业大学卢光贤担任主编,王立伦担任副主编。参加本书修订的人员有:西北工业大学胡粹华(绪论)、陈佩琳(第二、三章)、姜万生(第七章)、王立伦(第五、八章)、张晓坤(第九章);北京航空航天大学李述楣(第一章);南京航空学院雷玉亮(第四、六章)。胡粹华、张晓坤分别校阅了第二、三章及第七、八章初稿。全书由西安交通大学林廷圻教授审阅,并提出宝贵意见,在此表示感谢。

由于水平所限,书中难免有疏漏和错误之处,欢迎读者批评指正。

编 者
1992 年 2 月

第 1 版前言

本书是全国航空高等院校机械制造专业统编教材之一。它是按照 1982 年西北工业大学、北京航空学院、南京航空学院、沈阳航空工业学院、南昌航空工业学院等五所航空院校共同拟定的有关航空机械加工专业"机床液压传动与控制"课程的教学大纲编写的教材。在教材中增添了飞行器制造专业及有关机械制造类专业需要的内容。

自 1976 年以来,全国陆续出版了不少有关液压传动与控制的教材,尽管在内容上都不能适应航空高等院校机械制造专业教学计划规定的学时和专业需要,但是它们在内容和讲述方法上都各有特色。为此,本书以这些教材为主要参考材料,综合吸收了它们各自的优点,结合我们的教学实践经验而编写成的。

本书是以机床液压传动系统的工作原理、设计方法和正确使用为着重点,并适当地加强了液压传动理论的介绍和液压伺服控制的介绍。对于液压元件则只从正确使用为出发点介绍主要元件的原理、特点和使用场合。液压伺服系统不作为一般液压系统看待,除介绍它的一般工作原理、特点和使用外,着重用具体的实例较详细地介绍了液压伺服系统动、静态特性分析的基本方法与步骤,而对其设计则不作介绍。有关系统和基础理论的内容约占 3/5,元件内容约占 2/5。

本书由西北工业大学卢光贤同志主编。参加编写的有,骆简文(第一、八章)、李述楣(第二章)、胡粹华(第三、四章)、雷玉亮(第五章)、曾贤启(第六章)、计永心(第七章)、宋学燕(第九章)、卢光贤(第十章)。参加编写工作的还有黄华煜、高维亮同志。本书由华东工程学院刘秋生、胡宝善同志审阅,并提出了宝贵意见。书中插图由孙友梅等同志描绘,在此表示感谢。

书中难免有疏漏和错误的地方,欢迎读者批评指正。

编 者

1983 年 10 月

目　　录

绪　论

　　液压传动技术早在 18 世纪末就已开始应用,从 1795 年英国制成第一台水压机,至今已有 200 多年的历史。各国普遍重视液压传动技术的研究,但将其应用于各个工业部门,主要始于第一次世界大战前后,因此,液压传动与机械传动相比,还是比较年轻的技术。

　　第二次世界大战以后,液压元件迅速发展,性能也日趋完善,因而,液压传动技术开始得到广泛的应用。自从出现了精度高及响应快的伺服阀和伺服控制系统以后,液压传动技术的应用就更为大家所重视。液压传动具有许多突出优点,目前已广泛应用在机械制造、工程建筑、交通运输、矿山、冶金、航空、航海、军事、轻工和农机等工业领域,也被应用到宇宙航行、海洋开发、地震预测等方面。在机床行业中,液压传动的应用更为普遍,如应用在磨床、车床、拉床、刨床、镗床、锻压机床、组合机床、数控机床、仿形机床、单机自动化、机械手和自动线等机械加工设备中。

　　从发展趋势来看,液压传动正朝着高压化、高速化、集成化、大流量、大功率、高效率、长寿命、低噪声方向发展。为此,一些主要液压元件生产国,对下列几方面的理论研究十分重视:液压回路中的动态特性;元件的噪声、振动和气蚀;液压油的难燃性、充气性、压缩性和污染;阀的稳定性、流量系数、液动力;元件的内、外泄漏;提高元件的低温特性;提高元件的使用寿命;微电子与计算机在电液自动控制系统中的应用等。

一、液压传动技术概况

　　液压传动是依据法国人布莱士·帕斯卡所提出的液体静压传递原理而发展出的一种传动技术,是流体传动的一种形式(流体传动的另一种形式是液力传动,主要利用液体的动能进行工作),以液体的压力能进行工作,与机械、电气等传动形式相比具有许多突出优点,可输出大推力或大转矩,实现低速大吨位运动,应用非常广泛。

　　液压传动技术的发展与流体力学、材料学、机构学、机械制造等学科发展紧密相关。布莱士·帕斯卡于 1653 年提出了液体静压传递原理——帕斯卡定理,奠定了液压传动的静力学基础。

　　在近 100 年后的 1738 年,瑞士人伯努利从能量守恒原理出发,确立了流体定常流动条件下流速、压力、流道高度之间的关系——伯努利方程,与质量守恒、动量守恒一起形了流体动力学的基础。1827 年与 1845 年,法国人纳维和英国人斯托克斯建立了黏性流体运动的基本方程——N-S 方程,1883 年英国人雷诺建立了湍流基本方程——雷诺方程。这一系列的理论成果为液压传动技术的发展奠定了坚实的科学与工艺基础。

　　液压传动技术最直接的应用就是液压机。1795 年,英国人布拉曼制成了世界上第一台实用的水压机。随着铁路蒸汽机、机械制造等的需求,1830 年以后一些小型水压机开始应用于金属锻造领域。1893 年,美国建成世界第一台万吨级的自由锻造水压机。20 世纪初,随着重型机械设备的发展,水压机的吨位迅速提高。在 1905 年首次出现以油为工作介质的油压机,其性能得到进一步改善。冷战期间,苏联、英国、法国、中国竞相发展模锻液压机技术。1955 年,美国建成两台 45 000 吨级模锻压机和两台 31 500 吨级模锻压机,为美国后来称霸世界航空工业奠定了雄厚的基础。1957—1964 年,苏联先后建成 2 台当时世界最大的 75 000 吨级的模锻液压机,3 台 30 000 吨级的模锻液压机和 1 台 15 000 吨级的模锻液压机。1967 年,英国建成 30 000 吨级模锻液压机。1976 年,法国建成 65 000 吨级模锻水压机。我国的液压技术研究开始于 1952 年,最初主要应用于磨床、拉床等机床行业,随后又逐渐推广到工程机械、农业机械等行走机械领域。1962 年,江南造船厂研制成功我国第一台 12 000 万吨级锻造水压机。1967 年,中国第一重型机器厂建成当时亚洲最大的 30 000 吨级模锻水压机,装备重庆西南铝厂。该机于 1973 年 9 月投产,并服役至今,对提高我国特种高强度合金锻件加工能力做出了重要贡献。2012 年我国又相继建成 30 000 吨级(昆仑重工)、40 000 吨级(三角防务)、80 000吨级(德阳二重)模锻压机各一台。我国 80 000 吨级模锻液压机一举打破了苏联75 000吨级模锻液压机保持了 51 年的世界纪录,这也标志着中国关键大型锻件受制于国外的时代彻底结束。2018 年,在 80 000 吨级的模锻液压机上锻制成功 C919 大飞机的关键承力锻件——主起外筒。

除液压机外,液压传动技术还广泛应用于工程机械、冶金、航空、机床、自动生产线等场所。工程机械,如挖掘机、道路机械、建设机械、桩工机械、搅拌车等,是液压产品的最大用户,占行业销售总额的 40% 以上。液压系统在机床上的应用主要包括工件的夹紧、工作台的移动等。冶金设备中使用液压启动的达到 6.1%~8.1%。现代武器装备也离不开液压传动,大型运动部件需要液压传动来驱动,如地空导弹发射装置的发射梁俯仰运动、车载雷达天线升降运动均是由液压系统驱动的。液压技术的应用水平已成为衡量一个国家工业水平的重要标志之一。

液压技术的发展离不开液压元件及控制技术的保障。1922 年,瑞士人托马发明了径向柱塞泵。1925 年,维克斯发明了压力平衡式叶片泵。1936 年,美国人威克斯发明了先导式的压力控制阀,为后续高压回路的有效控制奠定了基础。1940 年,工作压力 35 MPa 的液压泵已实现量产。液压技术日益完善的同时也变得越来越复杂,已形成了巨大产业和专门科学,技术突破变得越来越困难。目前全球的高端液压件几乎被博世力士乐、川崎重工、派克汉尼汾、伊顿液压等少数几家液压生产企业所垄断,其中博世力士乐、川崎重工占据了全世界相当多的市场份额。当前,我国大约有 80% 的高端液压件受制于国外,而"三基"(基础件、基础材料、基础工艺)成为我国机械工业的软肋,其中高端液压零部件长期依赖进口,液压技术成为我国装备制造业的一项短板,被业内称为"锁喉之痛"。

近年来,我国高度重视液压行业的发展,已把液压行业作为工业发展的战略重点之一,列入多项国家发展计划中,国家和各级地方政府出台了多项液压行业领域相关的鼓励政策。希望我国液压产业能抓住历史机遇,借国家宏观政策优势,打破国外封锁,实现液压关重件的突破。

未来液压技术正朝着高压、高速、大功率、高效率、低噪声、长寿命、耐用、集成化的方向发展。

二、机床液压传动系统

1.液压传动的工作原理

液压传动在机床上应用很广,具体的结构也比较复杂。下面通过一个简化了的机床液压传动系统,来概括地说明液压传动的基本工作原理。

图0-1为简化了的机床工作台往复送进的液压系统图。液压缸10固定不动,活塞8连同活塞杆9带动工作台14可以做向左或向右的往复运动。图0-1中为电磁换向阀7的左端电磁铁通电而右端的电磁铁断电状态,将阀芯推向右端。液压泵3由电动机带动旋转,通过其内部的密封腔容积变化,将油液从油箱1中,经滤油器2、油管15吸入,并经油管16、节流阀5、油管17、电磁换向阀7、油管20,压入液压缸10的左腔,迫使液压缸左腔容积不断增大,推动活塞及活塞杆连同工作台向右移动。液压缸右腔的回油,经油管21、电磁换向阀7、油管19排回油箱。当撞块12碰上行程开关11时,电磁换向阀7左端的电磁铁断电而右端的电磁铁通电,便将阀芯推向左端。这时,从油管17输来的压力油经电磁换向阀7,由油管21进入液压缸的右腔,使活塞及活塞杆连同工作台向左移动。液压缸左腔的回油,经油管20、电磁换向阀7、油管19排回油箱。电磁换向阀的左、右端电磁铁交替通电,活塞及活塞杆连同工作台便循环往复左、右移动。当电磁换向阀7的左、右端电磁铁都断电时,阀芯在两端弹簧的作用下,处于中间位置。这时,液压缸的左腔、右腔、进油路及回油路之间均不相通,活塞及活塞杆连同工作台便停止不动。由此可见,电磁换向阀是控制油液流动方向的控制元件。

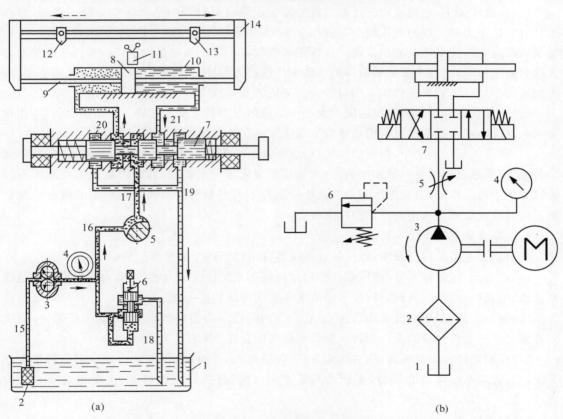

图0-1　简化的机床液压系统图

1—油箱;2—滤油器;3—液压泵;4—压力表;5—节流阀;6—溢流阀;7—电磁换向阀;
8—活塞;9—活塞杆;10—液压缸;11—行程开关;12,13—撞块;14—工作台;15~21—油管
(a)结构式原理图;　(b)职能符号式原理图

调节节流阀 5 的开口大小,可控制进入液压缸的油液流量,改变活塞及活塞杆连同工作台的移动速度。

在进油路上安装溢流阀 6,且与液压泵旁路连接。液压泵的输出压力可从压力表 4 读出。当油液的压力升高到稍超过溢流阀的调定压力时,溢流阀开启,油液经油管 18 排回油箱,这时油液的压力不再升高,稳定在调定的压力值范围内。溢流阀的作用是稳定系统压力和防止系统过载,同时,还起着把液压泵输出的多余油液排回油箱的作用。

在图 0-1 液压系统中,所采用的液压泵为定量泵,即在单位时间内所输出压力油的体积(称为流量)为定值。定量泵所输出的压力油,除供给系统工作所需外,多余的油液由溢流阀排回油箱,能量损耗就增大。为了节约能源,可以采用排量可调节的变量泵。如果机床液压系统的工作是旋转运动,则可以将液压缸改用液压马达。

通过上述例子可以看到:

(1)液压传动是以有压力的油液作为传递动力的介质,液压泵把电动机供给的机械能转换成油液的液压能,油液输入液压缸后,又通过液压缸把油液的液压能转变成驱动工作台运动的机械能。

(2)在液压泵中,电动机旋转运动的机械能是依靠密封容积的变化转变为液压能的,即输出具有一定压力与流量的液压油。在液压缸中,也是依靠其密封容积的变化,把输入的液压能转换为活塞直线往复运动的机械能。这种依靠密封容积变化来实现能量转换与传递的传动方式称为液压传动,它与主要依靠液体的动能来传递动力的"液力传动"(例如水轮机、离心泵、液力变矩器等)不同,后者在机床上用得极少。液压传动与液力传动都是液体传动。

(3)工作台运动时所能克服的阻力大小与油液的压力和活塞的有效工作面积有关,工作台运动的速度决定于在单位时间内通过节流阀流入液压缸中油液体积的多少。

(4)在液压传动系统中,控制液压执行元件(液压缸或液压马达)的运动(速度、方向和驱动负载能力)是通过控制与调节油液的压力、流量及液流方向来实现的,即液流是处在液压控制的状态下进行工作的,因此液压传动与液压控制是不可分割。然而通常所谓的液压控制系统是指具有液压动力机构的反馈控制系统。

2.液压系统的组成

从分析上述系统可以看出,液压传动系统通常由以下四个部分所组成:

(1)动力元件(液压泵)。液压泵的作用是向液压系统提供压力油,是动力的来源。它是将原动机(电动机)输出的机械能转变为油液液压能的能量转换元件。

(2)执行元件(液压缸或液压马达)。它的作用是在压力油的推动下,驱动工作部件,完成对外做功。它是将油液的液压能转变为机械能的能量转换元件。

(3)控制元件。如溢流阀(压力阀)、节流阀(流量阀)及换向阀(方向阀)等,它们的作用是分别控制液压系统油液的压力、流量及液流方向,以满足执行元件对力、速度和运动方向的要求。

(4)辅助元件。如油箱、油管、管接头、滤油器、蓄能器和压力表等,分别起储油、输油、连接、过滤、储存压力能和测压等作用,是液压系统中不可缺少的重要组成部分。但从液压系统的工作原理来看,它们是起辅助作用的,故因此而得名。

上述各类元件将在以后章节中分别予以介绍。

3.液压系统图的职能符号

图 0-1(a)的液压系统,各元件的图形基本上表示了它们的结构原理,称结构式原理图。它直观性强,容易理解,发生故障时按此类图来检查和判断故障原因比较方便,但图形复杂,不便绘制。为了简化液压原理图的绘制以适应液压技术的迅速发展,我国国家标准(GB 786.1—2021)规定了液压系统图的图形符号。在创建图形符号时,可对基本要素进行镜像或旋转。这些符号只表示元件的职能、连接系统的通路,并不表示元件的具体结构和参数,是职能符号。图 0-1(b)为该液压系统的职能符号式原理图。当无法用职能符号表示,或必须特别说明系统中某一重要元件的结构及动作原理时,也允许局部用结构式原理图表示。

国家标准规定:图中各元件的符号均以初始状态表示;在不改变它们含义的前提下可将它们镜像或 90°旋转;工作油路(包括主压油路和主回油路)以标准实线表示,泄漏油路以细实线表示,控制油路以虚线表示。当一个元件由两个或者更多元件集成时,应由点划线包围标出;可根据需要来改变图形符号的大小以用于元件标识或样本;图形符号内的油液可流动方向用箭头表示,但箭头方向并不表示油液的实际流动方向。

三、液压传动的优、缺点及在机床上的应用

液压传动系统中的传动介质是油,油本身的物理特性(将在第一章中讲到),使液压传动与机械传动、电气传动、气压传动相比,具有以下优点:

(1)能方便地实现无级调速,调速范围大。在液压传动中,可以在工作时进行无级调速,调速方便且调整范围大,可达 100：1～200：1。

(2)运动传递平稳、均匀。液压传动中的工作介质为液体,是无间隙传动且有吸振的能力,使液压传动工作平稳、均匀。不像机械传动装置,由于加工和装配误差不可避免地存在传动间隙,从而会引起振动和冲击。

(3)易于获得很大的力或力矩。液压传动的工作压力较高(可达 35 MPa 甚至更高),液压缸或液压马达的有效承压面积亦可取得较大,因此可获得很大的力或力矩。

(4)单位功率的质量轻,体积小,结构紧凑,反应灵敏。在同等功率的情况下,液压泵或液压马达的质量为一般电机的 10%～20%,外形尺寸为电机的 15%左右。液压马达的运动惯量不超过同等功率电机的 10%,启动中等功率的一般电动机需要 1～2 s,而启动同功率的液压马达时间不超过 0.1 s。液压传动反应灵敏,易于平稳地实现频繁的启、停、换向或变速。

(5)易于实现自动化。液压传动的控制、调节比较简单,操纵比较方便、省力,易于实现自动化。当与电气或气压传动配合使用时,更能实现远距离操纵和自动控制。

(6)易于实现过载保护,工作可靠。在液压传动中,作为工作介质的油液压力很容易由压力控制元件来控制。只要设法控制油液压力在规定限度就可达到防止过载及避免事故的目的,工作可靠稳定。

(7)自动润滑,元件寿命长。液压元件相对运动的表面因有液压油,能自行润滑,所以使用寿命较长。

(8)液压元件易于实现通用化、标准化、系列化,便于设计、制造和推广使用。

液压传动存在以下几点主要缺点:

(1)液压传动以液体作为工作介质,在相对运动的表面间无法避免泄漏,再加上液体具有微小的压缩性及油管产生弹性变形等原因,使液压传动不能实现严格的定比传动。泄漏使液

压系统能量损失增加,效率降低;泄漏造成油液的浪费,污染周围环境。

(2)温度对液压系统的工作性能影响较大。液体的黏度和温度有密切关系,当黏度因温度的变化而变化时,将直接影响液压系统的泄漏、液压损失和通过节流元件的流量等。故一般的液压系统不宜用于高温或低温的条件下。

(3)传动效率较低。液压传动在能量转换及传递过程中存在着机械摩擦损失、压力损失和泄漏损失,传动效率往往较低。这一缺点,使液压传动在大功率系统中的使用受到限制,也不宜做远距离传动。

(4)空气混入液压系统后引起工作不良,如发生振动、爬行和噪声等,因此,必须采取措施防止空气渗入。

(5)为了防止泄漏以及满足某些性能上的要求,液压元件的制造精度要求高,使成本增加。

(6)液压设备故障原因不易查找。液压传动中的各种元件和工作液体都在封闭的油路内工作,故障原因一般较难查找。液压传动的大部分故障是由于油液不洁所造成的,因此要求工作液体清洁、无杂质。液压传动中的工作液体一般为各种矿物油,经过一段时间的使用后会变质,并可能混入铁屑、尘埃等杂物,油液在压力状况下通过液压泵及控制阀的缝隙,分子链被剪切,黏度会逐步下降,因此必须定期换油,造成成本增加,生产中断。

总的说来,液压传动的优点较多,随着生产技术的发展,缺点也逐步被克服,因此液压传动有着广阔的发展前景。

液压传动在工程中的应用很广。在现代飞机的襟翼、尾舵、起落架等的操纵中,采用液压传动是为了获得大的力和力矩,并且单位功率质量轻。在机床中,采用液压传动主要是为了在工作过程中便于无级变速、实现自动化和实现换向频繁的往复运动。液压传动在机床上的应用有以下几方面:

(1)进给运动。液压传动在机床上的进给运动中应用最为广泛,例如车床、六角车床、自动车床的刀架及转塔刀架的进给;组合机床的动力头、动力滑台的进给等,要求有较大的调整范围,且在工作中能无级调节;C7120车床的纵向进给,最小工作进给量为25 mm/min,而纵向快进可达5 000 mm/min;磨床、刨床工作台往复,用液压控制,周期地实现定量进给,进给量可实现无级调节。

(2)主运动。龙门刨床的工作台、牛头刨床或插床的滑枕,都可采用液压传动实现所需的高速往复运动,并可减少换向冲击,缩短换向时间。液压传动也可用于自动车床、数控机床等的主轴旋转运动。

(3)仿形装置。车床、铣床、刨床上的仿形加工可以采用液压伺服系统来实现。液压仿形精度可达0.01~0.02 mm,灵敏性好,靠模接触力小,寿命长。

(4)辅助装置。工件与刀具的装卸、输送、转位、变速操纵,垂直移动的部件平衡等,都可采用液压传动来实现。采用液压传动可以简化机床结构,提高机床自动化程度。

(5)数控机床。在数控机床的拖动系统中广泛地采用液压传动,如电液脉冲马达及电液伺服阀等电液伺服装置。

(6)静压支承。在重型机床、高速机床、高精度机床上采用液体静压轴承、液体静压导轨及液体静压丝杆,可以使其工作平稳,运动精度高,是近年来的一项新技术。

随着液压技术的发展,液压传动在机床上的应用将得到不断的扩大和完善。

第一章　液压油及液压流体力学基础

　　液压传动是以油液作为工作介质来传递动力的,为此必须了解油液的物理性质,研究油液的运动规律。本章主要介绍这两方面的内容,并着重介绍液压流体力学的一些基础知识。

　　由于流体力学只研究流体的宏观运动,所以假设流体是连续的,即假设流体是由无限多个一个紧挨着一个的流体质点组成的,流体质点之间没有任何间隙,这种假定称作连续介质假定。根据这一假定就可以把油液的运动参数看作是时间和空间的连续函数,从而可用解析数学去描述这种流体的运动规律,以解决工程实际问题。

　　液压油同其他流体一样,没有确定的几何形状,它在受切应力作用时,会产生连续不断的变形,即表现出流动性。另外,当流体四周同时受到压力作用时,它具有弹性的性质,即流体能承受压应力。相反,由于流体分子间内聚力很小,所以流体基本上不能承受拉应力。

1-1　液　压　油

　　下面要介绍的液压油的物理性质(密度、比容、压缩性、黏性等)都是与流体的力学特性关系很密切的性质。

一、流体的密度和比容

　　单位体积内所含有的流体质量称为(质量)密度,用符号 ρ 表示。设有一均质流体的体积为 V,所含有的质量为 m,则其密度

$$\rho = \frac{m}{V} \tag{1-1}$$

　　密度的倒数称为比容,用符号 v 表示,它是单位质量流体所占的体积,即

$$v = \frac{1}{\rho} \tag{1-2}$$

　　流体的密度和比容可随着它们所在处的压力和温度而变化,而压力和温度又都是空间点坐标和时间的函数,即

$$\rho = \rho(x, y, z, t)$$
$$v = v(x, y, z, t)$$

　　由于液体的密度随压力和温度的变化改变极小,一般情况下可忽略不计,因此,常令 ρ 为常数;同样,比容也是如此。

二、流体的压缩性及液压弹簧刚性系数

流体受压力作用其体积减小的性质称为压缩性。流体压缩性的大小用体积压缩系数 κ 来表征。一定体积 V 的流体,当压力增大 $\mathrm{d}p$ 时,体积减小了 $\mathrm{d}V$,则体积压缩系数

$$\kappa = -\frac{\mathrm{d}V}{V}\frac{1}{\mathrm{d}p} = -\frac{1}{V}\frac{\mathrm{d}V}{\mathrm{d}p} \tag{1-3}$$

式中:$\mathrm{d}V/V$ 表示流体的体积相对变化量;负号表示 $\mathrm{d}V$ 与 $\mathrm{d}p$ 的变化方向相反,即压力增加时,体积是减少的,反之亦然。

压缩系数 κ 的倒数称为体积弹性模量,用符号 K 表示,即

$$K = \frac{1}{\kappa} = -V\frac{\mathrm{d}p}{\mathrm{d}V} \tag{1-4}$$

流体的压缩系数和体积弹性模量的值都是随压力和温度而变化的。对液体来说,它们的变化是很小的,一般忽略不计。

纯液体的压缩系数很小,即其体积弹性模量很大,例如,当压力为 $(1 \sim 500) \times 10^5\ \mathrm{Pa}$ 时,纯水的平均体积弹性模量 $K \approx 2.1 \times 10^3\ \mathrm{MPa}$,纯液压油的平均体积弹性模量 K 值则在 $(1.4 \sim 2) \times 10^3\ \mathrm{MPa}$ 范围内。如果液体中含有非溶解的气体,其体积弹性模量就会下降较多。在一定压力下,油液中混有 1% 的气体时,其体积弹性模量将降低为纯油的 30% 左右;如果混有 4% 的气体,其体积弹性模量仅为纯油的 10% 左右。由于油液在使用中很难避免混入气体,因此工程上常将油液的 K 值取为 $700\ \mathrm{MPa}$。

如不特殊指明,一般 K 值都是表示等效体积弹性模量,也即是综合考虑了盛放液压油的封闭容器(包括管道)受压变形引起的容积变化、液压油本身的可压缩性以及混入油中的气体的可压缩性。为了叙述简单,将 K 值称为液体的体积弹性模量。

液体的压缩性在液压机械中会产生"液压弹簧效应"。如图 1-1 所示,当对活塞一端施加的外力变化 ΔF 时,由于液体是可压缩的,活塞便会沿受力方向产生一个位移量 Δl,使容器中的液体受到压缩。外力消除后,被压缩的液体就会膨胀,活塞就会向反方向移动 Δl,回复到原来位置。这一现象与机械弹簧受力变形的情况类似,被称为"液压弹簧效应"。液压弹簧的刚性系数按如下方法计算。

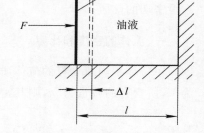

图 1-1　液压弹簧的刚性
计算简图

由式(1-4)得出

$$\mathrm{d}p = \frac{K\mathrm{d}V}{V} = \frac{KA\Delta l}{V}$$

又

$$\mathrm{d}F = A\mathrm{d}p = \frac{KA^2}{V}\Delta l$$

故有

$$K_\mathrm{h} = \frac{\mathrm{d}F}{\Delta l} = \frac{KA^2}{V} \tag{1-5}$$

式中:A 为活塞的有效面积;Δl 为活塞的微小位移量;$\mathrm{d}F$ 为作用在活塞上外力的变化量;K_h 为液压弹簧刚性系数。

一般在作液压系统静态分析和计算时,可以不考虑液体的压缩性。但在进行动态分析和计算时,例如液压系统动态性能计算和液压冲击最大压力峰值的计算等,必须重视油液的可压缩性这一因素的影响。"液压弹簧效应"还是造成液压传动装置产生低速爬行的一个重要原因。

三、流体的黏性

1. 黏性及其表示方法

液体在外力作用下流动时,液体分子间的内聚力阻碍分子间的相对运动而产生内摩擦力的性质称为液体的黏性。

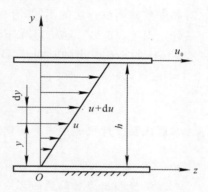

以图1-2所示的两块平行平板流动情况为例,观察黏性的作用。上平板以速度 u_0 相对于下平板向右运动,下平板固定不动。测量平板某法线 y 上各点的流速发现:紧贴在上平板上极薄的一层液体,在流体分子与平板表面的附着力作用下,以相同的速度 u_0 随上平板一起向右运动;紧贴在下平板上极薄的一层液体黏附在下平板上而保持静止;中间各层液体流速则由零逐渐增加,流动快的流层会拖动流动慢的流层,而流动慢的流层又阻止流动快的流层流动,这样层与层之间因为存在黏性而产生了内摩擦力。这种摩擦力是产生在两流层接触表面之间的剪切力,因此,流体的黏性又可理解为决定流体抵抗剪切力程度的一种性质。

图 1-2　液体黏性示意图

实验还表明,流体层相对运动时产生的内摩擦力的大小,与流体黏性的大小和接触面积的大小以及流速沿法线的变化率(即速度梯度)有关。其数学表达式为

$$F_f = \mu A \frac{\mathrm{d}u}{\mathrm{d}y} \qquad (1-6)$$

式中:F_f 为流体层相对运动时的内摩擦力;μ 为液体黏性的比例系数;A 为流层之间的接触面积;$\frac{\mathrm{d}u}{\mathrm{d}y}$ 为流层相对运动时的速度梯度。

内摩擦力 F_f 除以接触面积 A,即得液体内的切应力

$$\tau = \frac{F_f}{A} = \mu \frac{\mathrm{d}u}{\mathrm{d}y} \qquad (1-7)$$

式(1-7)又称为牛顿液体内摩擦定律。

表示液体黏性大小程度的参数称为黏度,流体的黏度有以下三种表示方法:

(1)动力黏度(又称绝对黏度)。动力黏度以 μ 表示,也即式(1-6)中的黏性比例系数。它直接表示了流体内摩擦力的大小,其物理意义为:两相邻流体层以单位速度梯度流动时,在单位接触面积上所产生的内摩擦力的大小,即

$$|\mu| = \left| \frac{\tau}{\mathrm{d}u/\mathrm{d}y} \right|$$

式中,μ 的国际单位是 $\frac{\mathrm{N} \cdot \mathrm{s}}{\mathrm{m}^2}$ 或 $\mathrm{Pa} \cdot \mathrm{s}$。

（2）运动黏度。运动黏度以 ν 表示，它是动力黏度 μ 与密度 ρ 的比值，没有什么特殊的物理意义，即

$$\nu = \frac{\mu}{\rho} \qquad (1-8)$$

式中：ν 的国际单位是 m^2/s，常用 mm^2/s。

我国目前常用运动黏度 ν 来表示油液的黏度，普通机械油的牌号就是用该油液在 50℃（323 K）时运动黏度 $\nu(mm^2/s)$ 的平均值来表示的。例如，10 号机械油就是该油的运动黏度为 10 mm^2/s。

（3）相对黏度。液体的动力黏度及运动黏度都难以直接测量，一般多用于理论分析和计算。相对黏度是以被测液体的黏度相对于同温度下水的黏度之比值来表示黏度的大小的。相对黏度按其测试方法的不同，有多种名称。我国习惯采用恩氏黏度，以符号 $°E_t$ 表示。它是在某标定温度（如 20℃ 或 50℃）下将 200 cm^3 的被测油液在自重作用下从恩氏黏度计中直径为 2.8 mm 的小孔流出的时间 $t_1(s)$，与 200 cm^3 蒸馏水在 20 ℃ 时从恩氏黏度计中流出所需时间 $t_2(s)$ 之比，即

$$°E_t = \frac{t_1}{t_2} \qquad (1-9)$$

恩氏黏度计只能用来测定比水黏度大的液体。恩氏黏度与运动黏度的换算关系如下：

$$\nu = \left(7.31\,°E_t - \frac{6.31}{°E_t}\right) \times 10^{-6}\ m^2/s \qquad (1-10)$$

2. 温度和压力对黏度的影响

液压油的黏度随温度的增加而减小，这是因为液体的黏性是由分子之间的相互作用力而引起的，这种作用力随着温度升高引起分子间的距离增大而减小。油液黏度的变化直接影响液压系统的工作性能，因此希望黏度随温度的变化越小越好。当其运动黏度不超过 76×10^{-6} m^2/s，温度变化在 $30 \sim 150$ ℃ 范围内时，可用下式计算温度为 t 时的运动黏度：

$$\nu_t = \nu_{50}\left(\frac{50}{t}\right)^n \qquad (1-11)$$

式中：ν_t 为温度为 t 时油液的运动黏度；ν_{50} 为温度为 50℃ 时油液的运动黏度；n 为根据油液种类而定的常数。指数 n 的数值可参考表 1-1。

表 1-1 指数 n 的数值

$\nu_{50}/(mm^2 \cdot s^{-1})$	2.5	6.5	12	21	30	38	45	52	60	68	76
n	1.39	1.59	1.72	1.99	2.13	2.24	2.32	2.42	2.49	2.52	2.56

我国常用液压油的黏度与温度的关系可参阅图 1-3 国产液压油黏度-温度曲线。

液压油的黏度随压力的升高而增大，其原因是分子之间距离缩小，内聚力增大所致。其关系可以表示为

$$\nu_p = \nu_0 e^{bp} \qquad (1-12)$$

式中：ν_0 为压力为 10^5 Pa 时液体的运动黏度；ν_p 为压力为 p（相对压力）时液体的运动黏度；p 为油液的压力（10^5 Pa）；b 为根据液体种类不同而定的系数，一般 $b=(0.002 \sim 0.003)\dfrac{1}{10^5\ Pa}$。

若压力变化不大（变化值在 5 MPa 以下），液体的黏度变化甚微，可忽略不计。如果压力变化大于 20 MPa，则液体黏度的变化就不容忽视了。

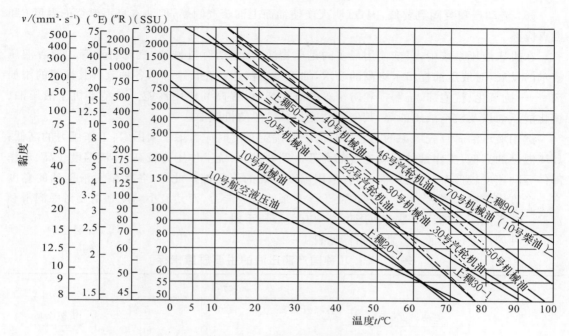

图 1-3　国产液压油黏度-温度曲线
°E— 恩氏黏度;"R— 商用雷氏秒;SSU— 国际赛氏秒

四、对液压油的要求和选用

在液压传动中,液压油既是传递动力的介质,又是润滑剂,油液还可以将系统中的热量扩散出去。在这三点作用中前两点是主要的。

随着液压技术的日益广泛应用,液压系统的工作条件、周围环境以及所控制的对象也越来越复杂,因此,要保证液压系统工作可靠、性能优良,对液压油必须提出以下几项要求:

(1)应具有合适的黏度,且黏温性要好,即黏度随温度的变化要小。黏性过大,油液流动时阻力大,功率损失大,系统效率低。黏度过小,将引起泄漏概率增加,系统效率也会降低。

(2)可压缩性要小,即体积弹性模量要大,释放空气性能要好。这是由于油中混入空气时,将大大降低油的体积弹性模量,降低系统的动态性能指标。

(3)润滑性要好,保证在不同的压力、速度和温度条件下,都能形成足够的油膜强度。

(4)具有较好的化学稳定性,不易氧化和变质,以免造成元件或机件的损坏,影响系统的正常工作。

(5)质量应纯净,应尽量减少机械杂质、水分和灰尘的含量。水混入液压油中,会降低液压油的润滑性、防锈性;其他杂质混入液压油中,会堵塞节流小孔和缝隙或导致运动部件卡死,这些都会影响系统工作的可靠性和准确性。

(6)对密封材料的影响要小。液压油对密封材料的影响主要是使密封材料产生溶胀、软化或硬化,结果会使密封装置密封性能降低,增加系统泄漏的可能。

(7)抗乳化性要好,不易起泡沫。油中如果混入水则在泵及其他液压元件的作用下,会产生乳化液,引起油的变质、劣化,生成油泥和沉淀物,降低使用寿命。

（8）流动点和凝固点要低，闪点（明火能使油面上油蒸气闪燃，但油本身不燃烧的温度）和燃点应高。

在机床液压系统中，目前使用最多的是矿物油，常用的有机械油、汽轮机油等。随着液压技术的发展，对液压油提出了更高的要求，油液经过精炼或在其中加入各种改善其性能的添加剂——抗氧化、抗泡沫、抗磨损和防锈等的添加剂，以提高其使用性能。如精密机床液压油、稠化液压油以及航空液压油等，其使用性能超过一般的机械油。

选用液压油时首先考虑的是它的黏度。在确定黏度时应考虑下列因素：工作压力的高低；环境温度的高低；工作部件运动速度的高低。例如，当系统工作压力较高、环境温度较高、工作部件运动速度较低时，为减少泄漏，宜采用黏度较高的液压油。此外，各类泵对液压油的黏度有一个许用范围，其最大黏度主要取决于该类泵的自吸能力，而其最小黏度则主要考虑润滑和泄漏。各类液压泵的许用黏度范围可查阅有关液压手册。

几种国产液压油的主要质量指标见表 1-2。

表 1-2　几种国产液压油的主要质量指标

牌　号		主要指标				
		运动黏度(50℃) $10^{-6}\,m^2 \cdot s^{-1}$	闪点(开口) ℃ (不低于)	凝点 ℃ (不高于)	酸值 mg/g (不大于)	机械杂质 %
汽轮机油	22 号	20 ～ 30	180	−15	0.02	无
	30 号	28 ～ 32	180	−10	0.02	无
机械油	10 号	7 ～ 13	165	−15	0.14	0.005
	20 号	17 ～ 23	170	−15	0.16	0.005
	30 号	27 ～ 33	180	−10	0.20	0.007
	40 号	37 ～ 43	190	−10	0.35	0.007
精密机床 液压油	20 号	17 ～ 23	170	−10		无
	30 号	27 ～ 33	170	−10		无
	40 号	37 ～ 43	170	−10		无
稠化 液压油	上稠 20-1	12.51	163.5	−33	0.237	无
	上稠 30-1	18.67	185.5	−49	0.131	无
	上稠 50-1	40.56	174	−48.5	0.123	无
	上稠 90-1	60.81	217	−27.5	0.063	无
航空 液压油	10 号	10	92	−70	0.05	无

1-2　液体静力学

本节主要讨论静止液体的平衡规律以及这些规律的应用。所谓"静止液体"是指液体内部质点与质点之间无相对运动，至于盛装液体的容器，不论它是静止的或是运动的，都没有关系。

一、静压力（或称压力）及其性质

作用在液体上的力有表面力和质量力两类。单位面积上作用的表面力称为应力，它有法向应力和切向应力。当液体静止时，液体质点间没有相对运动，不存在摩擦力，不呈现黏性，因而静止液体表面力只有法向力。因为液体质点间的内聚力非常小，不能受拉，所以法向力总是向着液体表面的内法线方向作用的。习惯上称它为压力（或压强），用公式表示为

$$p = \frac{F}{A} \tag{1-13}$$

式中：F 为作用在流体上的外力；A 为外力作用的面积；p 为压力（或压强）。

如果流体上各点的压力是不均匀的，则液体中某一点的压力可写为

$$p = \lim_{\Delta A \to 0} \left(\frac{\Delta F}{\Delta A} \right)$$

此外，液体的压力还有如下性质，即静止液体内任一点处的压力在各个方向上都相等。

二、在重力作用下静止液体中的压力分布

在重力作用下的静止液体，其受力情况如图 1-4 所示，如要求得液体内任意点 A 的压力，可从自由液面向下取一微小圆柱体，其高度为 h，底面积为 ΔA，该微小圆柱体在重力及周围压力作用下处于平衡状态，于是有

$$p\Delta A = p_0 \Delta A + F_G$$

式中，F_G 为液柱重力，即 $F_G = \rho g h \Delta A$，代入上式并化简得

$$p = p_0 + \rho g h \tag{1-14}$$

式中，p_0 为作用于流体表面上的压力。

由式（1-14）可以看出：

（1）静压力由两部分组成：一是液面上的压力 p_0；二是液柱质量产生的压力 $\rho g h$。

（2）静止液体内的压力沿深度呈直线规律分布。

（3）离液面深度相同处各点的压力都相等。压力相等的所有点组成的面叫作等压面。在重力作用下静止液体中的等压面是一个水平面。

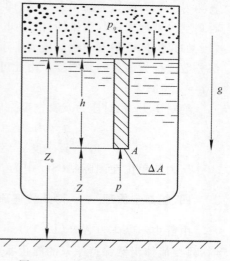

图 1-4　重力作用下的静止液体

为了更清晰地说明静压力的分布规律，将式（1-14）按坐标 Z 变换，即以 $h = Z_0 - Z$，整理后得

$$Z + \frac{p}{\rho g} = Z_0 + \frac{p_0}{\rho g}$$

对于某一基准面来说，自由液面的高度 Z_0 及压力 p_0 均是常数，因此

$$Z + \frac{p}{\rho g} = 常数$$

三、压力的表示方法及单位

液体压力通常有绝对压力、相对压力（表压力）和真空度三种表示方法（见图 1-5）。

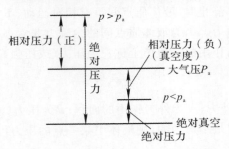

图 1-5　绝对压力、相对压力和真空度

在地球表面上，一切物体都受大气压力的作用，而且是自成平衡的，因此绝大多数的压力表测得的压力值均为高于大气压力的那部分压力，即相对压力，又称表压力。绝对压力是以绝对真空为基准来进行度量的，由式（1-14）所表示的压力即是绝对压力。

如果液体中某点的绝对压力小于大气压力，就说这一点具有真空，而其不足大气压力的那部分数值称为该点的真空度。由此可知，真空度就是负的相对压力，其最大值不超过 1 atm（1 atm = 1.013 × 10^5 Pa）。

绝对压力、相对压力及真空度三者之间的关系为

$$绝对压力 = 相对压力 + 大气压力$$
$$真空度 = 绝对压力 - 大气压力 = 负的相对压力$$

压力的单位在国际制（SI）中为 N/m²（牛／米²），称为帕斯卡，简称帕（Pa）。

四、帕斯卡原理 —— 静压传递原理

由静力学基本方程式（1-14）可知，盛放在密闭容器内的液体，其外加压力 p_0 发生变化时，只要流体仍然保持原来的静止状态，液体中任一点的压力，均将发生同样大小的变化。也就是说，在密闭的容器内，施加于静止液体上的压力将以等值同时传到液体各点。这就是静压传递原理或称帕斯卡定理。

在液压系统中，外力作用所产生的压力远远大于由液体自重所产生的压力，所以常将液体自重产生的压力忽略不计，而认为在密闭容器中静止液体的压力处处相等。

根据帕斯卡定理可推导出推力与负载的关系。图 1-6 图中垂直液压缸、水平液压缸的截面积分别为 A_1 和 A_2，活塞上作用的负载与推力分别为 F_1 和 F_2。由于两缸互相连通，构成一个密闭容器，按帕斯卡原理，缸内压力处处相等，$p_1 = p_2$，于是

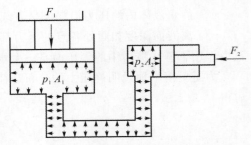

图 1-6　帕斯卡原理应用实例

$$F_2 = \frac{A_2}{A_1} F_1 \tag{1-15}$$

只要 F_2 满足公式（1-15）就可推动负载 F_1，而如果没有负载 F_1，不计其他各种阻力，不论

怎样推动水平液压缸的活塞,也不能在液体中形成压力,说明液压系统中的压力是负载决定的,这是液压传动中的一个基本概念。

五、液体静压力作用在固体壁面上的力

静止液体和固体壁面相接触时,固体壁面上各点在某一方向上所受静压作用力的总和,便是液体在该方向上作用于固体壁面上的力。

固体壁面为一平面,如不计重力作用,即忽略 $\rho g h$ 项,平面上各点处的静压力大小相等,则作用在固体壁面上的力等于静压力与承压面积的乘积,即 $F = pA$,其作用方向垂直于壁面。

如果承受压力的表面为曲面,由于压力总是垂直于承受压力的表面的,因此作用在曲面上各点的压力相互间是不平行的,但大小仍然是相等的,要计算在曲面上的合力,就必须明确要计算的是哪一个方向上的力。下面以图 1-7 所示液压缸为例计算静压力作用在液压缸缸筒右半壁上 x 方向的力。

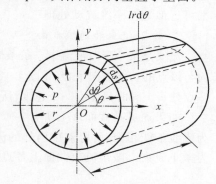

图 1-7 液压缸受力计算图

设 r 为液压缸的内半径,l 为液压缸有效长度,在液压缸上取一微小窄条面积 $\mathrm{d}A$,则 $\mathrm{d}A = l\mathrm{d}s = lr\mathrm{d}\theta$,静压力作用在这微小面积上的力 $\mathrm{d}F$ 在 x 方向的投影

$$\mathrm{d}F_x = \mathrm{d}F\cos\theta = p\mathrm{d}A\cos\theta = plr\cos\theta\mathrm{d}\theta$$

液压缸右半壁上 x 方向的总作用力

$$F_x = \int_{-\frac{\pi}{2}}^{+\frac{\pi}{2}} \mathrm{d}F_x = \int_{-\frac{\pi}{2}}^{+\frac{\pi}{2}} plr\cos\theta\mathrm{d}\theta = 2lrp \tag{1-16}$$

其值等于静压力与曲面在垂直面上投影面积 $2lr$ 的乘积。由此可以得出结论:曲面上液压作用力在某一方向上的分力等于静压力与曲面在该方向投影面积的乘积。

1-3 流动液体的基本力学特性

本节讨论液体在流动时的运动规律、能量转换和流动液体对固体壁面的作用力等问题,主要讨论三个基本方程 —— 连续方程、能量方程和动量方程。这三个方程是刚体力学中质量守恒、能量守恒及动量守恒在流体力学中的具体体现。前两个用来解决压力、流速及流量之间的关系问题,后一个则用来解决液体与固体壁面之间的相互作用力问题。

一、基本概念

1. 理想液体、恒定流动和一维流动

所谓理想液体是一种假想的没有黏性、不可压缩的液体。事实上,液体是既有黏性也可压缩的。之所以做这种假设是由于液体在流动时考虑黏性的影响会使问题变得相当复杂,而液体的可压缩性又很小。为了分析问题方便,先作这样的假设以推导出一些基本方程,然后再通过实验来修正或补充这些方程,这是实际工程中最常用的方法。

按液体运动时液体中任意一点处的参数与时间的关系来区分,流动可分为恒定流动(也称

为稳定流动、定常流动或非时变流动)和非恒定流动。所谓恒定流动是指液体运动参数仅是空间坐标的函数,不随时间变化,即在任何时间内,通过空间某一固定点的各液体质点的速度、压力和密度等参数都保持某一常数;否则就称为非恒定流动。研究液压系统静态性能时,可以认为液体作恒定流动,但在研究其动态性能时则必须按非恒定流动来考虑。

一般地说,流体的运动都是在三维空间内进行的,运动参数是三个坐标的函数,称这种流动为三维流动或三元流动。依此类推即有二维流动和一维流动。一维流动最简单,但是严格地说一维流动要求液流截面上各点处的速度矢量完全相同,这种情况在现实中并不存在。但当管道截面积变化很缓慢,管道轴心线的曲率不大,管道每个截面取液流速度平均值时,一般都可近似地按一维流动处理。

2. 流线、流束和通流截面

流线是某一瞬时液流中一条条标志其质点运动状态的曲线,在流线上各点处的瞬时液流方向与该点的切线方向重合(见图1-8)。对于恒定流动,流线形状不随时间变化。由于液流中每一点处每一瞬时只能有一个速度,所以流线不能相交,也不能转折,它是一条光滑的曲线。

如果通过某截面A上所有各点画出流线,这些流线的集合就构成流束,如图1-9所示。因为流线不能相交,所以流束内外的流线均不能穿越流束表面。当面积A无限小时,这个流束称为微小流束。微小流束截面上各点处的运动速度可以认为是相等的。

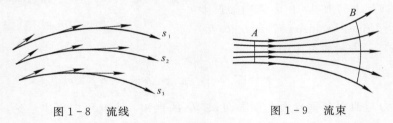

图1-8 流线   图1-9 流束

流束中与所有流线正交的截面称为通流截面(见图1-9中的A面和B面),截面上每点处的流动速度都垂直于这个面。

3. 流量及平均流速

单位时间内流过某通流截面的液体体积称为流量。对微小流束而言,通流截面dA上的各点流速u认为是相等的,则通过dA的微小流量为

$$\mathrm{d}Q = u\mathrm{d}A$$

对此进行积分,可得流经通流截面A的总流量为

$$Q = \int_A u\mathrm{d}A$$

要求得Q的值必须先知道流速u在整个通流截面上的分布规律,这实际上是很难求得的,为便于解决问题,在液压传动中,常采用一个假想的平均流速来求流量。认为通流截面上所有各点的流速均等于平均流速,即

$$Q = \int_A u\mathrm{d}A = vA \tag{1-17}$$

故平均流速

$$v = \frac{Q}{A} \tag{1-18}$$

有了上述基本概念就能方便地理解复杂的流体力学和解决实际的工程问题。

二、流体的流动状态、雷诺数

实际流体是有黏性的,其流动情况如何,这要涉及流体运动的物理本质。19世纪末,英国物理学家雷诺通过大量实验发现,液体的流动具有两种基本的状态,即层流和紊流。其实验装置如图1-10所示,水箱4由进水管2不断供水,多余的水由隔板1上部流出,以使实验过程中保持恒定水位。在水箱下部装有玻璃管6和开关(水龙头)7,在玻璃管进口处放置与颜色水箱3相连的小导管5。

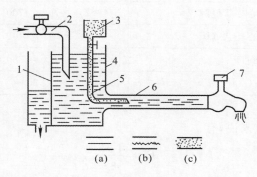

图 1-10　液流状态实验
1— 隔板;2— 进水管;3— 颜色水箱;4— 水箱;5— 小导管;6— 玻璃管;7— 开关

实验时首先将开关7打开,然后打开颜色水导管的开关,并用开关7来调节玻璃管6中水的流速。当流速较低时,颜色水的流动是一条与管轴平行的清晰的线状流,和大玻璃管中的清水互不混杂[见图1-10(a)],这说明管中的水流是分层的,这种流动状态叫层流。逐渐开大开关7,当玻璃管中的流速增大至某一值时,颜色水流便开始抖动而呈波纹状态[见图1-10(b)],这表明层流开始破坏。再进一步增大水的流速,颜色水流便和清水掺混在一起[见图1-10(c)],这种流动状态叫紊流。

如果将开关7逐渐关小,则玻璃管中的流动状态便又从紊流向层流转变,只是其流速的临界值并不相同。

由层流过渡到紊流液体的速度称为上临界速度;由紊流过渡到层流液体的速度称为下临界速度;在上、下临界速度之间,液流处于过渡状态,或称变流。变流是一种不稳定的流态,一般按紊流处理。

由相似理论可以得出:层流与紊流是两种性质不同的流动状态。层流时黏性力起主导作用,惯性力与黏性力相比不大,液体质点受黏性的约束,不能随意运动;紊流时惯性力起主导作用,液体质点在高速流动时黏性对它的约束就大为减小了。

实验证明,液体在圆管中流动是层流还是紊流与管内平均流速、管径及液体黏度有关。雷诺通过一系列的实验发现:不论平均流速v、管径d及液体运动黏度ν如何变化,液流状态仅与无量纲组合数vd/ν有关,这个组合数叫雷诺数,以Re表示,即

$$Re = \frac{vd}{\nu}$$

(1-19)

在工程上常用一个临界雷诺数Re_{cr}来判别流动状态是层流还是紊流。当$Re < Re_{cr}$时为

层流；当 $Re > Re_{cr}$ 时为紊流。表 1-3 所示为常见液流管道的临界雷诺数 Re_{cr}。

表 1-3 常见液流管道的临界雷诺数

管道的形状	Re_{cr}
光滑的金属圆管	2 000 ~ 2 320
橡胶软管	1 600 ~ 2 000
光滑的同心环状缝隙	1 100
光滑的偏心环状缝隙	1 000
带环槽的同心环状缝隙	700
带环槽的偏心环状缝隙	400
圆柱形滑阀阀口	260
锥阀阀口	20 ~ 100

对于非圆截面的管道来说，有

$$Re = \frac{4vR}{\nu} \tag{1-20}$$

式中，R 为通流截面的水力半径，它等于液流的有效面积 A 和它的湿周（有效截面的周长）x 之比，即

$$R = \frac{A}{x}$$

例如，正方形每边长为 b，则湿周为 $4b$，面积为 b^2，则水力半径

$$R = \frac{b^2}{4b} = \frac{b}{4}$$

通流截面相同的管道，其水力半径与管道形状有关。圆形管道水力半径最大，同心圆环截面的水力半径最小。水力半径大小对管道通流能力影响很大，水力半径大，表明液流与管壁接触少，通流能力大；水力半径小，表明液流与管壁接触多，通流能力小，容易堵塞。

一般液压传动系统所用液体为矿物油，黏度较大，且管中流速不大，因而多属层流，只有当液流流经阀口或弯头等处时才会形成紊流。

三、连续性方程

连续性方程是质量守恒定律在流体力学中的表达形式。假设液体是不可压缩的，而且是作恒定流动，则液体的流动过程遵守质量守恒定律，即在单位时间内流体流过通道任意截面的液体质量相等。

图 1-11 液体在管内流动，任取两通流截面 A_1 和 A_2，在管内取一微小流束，面积分别为 dA_1 和 dA_2，流速分别为 u_1 和 u_2，因为是恒定流动，故流束形状不随时间变化，即液体不会穿过流束的侧面流入或流出；又因液体不可压缩，所以 $\rho_1 = \rho_2 = \rho$。根据质量守恒定律，在 dt 时间内流过两个微小通流截面的液体质量相等，即

$$\rho u_1 dA_1 dt = \rho u_2 dA_2 dt$$

化简得

$$u_1 \,\mathrm{d}A_1 = u_2 \,\mathrm{d}A_2$$

对整个流管,则有

$$\int_{A_1} u_1 \,\mathrm{d}A_1 = \int_{A_2} u_2 \,\mathrm{d}A_2$$

以通流截面 A_1 和 A_2 的平均速度 v_1 和 v_2 来表示,则有

$$A_1 v_1 = A_2 v_2 = 常数$$

即

$$Q_1 = Q_2 = Q = 常数 \qquad (1-21)$$

或

$$\frac{v_1}{v_2} = \frac{A_2}{A_1} \qquad (1-22)$$

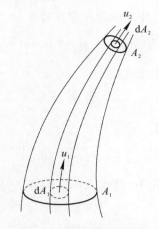

图 1-11 连续性方程简图

式(1-21)和式(1-22)称为流量连续方程。它表明在不可压缩的恒定流动的液流中,通过各通流截面的流量相等,或通流截面面积与平均流速成反比。

例 1-1 某液压系统,两液压缸串联,缸 1 的活塞是主运动,缸 2 的活塞对外克服负载(从动运动),如图 1-12 所示。已知小活塞的面积 $A_1 = 14 \text{ cm}^2$,大活塞的面积 $A_2 = 40 \text{ cm}^2$,连接两液压缸管路的流量 $Q = 25 \text{ L/min}$,试求两液压缸运动速度及速比。

解 由式(1-21)和式(1-22)求得小活塞运动速度

$$v_1 = \frac{Q}{A_1} = \frac{25 \times 1\,000}{14 \times 60} \approx 30 \text{ cm/s}$$

流进大缸的流量仍为 25 L/min,故

$$v_2 = \frac{Q}{A_2} = \frac{25 \times 1\,000}{40 \times 60} \approx 10 \text{ cm/s}$$

两活塞速比

$$i = \frac{v_1}{v_2} = \frac{A_2}{A_1} = \frac{40}{14} = 2.86$$

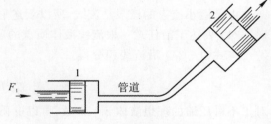

图 1-12 串联油缸计算

四、伯努利方程 —— 流动液体的能量守恒定律

伯努利方程式是能量守恒定律在流动液体中的表现形式。要说明流动液体的能量问题,必须先研究液体的受力平衡方程,亦即它的运动微分方程。由于实际流体比较复杂,所以在讨论时先从理想流体着手,然后再扩展到实际流体中去。

1. 理想流体的运动微分方程

在某一瞬时 t,取微小流束中一微元体(见图1-13),用 $\mathrm{d}A$ 和 $\mathrm{d}s$ 分别表示它的通流截面和长度,在一维流动的情况下,分析该微元体的受力情况:质量力为重力,其大小为 $\rho g \,\mathrm{d}A\,\mathrm{d}s$,方向垂直向下,与微元体轴线夹角为 θ,微元体所受压力(表面力)为

$$p\,\mathrm{d}A - \left(p + \frac{\partial p}{\partial s}\mathrm{d}s\right)\mathrm{d}A = -\frac{\partial p}{\partial s}\mathrm{d}s\,\mathrm{d}A$$

这一微元体的惯性力为

$$ma = \rho \,\mathrm{d}A\,\mathrm{d}s \frac{\mathrm{d}u}{\mathrm{d}t} = \rho \,\mathrm{d}A\,\mathrm{d}s\left(\frac{\partial u}{\partial s}\frac{\mathrm{d}s}{\mathrm{d}t} + \frac{\partial u}{\partial t}\right) = \rho \,\mathrm{d}A\,\mathrm{d}s\left(u\frac{\partial u}{\partial s} + \frac{\partial u}{\partial t}\right)$$

由牛顿第二定律可知

$$-\frac{\partial p}{\partial s}\mathrm{d}s\mathrm{d}A - \rho g\,\mathrm{d}A\mathrm{d}s\cos\theta = \rho\mathrm{d}A\mathrm{d}s\left(u\frac{\partial u}{\partial s} + \frac{\partial u}{\partial t}\right)$$

化简上式得

$$-g\cos\theta - \frac{1}{\rho}\frac{\partial p}{\partial s} = u\frac{\partial u}{\partial s} + \frac{\partial u}{\partial t} \qquad (\text{a})$$

由于

$$\frac{\partial z}{\partial s} = \lim_{\mathrm{d}s\to0}\frac{\mathrm{d}z}{\mathrm{d}s} = \cos\theta \qquad (\text{b})$$

将式(b)代入式(a)中,得

$$g\frac{\partial z}{\partial s} + \frac{1}{\rho}\frac{\partial p}{\partial s} + \frac{\partial u}{\partial t} + u\frac{\partial u}{\partial s} = 0 \qquad (1-23)$$

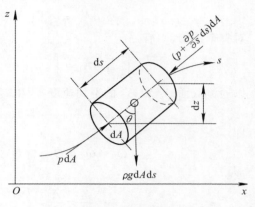

图1-13　流体上的作用力

这就是理想流体一维流动的运动微分方程,也称欧拉方程。

2.理想流体的伯努利方程

在恒定流动条件下,$\frac{\partial u}{\partial t} = 0$;$p$,$z$,$u$只是轴向距离$s$的函数。可将式(1-23)中偏导数改写成全导数,从而得到理想液体一维恒定流动的欧拉方程

$$g\mathrm{d}z + \frac{\mathrm{d}p}{\rho} + u\mathrm{d}u = 0 \qquad (1-24)$$

由于微小流束的极限是流线,所以上述形式的欧拉方程沿任意一根流线都是成立的。式(1-24)表达了沿任意一根流线液体质点的压力、密度、速度和位移之间的微分关系。

将式(1-24)沿流线积分得

$$gz + \int\frac{1}{\rho}\mathrm{d}p + \frac{1}{2}u^2 = 常数$$

对于不可压缩的理想液体$\rho = 常数$,再以g除各项则有

$$z + \frac{p}{\rho g} + \frac{u^2}{2g} = 常数 \qquad (1-25)$$

这就是著名的伯努利方程。方程左端的各项分别代表单位重力液体的位能、压力能和动能或称比位能、比压能和比动能。伯努利方程的物理意义是,理想的不可压缩液体在重力场中作恒定流动时,沿流线上各点的位能、压力能和动能之和是常数。

不难看出,伯努利方程的各项都具有长度量纲,因此工程上常用液柱高度(称为水头)来表示这三部分能量。如图1-14,微小流束在1和2截面处的总水头均为H,而比位能、比压能和比动能三者之间可以相互转换。图中,ac和$a'c'$表示两截面的压力能和位能,称为静水头,cb和$c'b'$表示两截面的动能,称为速度水头。

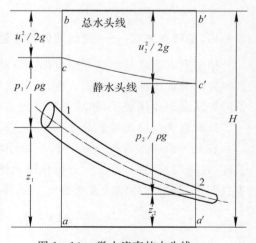

图1-14　微小流束的水头线

如果液体是在同一水平面内流动的,或者流场中z坐标的变化与其他流动参数相比可以

忽略不计,则式(1-25)变成

$$\frac{p}{\rho g} + \frac{u^2}{2g} = 常数$$

该式表明,沿流线压力越低,速度越高。

3. 实际液体的伯努利方程

由于实际液体在流动时存在黏性,产生内摩擦力,所以液体总的能量沿着流动方向逐渐减小。又由于液体在密闭的容器或管道中流动时,还会遇到一些其他局部装置引起液体运动的扰动,所以同样也会损失一部分能量。这样,实际液体沿流线上各点的总机械能不再保持为常数。如任取两个点,则伯努利方程应为

$$\frac{p_1}{\rho g} + z_1 + \frac{u_1^2}{2g} = \frac{p_2}{\rho g} + z_2 + \frac{u_2^2}{2g} + h'_w \qquad (1-26)$$

式中：h'_w 表示微小流束上从点 1 到点 2 单位重力液体的损失水头。

总流是由通过其通流截面全部微小流束所组成的。若求总流的伯努利方程,只要将式(1-26)乘以微小流束上的液体重力 $\rho g \, \mathrm{d}Q$,然后对总流通流截面 A_1 和 A_2 进行积分,即可求得

$$\int_{A_1} z_1 \rho g \, \mathrm{d}Q + \int_{A_1} \frac{p_1}{\rho g} \rho g \, \mathrm{d}Q + \int_{A_1} \frac{u_1^2}{2g} \rho g \, \mathrm{d}Q =$$

$$\int_{A_2} z_2 \rho g \, \mathrm{d}Q + \int_{A_2} \frac{p_2}{\rho g} \rho g \, \mathrm{d}Q + \int_{A_2} \frac{u_2^2}{2g} \rho g \, \mathrm{d}Q + \int_{A_1-A_2} h'_w \rho g \, \mathrm{d}Q \qquad (1-27)$$

为了简化式(1-27),需引入两个概念：

(1) 缓变流动。缓变流动指流束内的流线夹角很小,几乎平行,通流截面总是垂直于流线。对缓变流动而言,每一通流截面都是与流动方向垂直的平面,这样,在每一通流截面上压力的分布即可以按静压处理,即

$$z + \frac{p}{\rho g} = 常数$$

于是公式(1-27)中等号两边前两项可写为

$$\int_{A_1} \left(z_1 + \frac{p_1}{\rho g} \right) \rho g \, \mathrm{d}Q = \left(z_1 + \frac{p_1}{\rho g} \right) \int_{A_1} \rho g \, \mathrm{d}Q = \left(z_1 + \frac{p_1}{\rho g} \right) \rho g Q_1$$

$$\int_{A_2} \left(z_2 + \frac{p_2}{\rho g} \right) \rho g \, \mathrm{d}Q = \left(z_2 + \frac{p_2}{\rho g} \right) \int_{A_2} \rho g \, \mathrm{d}Q = \left(z_2 + \frac{p_2}{\rho g} \right) \rho g Q_2$$

(2) 动能修正系数。由于实际速度在通流截面上是一个变量,即给动能的计算带来了困难,而用平均速度 v 计算的动能代替用实际速度 u 计算的动能,必然有偏差,故需进行修正而引入了动能修正系数 α,α 表示用实际速度计算的动能与平均速度计算的动能的比值,由下式给出。

$$\alpha = \frac{\int_A \frac{u^2}{2} \rho \, \mathrm{d}Q}{\frac{v^2}{2} \rho \int_A \mathrm{d}Q} = \frac{\int_A u^2 \, \mathrm{d}Q}{v^2 Q} = \frac{\int_A u^3 \, \mathrm{d}A}{v^3 A} \qquad (1-28)$$

不难证明,动能修正系数是大于 1 的数,其数值与速度分布的均匀程度有关。层流时约为2,紊流时约为 1。

引入了缓变流动和动能修正系数 α 之后,式(1-27)简化得到如下结果：

$$\left(z_1 + \frac{p_1}{\rho g}\right)\rho g Q_1 + \frac{\alpha_1 v_1^2}{2g}\rho g Q_1 = \left(z_2 + \frac{p_2}{\rho g}\right)\rho g Q_2 + \frac{\alpha_2 v_2^2}{2g}\rho g Q_2 + \int_{A_1 - A_2} h'_w \rho g \, \mathrm{d}Q$$

由流量连续方程有 $Q_1 = Q_2 = Q$，并以 $\rho g Q$ 除上式，得到总流上单位重力液体的伯努利方程式

$$z_1 + \frac{p_1}{\rho g} + \frac{\alpha_1 v_1^2}{2g} = z_2 + \frac{p_2}{\rho g} + \frac{\alpha_2 v_2^2}{2g} + h_w \tag{1-29}$$

式中：α_1 和 α_2 为动能修正系数；h_w 表示单位重力液体从截面 A_1 流到截面 A_2 过程中的能量损失，一般通过计算或实验确定，写成

$$h_w = \frac{\int_{A_1 - A_2} h'_w \rho g \, \mathrm{d}Q}{\rho g Q} \tag{1-30}$$

式 (1-29) 仍然是能量守恒的方程式，也是实际工程应用中的伯努利方程。它在液压传动和液力传动中是很重要的一个公式，常与连续方程一起来求解系统中的压力和速度等问题。

4. 伯努利方程的应用举例

例 1-2 计算从容器侧壁小孔喷射出来的射流速度。

图 1-15 的水箱侧壁开一小孔，水箱自由液面 1—1 与小孔 2—2 处的压力分别为 p_1 和 p_2，小孔中心到水箱自由液面的距离为 h，且 h 基本不变，如果不计损失，求水从小孔流出的速度。

解 以小孔中心线为基准，列出截面 1—1 和 2—2 的伯努利方程，即

$$z_1 + \frac{p_1}{\rho g} + \frac{\alpha_1 v_1^2}{2g} = z_2 + \frac{p_2}{\rho g} + \frac{a_2 v_2^2}{2g} + h_w$$

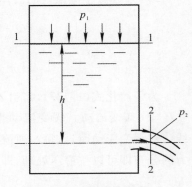

图 1-15 侧壁孔出流

按给定条件，$z_1 = h$，$z_2 = 0$，$h_w = 0$，又因小孔截面积远小于水箱截面积，故 $v_1 \ll v_2$，令 $v_1 \approx 0$，设 $\alpha_1 = \alpha_2 = 1$，则上式可简化为

$$h + \frac{p_1}{\rho g} = \frac{p_2}{\rho g} + \frac{v_2^2}{2g}$$

则

$$v_2 = \sqrt{2gh + \frac{2g(p_1 - p_2)}{\rho g}} \approx \sqrt{\frac{2}{\rho}(p_1 - p_2)}$$

例 1-3 推导文丘里流量计的流量公式。

解 图 1-16 为文丘里流量计，1—1 和 2—2 两通流截面处直径分别为 D_1 和 D_2，现以管轴心线为基准，且取 $\alpha_1 = \alpha_2 = 1$，不计能量损失，列出两截面的伯努利方程，即

$$\frac{p_1}{\rho g} + \frac{v_1^2}{2g} = \frac{p_2}{\rho g} + \frac{v_2^2}{2g}$$

由连续方程

$$v_1 A_1 = v_2 A_2 = Q$$

代入上式并加以整理得

$$v_1 = \sqrt{\frac{2(p_1 - p_2)}{\rho\left(\dfrac{D_1^4}{D_2^4} - 1\right)}}$$

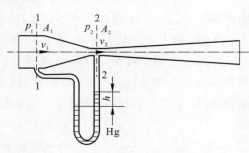

图 1-16 文丘里流量计

由静力学方程可推出

$$\Delta p = p_1 - p_2 = h(\rho_{Hg} g - \rho g) =$$

$$h\rho g\left(\frac{\rho_{Hg} g}{\rho g} - 1\right) = h\rho g\left(\frac{\rho_{Hg}}{\rho} - 1\right)$$

式中：h 为测压管高度差；ρ_{Hg} 为水银的密度；ρ 为被测液体密度。

通过的流量

$$Q = v_1 A_1 = \frac{\pi D_1^2}{4}\sqrt{\frac{2gh\left(\dfrac{\rho_{Hg}}{\rho} - 1\right)}{\dfrac{D_1^4}{D_2^4} - 1}}$$

由上式可以看出，文丘里流量计参数确定之后，通过流量计的流量只与测压管汞柱高度差 h 有关，因此可以用测 h 值的办法测流量。

五、动量方程

液流作用在固体壁上的力可用动量方程来求解。动量定理指出：作用在物体上的力的大小等于物体在力作用方向上动量的变化率，即

$$\sum \boldsymbol{F} = \frac{\mathrm{d}\boldsymbol{N}}{\mathrm{d}t} = \frac{\mathrm{d}\left(\sum m\boldsymbol{u}\right)}{\mathrm{d}t}$$

将动量定理应用到流动液体上可推导出流体的动量方程。在总流中沿流线取一段固定空间，如图 1-17 中的 Ⅰ—Ⅰ 至 Ⅱ—Ⅱ 区域，称为控制体。为使问题简化，设包围控制体的表面就是通流截面 Ⅰ—Ⅰ 和 Ⅱ—Ⅱ 以及周面，而周面可以是固定壁面或者是由无数流线组成的液面，因此无流体经此周面流入和流出控制体，流体只能经通流截面 Ⅰ—Ⅰ 和 Ⅱ—Ⅱ 流入和流出控制体。

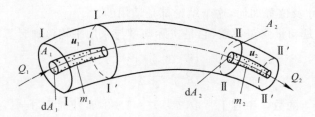

图 1-17 控制体与动量方程

在某时刻 t，占据控制体的液体所处的空间区域为 Ⅰ—Ⅰ 至 Ⅱ—Ⅱ 段，经 $\mathrm{d}t$ 时间后运动到 Ⅰ′—Ⅰ′ 至 Ⅱ′—Ⅱ′ 位置，即有 Ⅰ—Ⅰ 至 Ⅰ′—Ⅰ′ 和 Ⅱ—Ⅱ 至 Ⅱ′—Ⅱ′ 段流体流入和流出控制体。

分析恒定流动时的情况，公共段 Ⅰ′—Ⅰ′ 至 Ⅱ—Ⅱ 的形状、位置、质量与速度等参量都不

随时间变化,故流体动量不变。控制体内的动量增量只是流出与流入流体的动量差,即Ⅰ—Ⅰ至Ⅰ′—Ⅰ′和Ⅱ—Ⅱ至Ⅱ′—Ⅱ′段流体的动量之差。

任取一股微小流束,如图1-17所示。该微小流束在Ⅰ—Ⅰ和Ⅱ—Ⅱ两截面上的微元面积分别为$\mathrm{d}A_1$和$\mathrm{d}A_2$;流速为$\boldsymbol{u}_1$和$\boldsymbol{u}_2$,微小流量为$\mathrm{d}Q_1$和$\mathrm{d}Q_2$,总流的流量为Q_1和Q_2;两截面面积为A_1和A_2。则微小流束Ⅰ—Ⅰ′段和Ⅱ—Ⅱ′段的动量

$$m_1\boldsymbol{u}_1 = \rho_1\boldsymbol{u}_1 u_1 \mathrm{d}A_1 \mathrm{d}t = \rho_1\boldsymbol{u}_1 \mathrm{d}t\mathrm{d}Q_1$$
$$m_2\boldsymbol{u}_2 = \rho_2\boldsymbol{u}_2 u_2 \mathrm{d}A_2 \mathrm{d}t = \rho_2\boldsymbol{u}_2 \mathrm{d}t\mathrm{d}Q_2$$

流入、流出控制体的流体Ⅰ—Ⅰ至Ⅰ′—Ⅰ′段和Ⅱ—Ⅱ至Ⅱ′—Ⅱ′段的总动量

$$\sum m_1\boldsymbol{u}_1 = \sum \rho_1\boldsymbol{u}_1 u_1 \mathrm{d}A_1 \mathrm{d}t = [\int_{A_1} \rho_1\boldsymbol{u}_1 u_1 \mathrm{d}A_1]\mathrm{d}t = [\int_{Q_1} \rho_1\boldsymbol{u}_1 \mathrm{d}Q_1]\mathrm{d}t$$

$$\sum m_2\boldsymbol{u}_2 = \sum \rho_2\boldsymbol{u}_2 u_2 \mathrm{d}A_2 \mathrm{d}t = [\int_{A_2} \rho_2\boldsymbol{u}_2 u_2 \mathrm{d}A_2]\mathrm{d}t = [\int_{Q_2} \rho_2\boldsymbol{u}_2 \mathrm{d}Q_2]\mathrm{d}t$$

控制体内动量的增量就是Ⅰ—Ⅰ至Ⅰ′—Ⅰ′段和Ⅱ—Ⅱ至Ⅱ′—Ⅱ′段流体的动量差,即

$$\mathrm{d}N_C = [\int_{Q_2} \rho_2\boldsymbol{u}_2 \mathrm{d}Q_2 - \int_{Q_1} \rho_1\boldsymbol{u}_1 \mathrm{d}Q_1]\mathrm{d}t$$

则作用在流体上的外力合力

$$\sum \boldsymbol{F} = \frac{\mathrm{d}N_C}{\mathrm{d}t} = \int_{Q_2} \rho_2\boldsymbol{u}_2 \mathrm{d}Q_2 - \int_{Q_1} \rho_1\boldsymbol{u}_1 \mathrm{d}Q_1 \qquad (1-31)$$

通流截面Ⅰ—Ⅰ和Ⅱ—Ⅱ上各点流速$\boldsymbol{u}_1$和$\boldsymbol{u}_2$的分布一般难以确定,现用两通流截面上的平均流速$\boldsymbol{v}_1$和$\boldsymbol{v}_2$乘以动量修正系数β_1和β_2来代替$\boldsymbol{u}_1$和$\boldsymbol{u}_2$,则式(1-31)改写成

$$\sum \boldsymbol{F} = \int_{Q_2} \rho_2\beta_2\boldsymbol{v}_2 \mathrm{d}Q_2 - \int_{Q_1} \rho_1\beta_1\boldsymbol{v}_1 \mathrm{d}Q_1 = \rho_2\beta_2\boldsymbol{v}_2 Q_2 - \rho_1\beta_1\boldsymbol{v}_1 Q_1 \qquad (1-32)$$

对于不可压缩流体,则有$Q_1 = Q_2 = Q,\rho_1 = \rho_2 = \rho$,于是式(1-32)可以改写成

$$\sum \boldsymbol{F} = \rho Q(\beta_2\boldsymbol{v}_2 - \beta_1\boldsymbol{v}_1) \qquad (1-33\mathrm{a})$$

一般在计算时,为方便常写成投影形式,如求在x方向的分量

$$\sum F_x = \rho Q(\beta_2 v_{2x} - \beta_1 v_{1x}) \qquad (1-33\mathrm{b})$$

式(1-33b)就是液体作恒定流动时的动量方程,从中看出,作用在控制体上外力合力的大小仅与流出、流入控制面的流速和流量有关,与控制体内部流体的运动参数无关。无论所选取的控制体的形状、尺寸及位置如何,这个结论都是适用的。

公式中β_1和β_2是动量修正系数,它是实际动量与采用平均流速计算的动量之比,即

$$\beta = \frac{\int_A u^2 \mathrm{d}A}{v^2 A} \qquad (1-34)$$

可以推出β也是大于1的数。工程上常取β为$1\sim1.33$,紊流时取$\beta=1$,层流时取$\beta=1.33$。

对于非恒定流动,由于控制体内各点的参数均随时间变化,所以在$\mathrm{d}t$时间内,控制体内的动量增量就不仅仅是流出、流入控制体的动量差,还要加上控制体内部的动量增量,即

$$\mathrm{d}\boldsymbol{N}_C = \mathrm{d}(\sum \rho \boldsymbol{u}_C \mathrm{d}V) + (\sum m_2\boldsymbol{u}_2 - \sum m_1\boldsymbol{u}_1) =$$
$$\mathrm{d}[\iint_{CV} \rho \boldsymbol{u}_C \mathrm{d}V] + [\int_{Q_2} \rho_2\boldsymbol{u}_2 \mathrm{d}Q_2 - \int_{Q_1} \rho_1\boldsymbol{u}_1 \mathrm{d}Q_1]\mathrm{d}t$$

式中:$\mathrm{d}V$为控制体内任取的流体的微元体;$\boldsymbol{u}_C$为微元体$\mathrm{d}V$的速度;CV为控制体体积。

其余参数含义同前。

则此时的作用力

$$\sum \boldsymbol{F} = \frac{\mathrm{d}\boldsymbol{N}_C}{\mathrm{d}t} = \frac{\mathrm{d}}{\mathrm{d}t}\left[\iiint_{CV}\rho\boldsymbol{u}_C\mathrm{d}V\right] + (\rho_2\beta_2\boldsymbol{v}_2\boldsymbol{Q}_2 - \rho_1\beta_1\boldsymbol{v}_1\boldsymbol{Q}_1)$$

对于不可压缩的液体,则有

$$\sum \boldsymbol{F} = \frac{\mathrm{d}}{\mathrm{d}t}\left[\iiint_{CV}\rho\boldsymbol{u}_C\mathrm{d}V\right] + \rho\boldsymbol{Q}(\beta_2\boldsymbol{v}_2 - \beta_1\boldsymbol{v}_1) \qquad (1-35)$$

在 x 方向投影为

$$\sum F_x = \left[\frac{\mathrm{d}}{\mathrm{d}t}\int_{CV}\rho\boldsymbol{u}_C\mathrm{d}V\right]_x + \rho\boldsymbol{Q}(\beta_2 v_{2x} - \beta_1 v_{1x}) \qquad (1-36)$$

　　　　　　瞬态液动力　　　　　稳态液动力

由式(1-36)可见,当液体作非恒定流动时,作用在控制体上的力由两部分组成:一部分是由于流体流入、流出的动量变化引起的(式中第二项),称为稳态液动力;另一部分则是由于流体作非恒定流动时,在控制体内流体产生加速度运动而引起的(式中第一项),称为瞬态液动力。

必须注意,液体对壁面作用力的大小和 F 相同,但方向相反。

对于直管或缓变流动的情况,可以用如下公式来求瞬态液动力(见图 1-18):

$$F_a = \frac{\mathrm{d}}{\mathrm{d}t}\left[\iiint_{CV}\rho\boldsymbol{u}\,\mathrm{d}V\right] = \frac{\mathrm{d}}{\mathrm{d}t}\left[\iiint_{CV}\rho\boldsymbol{u}\,\mathrm{d}s\mathrm{d}A\right] =$$

$$\rho\frac{\mathrm{d}}{\mathrm{d}t}\left[\int_{s_1}^{s_2}\mathrm{d}s\int_A\boldsymbol{u}\,\mathrm{d}A\right] = (s_2 - s_1)\rho\frac{\mathrm{d}Q}{\mathrm{d}t}$$

或

$$F_a = l\rho\frac{\mathrm{d}Q}{\mathrm{d}t}, \quad l = s_2 - s_1 \qquad (1-37a)$$

式中:l 通常称为阻尼长度;s_1,s_2 为沿流向取的液流段坐标值。

其他参数含义同前。

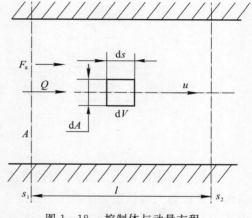

图 1-18　控制体与动量方程

下面以液压传动中常用的滑阀为例,加深理解动量方程。

很多液压阀都是滑阀结构,这些滑阀靠阀芯的移动来改变阀口的大小或启闭,从而控制液流。液流通过阀口时,阀芯所产生的液动力,将对这些液压阀的性能有很大影响。

由前面分析可知,作用在阀芯上的液动力有稳态液动力和瞬态液动力两种。

1.稳态液动力(或稳态轴向液动力)

稳态液动力是阀芯移动完毕,开口固定以后,液流流过阀口时因动量变化而作用在阀芯上的力。图 1-19 给出液流流过阀口的两种情况。取阀芯两凸肩间的容腔中液体作为控制体,由式(1-33)可求得液流流入或流出阀腔时的稳态液动力为

$$F_s = \rho Q v \cos\theta \qquad (1-37b)$$

式中:θ 为射流角,一般取 $\theta = 69°$;v 为阀口处的平均流速。

稳态液动力的方向总是指向关闭阀口的方向,相当于一个回复力,使滑阀的工作趋于稳定。

2.瞬态液动力

瞬态液动力是滑阀在移动过程中(即开口
大小发生变化时)阀腔中液流因加速或减速而
作用在阀芯上的力。这个力只与阀芯移动速
度有关(即与阀口开度的变化率有关),与阀口
开度本身无关。

图 1-20 表示了阀芯移动时出现瞬态液动
力的情况。当阀口开度变化时,阀腔内长度为
l 那部分油液的轴向速度亦发生变化,也就出
现了加速或减速,于是阀芯上就受到了一个轴
向的反作用力 F_a,这就是瞬态液动力。由式
(1-37a) 可知

$$F_a = \rho l \frac{\mathrm{d}Q}{\mathrm{d}t}$$

当阀口前后的压差不变或变化不大时,流量的
变化率 $\frac{\mathrm{d}Q}{\mathrm{d}t}$ 与阀口开度的变化率 $\frac{\mathrm{d}x_v}{\mathrm{d}t}$ 成正比。

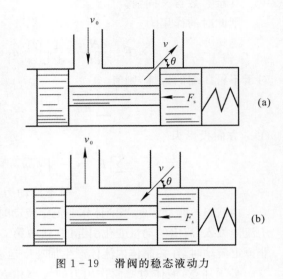

图 1-19　滑阀的稳态液动力

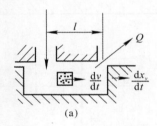 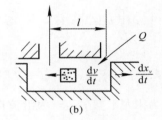

图 1-20　瞬态液动力

滑阀上瞬态液动力的方向,视油液流入还是流出阀口而定。图 1-20(a) 中油液流出阀口,
当阀口开度加大时长度为 l 的那部分油液加速,开度减小时油液减速,这两种情况下瞬态液动
力作用方向都与阀芯移动方向相反,起着阻止阀芯移动的作用,相当于一个阻尼力,并将 l 称
为"正阻尼长度"。反之,图 1-20(b) 的情况油液流入阀口,阀口开度变化时引起液流流速变
化的结果,都是使瞬态液动力的作用方向与阀芯移动方向相同,起着帮助阀芯移动的作用,相
当于一个负的阻尼力。这种情况下 l 称为"负阻尼长度"。

1-4 · 流动液体的流量-压力特性

前一节叙述了液体运动最普遍适用的基本规律,并未涉及具体装置中(如管路、孔口等)
液体运动的物理本质,因而存在一些问题,例如伯努利方程中的能量损失(h_w)等并未解决。
每一具体的流动都有其相应的流量-压力特性,下面分别加以叙述。

一、压力损失

在密封管道中流动的液体存在两种损失：一种是液体在圆管中流动时因黏性产生的沿程损失；另一种是由于管道截面突然变化、液流速度大小和方向突然改变等引起的局部损失。两种能量损失均可用压力损失来表示。压力损失大小与流动状态有关，下面将分别进行讨论。

1. 沿程损失

当液流为层流状态时，其流量及沿程压力损失均可由理论公式计算。

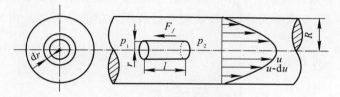

图 1-21 ⸳ 圆管中的层流

图 1-21 为液体在等径（半径为 R）水平圆管中作恒定层流时的情况。在图中的管内取出一段半径为 r，长度为 l，与管轴相重合的微小圆柱体，作用在其两端面上的压力分别为 p_1 和 p_2，作用在侧面上的内摩擦力为 F_f。根据力的平衡，有

$$(p_1 - p_2)\pi r^2 = F_f$$

内摩擦力按式（1-6）计算为

$$F_f = -2\pi\mu r l \frac{\mathrm{d}u}{\mathrm{d}r}$$

图 1-21 坐标轴中速度梯度 $\frac{\mathrm{d}u}{\mathrm{d}r}$ 为负值，故式中加一负号以使摩擦力为正值。令 $\Delta p = p_1 - p_2$，将这些关系代入上式，则有

$$\frac{\mathrm{d}u}{\mathrm{d}r} = -\frac{\Delta p}{2\mu l}r \qquad\qquad (1-38)$$

对式（1-38）进行积分得

$$u = -\frac{\Delta p}{4\mu l}r^2 + C$$

积分常数 C 由边界条件确定，即当 $r = R$ 时，$u = 0$，则有

$$C = \frac{\Delta p}{4\mu l}R^2$$

从而求得速度分布表达式为

$$u = \frac{\Delta p}{4\mu l}(R^2 - r^2) \qquad\qquad (1-39)$$

式（1-39）是一抛物面方程。最大速度发生在轴线上，即 $r = 0$ 处，速度最大，有

$$u_{\max} = \frac{\Delta p}{4\mu l}R^2 = \frac{\Delta p}{16\mu l}d^2 \qquad\qquad (1-40)$$

由式（1-39）看出，液体在圆管中作层流流动时，速度按对称于管轴的抛物线规律分布。由于速度分布不均匀，为了计算流量，在半径 r 处取一层厚为 $\mathrm{d}r$ 的微小圆环面积（见图 1-21），通过此环形面积的流量为

$$dQ = 2\pi ur\,dr$$

对上式积分得

$$Q = \int_0^R 2\pi ur\,dr = \frac{\pi R^4}{8\mu l}\Delta p = \frac{\pi d^4}{128\mu l}\Delta p \qquad (1-41)$$

或

$$\frac{\Delta p}{l} = \frac{8\mu Q}{\pi R^4}$$

式(1-41)表明,液体在圆管中作层流流动时,流量与管径的四次方成正比,压力差(压力损失)则与管径的四次方成反比,可见管径对流量及压力损失的影响是很大的。这个公式又叫泊肃叶公式。

管中平均流速 v 可表示为

$$v = \frac{Q}{A} = \frac{4Q}{\pi d^2} = \frac{\frac{\pi R^4}{8\mu l}\Delta p}{\pi R^2} = \frac{1}{2}\frac{\Delta p}{4\mu l}R^2 = \frac{1}{2}u_{max} \qquad (1-42)$$

由式(1-42)可知,通流截面上的平均流速为管子中心线上最大流速的一半。

由速度分布规律,可计算出通流截面上的实际动能和实际动量,则可进一步求出动能修正系数 α[式(1-28)]及动量修正系数 β[式(1-34)]。

$$\alpha = \frac{\int_A u^3\,dA}{v^3 A} = \frac{\int_0^R \left[\frac{\Delta p(R^2 - r^2)}{4\mu l}\right]^3 2\pi r\,dr}{\left(\frac{\Delta p R^2}{8\mu l}\right)^3 \pi R^2} = 2$$

$$\beta = \frac{\int_A u^2\,dA}{v^2 A} = \frac{\int_0^R \left[\frac{\Delta p(R^2 - r^2)}{4\mu l}\right]^2 2\pi r\,dr}{\left(\frac{\Delta p R^2}{8\mu l}\right)^2 \pi R^2} = \frac{4}{3} \approx 1.33$$

伯努利方程中 h_w 一项,若仅考虑沿程损失,管径不变并水平安放,则可按式(1-29)求出

$$h_\lambda = \frac{p_1 - p_2}{\rho g} = \frac{\Delta p}{\rho g} \qquad (1-43)$$

若管中是层流流动,由式(1-41)可得到

$$\Delta p = \frac{128\mu l}{\pi d^4}Q = \frac{32\mu l}{d^2}v \qquad (1-44)$$

将式(1-44)代入式(1-43)中,并经适当变换可得到

$$h_\lambda = \frac{\Delta p}{\rho g} = \frac{64}{\rho \frac{vd}{\mu}} \cdot \frac{l}{d}\frac{v^2}{2g} = \frac{64}{Re}\frac{l}{d}\frac{v^2}{2g} = \lambda\frac{l}{d}\frac{v^2}{2g} \qquad (1-45)$$

式中,$\lambda = \dfrac{64}{Re}$ 为沿程阻力损失系数。在机床液压传动系统中,λ 和 Re 间的关系曲线如图1-22所示。

由式(1-45)可见,流体在管道中流动的能量损失表现为流体的压力损失,即流体下游的压力要小于上游的压力,这个压力差值用来克服流动中的摩擦阻力。

在实际情况下,由于管壁附近的流体层因冷却作用而引起局部黏性系数增大,从而使摩擦阻力加大,因此在液压技术中流体为油时取

$$\lambda = \frac{75}{Re}$$

如果管道是橡胶软管,由于管中流动状况易受扰动,常取

$$\lambda = \frac{80}{Re}$$

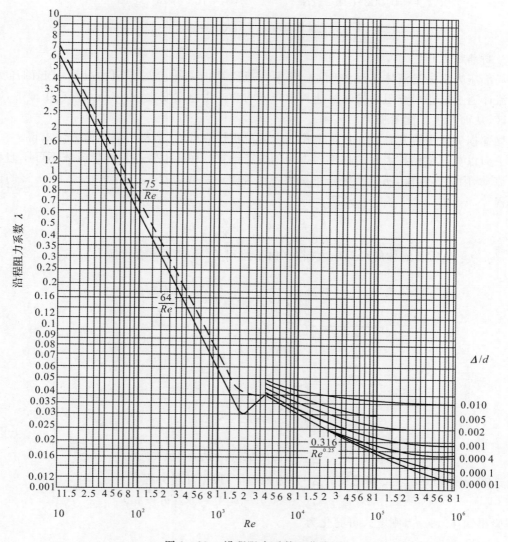

图 1-22　沿程阻力系数 λ 曲线图

液体在直管中作紊流运动时,沿程损失仍按式(1-45)计算,但如何取 λ 值就相当复杂了,只能按经验公式或实验曲线得到。

当 Re 较低时,由于在管道的管壁附近有一层层流的边界层,把管壁的粗糙度掩盖住,所以管壁粗糙度将不影响液体的流动,这时液体似乎流过一根光滑管,或称水力光滑管。这时 λ 仅和 Re 有关,和粗糙度无关,即 $\lambda = f(Re)$。

当 Re 增大时,层流边界层厚度减薄,小于管壁粗糙度,管壁粗糙度就突出在层流边界层以

外,对液体的紊流压力损失产生影响,这时的 λ 将和 Re 以及管壁的相对粗糙度 Δ/d(Δ 为管壁的绝对粗糙度,d 为管的内径)有关,即 $\lambda = f(Re, \Delta/d)$。

在不同的雷诺数范围内,λ 值也可按下列经验公式求出

$$\lambda = 0.316\,4Re^{-0.25} \qquad\qquad (10^5 > Re > 4\,000)$$

$$\lambda = 0.032 + 0.221Re^{-0.237} \qquad (3 \times 10^6 > Re > 10^5)$$

$$\lambda = \left(2\lg\frac{d}{2\Delta} + 1.74\right)^{-2} \qquad \left(Re > 900\frac{d}{\Delta}\right)$$

2. 局部压力损失

局部压力损失是液体流经如阀口、弯头及通流截面变化等局部阻力处所引起的压力损失。流体通过这些局部阻力处时流速大小和方向会产生急剧变化,流体质点间产生撞击,形成旋涡区,从而产生了能量损失。

局部损失除少数几种能在理论上作一定的分析计算外,一般都依靠实验方法求得。

下面以截面突然扩大时的局部损失为例进行计算。图 1-23 假设理想流体不可压缩且作恒定流动,因为是紊流,所以动能修正系数和动量修正系数均取 1,列截面 1—1 和 2—2 的伯努利方程

$$\frac{p_1}{\rho g} + \frac{v_1^2}{2g} = \frac{p_2}{\rho g} + \frac{v_2^2}{2g} + h_\zeta \tag{a}$$

式中,h_ζ 为单位质量液体的局部压力损失(由于路程短,所以不计沿程损失)。

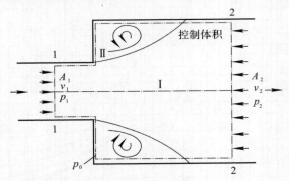

图 1-23　截面突然扩大处的局部损失

选截面 1—1 和 2—2 间的核心区 I 为控制体,根据动量方程,有

$$p_1 A_1 + p_0(A_2 - A_1) - p_2 A_2 = \rho Q(v_2 - v_1)$$

由实验得知 $p_0 \approx p_1$,则上式可简化为

$$p_1 - p_2 = \rho v_2(v_2 - v_1) \tag{b}$$

将式(b)代入式(a)中可求得

$$h_\zeta = \frac{v_2(v_2 - v_1)}{g} + \frac{v_1^2 - v_2^2}{2g}$$

化简上式,并将 $v_2 = \dfrac{A_1}{A_2}v_1$ 代入,得

$$h_\zeta = \frac{(v_1 - v_2)^2}{2g} = \left(1 - \frac{A_1}{A_2}\right)^2 \frac{v_1^2}{2g} \tag{1-46}$$

令

$$\zeta = \left(1 - \frac{A_1}{A_2}\right)^2$$

称为突然扩大时的局部损失系数,则

$$h_\zeta = \zeta \frac{v_1^2}{2g} \qquad\qquad (1-47)$$

由式(1-46)不难看出,局部损失系数仅与通流面积 A_1 与 A_2 的比值有关,而与速度、黏性(或与雷诺数)无关。常见的局部损失系数如图 1-24 所示。

当 $A_2 \gg A_1$ 时,$\zeta = 1$,因此突然扩大截面处的局部能量损失为 $v_1^2/2g$,这说明进入突然扩大截面处液体的全部动能会因液流扰动而全部损失掉,变为热能而散失。

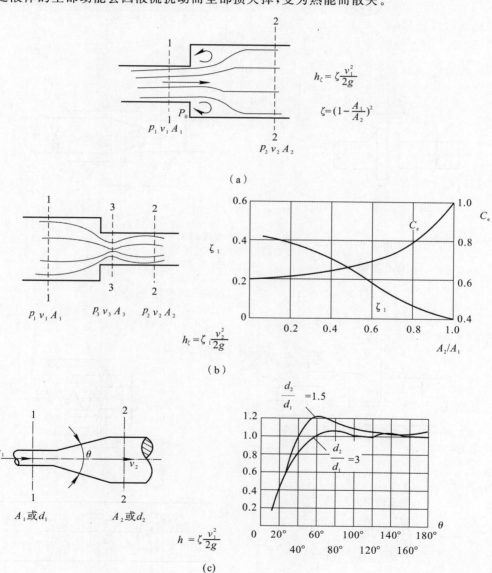

图 1-24　各种局部损失系数

(a) 突然扩大;(b) 突然收缩;(c) 逐渐扩大;

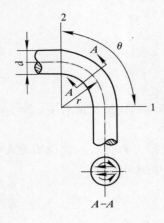

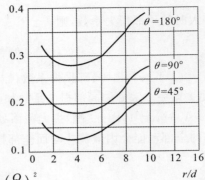

$$h_\zeta = \zeta \frac{1}{2g}\left(\frac{Q}{A}\right)^2$$

(d)

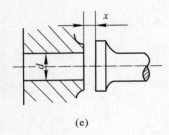

(e)

节流面积 $A_v = \pi dx$

阀座孔面积 $A = \frac{\pi d^2}{4}$

当 $x = d/4$ 时,$A_v = A$

$\zeta = 1.3 + 0.2\left(\frac{A}{A_v}\right)^2$

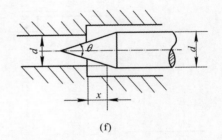

(f)

节流面积

$A_v = \pi dx \sin\frac{\theta}{2}\left(1 - \frac{x}{2d}\sin\theta\right)$

阀座孔面积 $A = \frac{\pi}{4}d^2$

$\zeta = 0.5 + 0.15\left(\frac{A}{A_v}\right)^2$

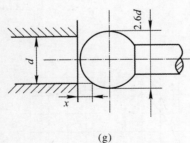

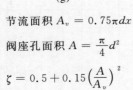

(g)

节流面积 $A_v = 0.75\pi dx$

阀座孔面积 $A = \frac{\pi}{4}d^2$

$\zeta = 0.5 + 0.15\left(\frac{A}{A_v}\right)^2$

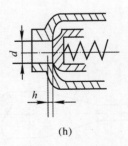

(h)

$\dfrac{h}{d}$	0.05	0.1	0.15	0.2	0.25	0.3
ζ	3.35	2.85	2.4	2.4	2.7	1.35

续图 1-24　各种局部损失系数

(d) 弯管;(e) 平板阀口;(f) 锥阀;(g) 球阀;(h) 溢流阀

由于各种局部损失的实质是一样的,所以,可以将突然扩大的局部压力损失公式(1-47)作为普遍的局部压力损失计算公式。

3. 管路系统总能量损失

管路系统中总能量损失等于系统中所有直管沿程能量损失之和与局部能量损失之和的叠加,即

$$h_w = \sum \lambda \frac{l}{d} \frac{v^2}{2g} + \sum \zeta \frac{v^2}{2g} \qquad (1-48)$$

$$\Delta p = \sum \lambda \frac{l}{d} \frac{\rho v^2}{2} + \sum \zeta \frac{\rho v^2}{2} \qquad (1-48')$$

上式仅在两相邻局部损失之间的距离大于管道内径 10～20 倍时才是正确的,否则液流受前一个局部阻力的干扰还没有稳定下来,就又经历后一个局部阻力,它所受扰动将更为严重,因而会使式(1-48)算出的压力损失值比实际数值小。

由前文推导的计算压力损失的公式中可以看出,层流直管中的沿程损失与流速 v 呈一次方关系,局部损失则与流速 v 的二次方成正比,因此,为了减少系统中的压力损失,管道中液体的流速不应过高。

为了减少压力损失,还应尽量减少截面变化和管道弯曲,管道内壁力求光滑,油液黏度适当。

二、流量公式

1. 孔口的流量公式

在液压传动中,经常装有断面突然收缩的装置,称为节流装置(如节流阀)。突然收缩处的流动叫节流。一般采用各种形式的孔口来实现节流。液体流过节流口时会产生局部损失,使系统发热,油液黏度减小,系统的泄漏增加,这是不利的一面。但是这种节流装置能实现对压力和流量的控制。

液体流经小孔的情况,可分为薄壁小孔和细长小孔,介于二者之间的孔称为短孔。它们的流量计算和流量压力特性有相同之处,也有区别。下面将分别进行分析。

(1) 薄壁小孔的流量公式。所谓薄壁小孔是指小孔的长度 l 与直径 d 之比 $l/d \leqslant 0.5$ 的孔。如流量阀中的节流口,静压支承中的小孔节流器都是薄壁孔,一般都将孔口边缘作为刃口形式,如图 1-25 所示。液流在小孔上游大约 $d/2$ 处开始加速并从四周流向小孔,贴近管壁的液体由于惯性不会作直角转弯而是向管轴中心收缩,从而形成收缩断面,大约在小孔出口 $d/2$ 的地方,形成最小收缩截面 A_e,通常把最小收缩面积与孔口截面积之比称为收缩系数,即

$$C_e = \frac{A_e}{A_0}$$

截面收缩的程度取决于 Re、孔口及边缘形状、孔口离管道及容器侧壁的距离等因素。如圆形小孔,当管道直径与小孔直径之比 $d/d_0 \geqslant 7$ 时,称为完全收缩,此时流束的收缩不受大孔侧壁的影响。反之,当 $d/d_0 < 7$ 时,称为不完全收缩,由于这时管壁与小孔较近,侧壁对收缩的程度有影响。

图 1-25 小孔前截面 1—1,其相应参数为 A_1, p_1, v_1;小孔后截面 2—2,其相应参数为 A_2, p_2, v_2;收缩处参数为 A_e, p_e, v_e。

选取轴心线为参考基准,列写截面 1—1 及 2—2 的伯努利方程,则有

$$\frac{p_1}{\rho g}+\frac{\alpha_1 v_1^2}{2g}=\frac{p_2}{\rho g}+\frac{\alpha_2 v_2^2}{2g}+\sum h_\zeta$$

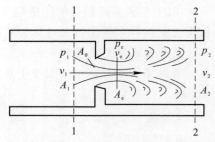

图 1-25　通过薄壁小孔的液流

取 $\alpha_1=\alpha_2=1$，并且 $v_1=v_2$，则上式简化为

$$\frac{p_1}{\rho g}=\frac{p_2}{\rho g}+\sum h_\zeta$$

式中，$\sum h_\zeta$ 为液体流经小孔的局部能量损失，它包括两部分：液体流经截面突然缩小时的局部损失 $h_{\zeta 1}$ 和突然扩大时的局部损失 $h_{\zeta 2}$。当收缩截面上的平均流速为 v_e 时，即可写成

$$h_\zeta=(\zeta_1+\zeta_2)\frac{v_e^2}{2g}$$

代入上式，有

$$\frac{p_1-p_2}{\rho g}=(\zeta_1+\zeta_2)\frac{v_e^2}{2g}$$

由上式求出

$$v_e=\frac{1}{\sqrt{\zeta_1+\zeta_2}}\sqrt{\frac{2}{\rho}(p_1-p_2)}=C_v\sqrt{\frac{2}{\rho}\Delta p} \qquad (1-49)$$

又因 $\zeta_2=\left(1-\dfrac{A_e}{A_2}\right)^2$，而 $\dfrac{A_e}{A_2}\ll 1$，故 $\zeta_2=1$，因此

$$C_v=\frac{1}{\sqrt{1+\zeta_1}}$$

称 C_v 为速度系数，Δp 为小孔前后的压力差，$\Delta p=p_1-p_2$，由此可得流经小孔的流量为

$$Q=A_e v_e=C_c C_v A_0\sqrt{\frac{2}{\rho}\Delta p}=C_d A_0\sqrt{\frac{2}{\rho}\Delta p} \qquad (1-50)$$

式中，C_d 为流量系数，$C_d=C_c C_v$。

流量系数的值由实验确定。图 1-26 给出了在液流完全收缩的情况下，当 $Re\leqslant 10^5$ 时，C_d，C_c，C_v 与 Re 之间的关系。当 $Re>10^5$ 时，C_d 可以认为是不变的常数，计算时取平均值 C_d 为 $0.60\sim 0.62$。

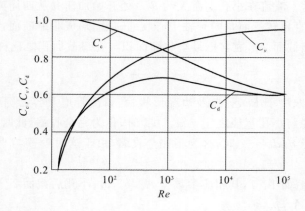

图 1-26　C_d-Re，C_v-Re 和 C_c-Re 曲线

从图 1-26 看出,当 Re 较小时,C_d 随 Re 的增大而迅速增大,这是由于黏性起主导作用的结果。它对收缩系数 C_c 影响较小,而对速度系数 C_v 影响较大,此时 C_d 主要受 C_v 影响,随 Re 增加而迅速增加。当 Re 进一步增大时,C_d 随 Re 增加而缓慢增加,这是因为此时黏性作用相对减小而惯性作用增大,直到惯性作用起主导作用时,它对收缩系数 C_c 影响较大,而对速度系数 C_v 影响较小。在 Re 增大到一定值后,黏性作用可以忽略,此时 C_v 趋近 1,C_d 也趋于某一常数。

当液流不完全收缩时,管壁离小孔较近,此时管壁对液流起导向作用,流量系数可增大到 $0.7 \sim 0.8$。

从以上对薄壁小孔的流量公式推导可以看出:流经薄壁小孔的流量 Q 与小孔前后压差 Δp 的 1/2 次方成正比;摩擦阻力作用极小,流量受黏度的影响也很小,因而油温变化对流量影响也很小;此外,薄壁小孔不易堵塞。这些都使得薄壁小孔(或近似薄壁小孔)在流量控制阀中表现出较好的性能。

(2)细长小孔的流量公式。细长小孔一般是指小孔的长径比 $l/d > 4$ 时的情况,如液压系统中的导管、某些阻尼孔、静压支承中的毛细管节流器等。

液流在细长孔中流动,一般都是层流,若不计管道起始段的影响,可以应用前面推出的圆管层流的公式(1-41),即

$$Q = \frac{\pi d^4}{128\mu l}\Delta p = \frac{d^2}{32\mu l}A_0\Delta p = CA_0\Delta p \qquad (1-51)$$

式中:$A_0 = \pi d^2/4$ 即细长小孔截面积;$C = d^2/(32\mu l)$;其他符号同前。

从式(1-51)可知:油液流经细长小孔的流量 Q 与小孔前后压差 Δp 的一次方成正比;流量受油液黏性(μ)变化的影响较大,即油温变化引起黏度的变化,从而引起流过细长小孔的流量变化;此外,细长小孔较易堵塞。这些特点都和薄壁小孔不同。

介于薄壁小孔与细长小孔之间的孔,即 $1/2 < l/d \leqslant 4$ 时,称为厚壁小孔或称为短孔。这时的过流情况,除流束在入口处有收缩作用外,且收缩结束后,流束要扩大,致使扩大后有一段沿程损失,以后才流出。因此,能量损失应为收缩、扩大和沿程三个部分的能量损失之和。应该指出的是,这里的收缩仅发生在孔的内部,液流一旦流出短孔就不再收缩。一般液压系统中的圆柱形外伸管嘴的流出情况,均属此类。

厚壁孔加工比薄壁孔容易得多,因此特别适合于用作固定节流孔。流量计算也可采用薄壁小孔的公式,但流量系数 C_d 应根据短管的形状和安装方式不同而作具体计算或查表,关于这方面的深入了解,可参考相关的流体力学专著。

2. 缝隙的流量公式

在液压传动的元件中,适当的缝隙(间隙)是零件间正常相对运动所必需的。间隙对液压元件的性能影响极大。液压系统的泄漏主要是由于间隙和压力差决定的,泄漏的增加使系统油温升高、效率降低,系统性能受影响。因此应尽可能减少泄漏以提高系统的性能,保证系统正常工作。

缝隙的大小相对于它的长度和宽度小很多,因此,液体在缝隙中的流动受固体壁的影响很大,其流动状态一般均为层流。缝隙的流量公式不再推导,现列于表 1-4,可作为计算各种缝隙流量时选用。

表 1-4 常见缝隙流量公式

项目	种类	
	计算公式	缝隙的示意图
1. 平行平板缝隙的流量	$Q = 6 \times 10^4 \dfrac{b\delta^3 \Delta p}{12\mu l}$	
2. 同心环形缝隙的流量	$Q = 6 \times 10^4 \dfrac{\pi d\delta^3 \Delta p}{12\mu l}$	
3. 偏心环形缝隙的流量	$Q = 6 \times 10^4 \dfrac{\pi d\delta^3 \Delta p}{12\mu l} \times$ $(1 + 1.5\varepsilon^2)$	
4. 平行圆盘缝隙的流量	$Q = 6 \times 10^4 \dfrac{\pi \delta^3 \Delta p}{6\mu \ln \dfrac{D}{d}}$	

表 1-4 公式中各符号的意义为：Q 为通过缝隙的流量（L/min）；b 为缝隙的宽度（m）；δ 为缝隙的高度（m）；Δp 为缝隙前后压力差（Pa）；μ 为油液的动力黏度（Pa·s）；l 为缝隙的长度（m）；d 为环形缝隙的直径或圆盘的中心孔径（m）；ε 为缝隙的相对偏心率，即内圆柱中心与外圆筒中心的偏心距离 e 与缝隙 δ 的比值，即 $\varepsilon = \dfrac{e}{\delta}$；$D$ 为圆盘外圆直径（m）。

当偏心环形缝隙的偏心率达到最大值，即 $\varepsilon = \dfrac{e}{\delta} = 1$ 时，偏心环形缝隙的流量增加为同心环形缝隙的 2.5 倍。

1-5　液压冲击和气穴现象

一、液压冲击

在液压系统的工作过程中，因执行部件的突然换向或阀门突然关闭以及外负载的急剧变化而引起压力急剧变化，出现压力交替升降的波动过程，这种现象称为液压冲击。液压冲击常伴随着很大的噪声和振动，它的压力峰值有时会达到正常工作压力的几倍至几十倍，甚至足以使管道和某些液压元件产生破坏的程度。因此，弄清液压冲击的本质，估算出它的压力峰值，并研究抑制措施，对液压系统的安全稳定运行是十分必要的。

液压冲击是一种非恒定流动，它的瞬态过程相当复杂，本节只是简单分析产生冲击的原因及压力峰值的计算方法。

通常所说的压力冲击主要有以下两种情况：

一种是阀门突然打开或关闭，以及系统中某些元件反应的滞后，使液流突然停止运动。由于管路中液流的惯性及油液的可压缩性等原因，将流体的动能转变为压力能，并迅速逐层形成压力流，在阀门前出现高压波，阀门后出现低压波（从而产生空穴），这种压力波在水力学中称为"水击"现象或"水锤"现象。由于油液的黏性作用，所以经过一段时间以后这种压力波逐渐衰减而停止。

另一种情况是运动部件（如机床工作台）突然启动或停止，运动部件的惯性使液压缸和相连管道内的压力产生急剧的变化而形成压力波，产生液压冲击。

以上两种情况本质上都是相同的，产生的后果也是类似的。

1. 液流突然停止时的液压冲击

设有图 1-27 的一根等径直管，其上游与一固定水面的大水池相连，出口经一快速闸门通大气。设管长为 l，截面积为 A，在阀门正常开启情况下，管中流速为 v_0，压力为 p_0（不计沿程损失）。当阀门突然关闭时，首先是紧靠阀门的一层厚度为 Δl 的液体停止运动，它的动能在极短的时间内转化为压力增量 Δp，同时液体被压缩，压力也升高。如此继续下去，管中液体一层接一层地逐步停止运动。同时压力升高，在停止流动液体形成的高压区和尚在流动液体的原有低压

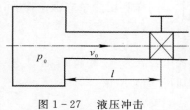

图 1-27　液压冲击

区的分界面(称为增压波面),以速度 a 向水池方向传递,称为压力波传播。a 是液压冲击波的传播速度,其值等于液体中的声速。

在阀门关闭后的 $t_1 = l/a$ 时刻,第一次液压冲击波从阀门传到了管道入口端,此时管中的液体全部停止流动,而且液体处于压缩状态,使管内压力大于水池中的压力,处于一种不平衡状态。于是管中紧邻入口处的第一层厚为 Δl 的液体将会以速度 v_0 向水池冲击。与此同时,该层液体结束了受压状态,液体的压力增量随即消失,恢复到正常压强。这样,管中液体依次结束受压状态,液体高压区和低压区的分界面即为减压波面。在阀门关闭后的 $t_2 = 2l/a$ 时刻,管内全部液体的压力和体积都恢复了原状。但由于惯性作用,紧靠阀门的液体仍然试图以速度 v_0 流向水池,这就使得紧靠阀门的第一层液体开始受到拉松,因而使压力突然降低 Δp 大小。同样,紧接各层液体依次放松,这就形成一减压波面,并以速度 a 向水池方向传去。经 $t_3 = 3l/a$ 时刻后,减压波面传到管道入口处,管内全部液体都处于低压而且是静止的状态。这时水池中压力大于管中压力,在此压差作用下,液体又由水池向管中冲去。这又使管道入口处的第一层液体首先恢复到原来正常情况下的压力和速度,接着依次一层一层地以速度 a 向阀门方向恢复原状。直到 $t_4 = 4l/a$ 时刻,管内全部液体的压力和速度都恢复到正常状态,即液体仍以速度 v_0 流向阀门。

这时若阀门仍然关闭着,则将重复上述四个过程。若无能量消耗,则上述情况将永远继续下去。

实际上由于液体的黏性和管壁变形都将消耗液体的能量,液压冲击产生的能量将逐渐散失,于是压力波将逐渐减弱直至消失。

2. 运动部件制动时产生的液压冲击

图 1 - 28 活塞以正常运动速度 v_0 带动负载 $\sum m$ 向左运动,当换向阀突然关闭时,油液被封死在油缸两腔及管道中。由于惯性作用,活塞不能立即停止运动,将继续向左运动使左腔内油液受到压缩,压力急剧上升达到某一峰值,产生液压冲击。封闭在右腔的油液因容积扩大但没有油液补充进来而使压力突然降低。当运动部件的动能全部转化为油液的弹性能时,活塞将停止向左运动,此时油液的弹性能将释放出来,使活塞改变其

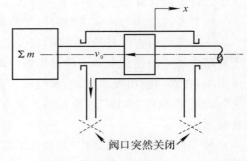

图 1 - 28　运动部件制动

运动方向而向右运动,这样来回运动将持续地振荡一段时间,直到泄漏与摩擦损失耗尽了全部能量为止。

同样利用能量守恒定律,可以求出冲击压力峰值

$$\frac{1}{2}\sum mv_0^2 = \frac{1}{2}K_h\Delta l^2$$

式中:Δl 为关闭阀门后活塞移动的距离;K_h 为液压弹簧刚性系数,由式(1 - 5)可知 $K_h = A^2 K/V$。

又

$$\Delta pA = K_h\Delta l$$

将上边各式整理得

$$\Delta p = v_0 \sqrt{\frac{\sum mK}{V}} \qquad\qquad (1-52)$$

由式(1-52)可以看出,运动部件质量越大,起始运动速度越大,产生的冲击压力越大。在推导公式(1-52)时,是假设速度减至零,并未考虑其他损失,因此公式是近似的。

对以上两种情况分析得出,液压冲击现象对管道和液压机械都是十分有害的,因此应设法将其消除或减弱,常用的办法有:

(1) 缓慢关闭阀门。若使阀门关闭时间 $t_c > 2l/a$,则当返回的减压波回到阀门时,阀门还在关闭过程中,随后产生的压力升高值将与返回的减压波相抵消掉一部分,因此,液压冲击压力峰值将减小。

(2) 缩短管子长度 l,即使 $t_c = 2l/a$ 减小,也同样可达到前项所说的效果。

(3) 限制管中液体的流速 v_0。

(4) 在靠近液压冲击源处安装安全阀、蓄能器等装置。

液压冲击现象并非有百害而无一利,事实上人们早已利用液压冲击的能量制成了一种水锤泵,用来扬水。

例 1-4　有一直径 $d=205$ mm,管壁厚度 $\delta=10.5$ mm 的管道,管中水流速度 $v=2$ m/s,此时阀门处的压力 $p_0=1.5$ MPa,已知水的容积弹性模量 $K=2.1\times10^3$ MPa,管壁材料的弹性模量 $E=10^5$ MPa,若阀门突然关闭,求管壁内产生的应力。

解　由式(1-52)得

$$\Delta p = \rho v_0 \sqrt{\frac{\dfrac{K'}{\rho}}{1+\dfrac{dK'}{\delta E}}}$$

取 $\rho = 1\,000$ kg/m³,则有

$$\Delta p = 1\,000 \times 2 \times \sqrt{\frac{2.1\times10^9/1\,000}{1+\dfrac{0.205\times2.1\times10^9}{0.010\,5\times10^{11}}}} = 2.44 \text{ MPa}$$

故发生液压冲击时的总压力应为

$$p = p_0 + \Delta p = 1.5 + 2.44 = 3.94 \text{ MPa}$$

此时,管壁中的应力为

$$\sigma = \frac{pd}{2\delta} = \frac{3.94\times20.5}{2\times1.05} = 38.46 \text{ MPa}$$

而正常时管壁中的应力为

$$\sigma = \frac{p_0 d}{2\delta} = \frac{1.5\times20.5}{2\times1.05} = 14.6 \text{ MPa}$$

二、气穴(或空穴)

在流动的液体中,如果某一点处的绝对压力低于液体的空气分离压,液体中溶解的空气就会分离出来,产生大量气泡,这就是气穴。另外,当绝对压力低于液体的饱和蒸气压时,液体中会产生大量的蒸气泡,这也是气穴。气穴现象使液压装置产生噪声和振动,使金属表面受到腐

蚀。为了说明这种现象的机理,有必要介绍一下液压油的空气分离压和饱和蒸气压。

1. 空气分离压和饱和蒸气压

液压油中不可避免地含有一定量的空气,液压油中所含空气的体积百分数称为它的含气量。空气可溶解在液压油中,也可以以气泡的形式混合在液压油中。空气的溶解量和液压油的绝对压力成正比。常用的矿物型液压油,常温时在一个大气压下约含有 $5\% \sim 10\%$ 的溶解空气,溶解空气对液压油的体积弹性模量没有影响。

在一定温度下,当液压油压力低于某值时,溶解在油中的过饱和的空气将会突然迅速从油液中分离出来,产生大量气泡,这个压力称为液压油在该温度下的空气分离压。含有气泡的液压油的体积弹性模量将降低。

当液压油在某温度下的压力低于一定数值时,油液本身将迅速汽化,产生大量蒸气气泡,这时的压力称为液压油在该温度下的饱和蒸气压。一般来说,饱和蒸气压相当小,比空气分离压小得多。几种液体的饱和蒸气压值见表 1-5。

表 1-5   几种液体的饱和蒸气压

种 类	温度 ℃	饱和蒸气压 Pa	种 类	温度 ℃	饱和蒸气压 Pa
水	20	2 338.4	30 号汽轮机油	20	0.387
	50	12 398.9		50	0.011
22 号汽轮机油	20	1.799			
	50	0.013			

由上述可知,要使液压油不产生大量气泡,它的压力最低不得低于液压油所在温度下的空气分离压。

2. 节流口处的气穴现象

在液压系统中的节流口,在突然关闭的阀门附近,在吸油不畅的油泵吸油口等处,均可能产生气穴。现以图 1-29 节流口的喉部为例进行分析。根据伯努利方程可知,该处流速大、压力低,如压力低于该液压油工作温度下的空气分离压,溶解在油中的空气将迅速地分离出来变成气泡。这些气泡随着液流流到高压区时,会因承受不了高压而破灭,产生局部的液压冲击,发出噪声并引起振动。当附在金属表面上的气泡破灭时,它所产生的局部高温和高压会使金属剥落,使表面粗糙或出现海绵状的小洞穴。节流口下游部位常发生这种腐蚀的痕迹,这种现象称为气蚀。

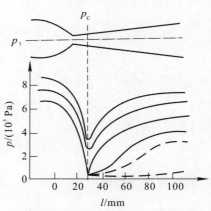

图 1-29   节流口处的空穴现象

其他如液压泵吸油管过细,安装位置太高等都会使吸油口绝对压力过低,即真空度太大,而产生气穴现象,使液压泵输出流量和压力急剧波动,系统无法稳定的工作;严重时使泵的机件腐蚀,出现气蚀现象。

思考题和习题

1-1　图1-30,直径为d,重力为F_G的柱塞浸在液体中,并在外力F的作用下处于静止状态。若液体的密度为ρ,柱塞浸入深度为h,试确定液体在测压管内的上升高度x。

1-2　有一容器充满了密度为ρ的油(见图1-31),其压力p由水银压力计的读数h来确定。若测压计与容器以柔软胶管连接,现将测压管向下移动距离a,这时虽然容器中压力没有变化,但测压管中的读数会由h变为$h+\Delta h$。试求Δh与a的关系式。

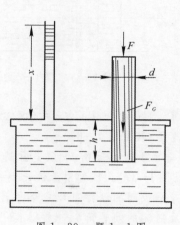

图1-30　题1-1图

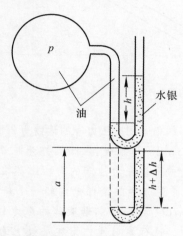

图1-31　题1-2图

1-3　转轴直径$d=0.36$ m,轴承长度$l=1$ m,轴与轴承间的缝隙$\delta=0.2$ mm,其中充满动力黏度$\mu=0.72$ Pa·s的油,若轴的转速为$n=200$ r/min,求克服油的黏性阻力所需的功率。

1-4　图1-32液压泵从油箱吸油,吸油管直径$d=6$ cm,流量$Q=150$ L/min,液压泵入口处的真空度为0.2×10^5 Pa,油液的运动黏度$\nu=20\times10^{-6}$ m²/s,油液的密度$\rho=900$ kg/m³,不计任何损失,求最大吸油高度。

1-5　将流量$Q=16$ L/min的液压泵安装在油面以下,已知油的运动黏度$\nu=0.11$ cm²/s,油液的密度$\rho=880$ kg/m³,弯头处的局部阻力系数$\zeta=0.2$,其他尺寸如图1-33所示。求液压泵入口处的绝对压力。

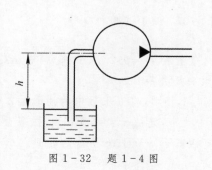

图1-32　题1-4图

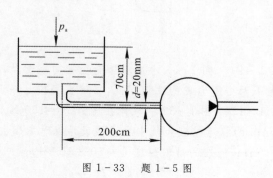

图1-33　题1-5图

1-6　图 1-34 管道输送密度 $\rho = 900$ kg/m³ 的液体,已知 $h = 15$ m,1 处的压力为 4.5×10^5 Pa,2 处的压力为 4×10^5 Pa,判断管中油流的方向。

1-7　图 1-35 活塞上作用有外力 $F = 3\,000$ N,活塞直径 $D = 50$ mm,若使油从液压缸底部的锐缘孔口流出,设孔口直径 $d = 10$ mm,孔口速度系数 $C_v = 0.97$,流量系数 $C_d = 0.63$,油液的密度 $\rho = 870$ kg/m³,不计摩擦,试求作用在液压缸缸底壁面上的力。

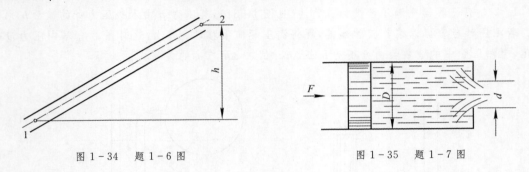

图 1-34　题 1-6 图　　　　　　　　　图 1-35　题 1-7 图

1-8　当阀门关闭时压力表的读数为 2.5×10^5 Pa,阀门打开时压力表的读数为 0.6×10^5 Pa,如果 $d = 12$ mm,不计损失,求阀门打开时管中的流量 Q(见图 1-36)。

1-9　将一平板置于油液的自由射流之内,并垂直于射流轴线,设该平板截去射流流量的一部分 Q_1,并使射流的其余部分偏转一个角度 θ(见图 1-37)。已知射流流速 $v = 30$ m/s,总流量 $Q = 30$ L/s,$Q_1 = 10$ L/s,若液体的重力和液体与平板间的摩擦可以忽略不计,油液的密度 $\rho = 900$ kg/m³。试确定射流作用在平板上的力 F 及射流的偏转角 θ。(提示:不计损失且忽略高度的影响可以证明 $v = v_1 = v_2$。)

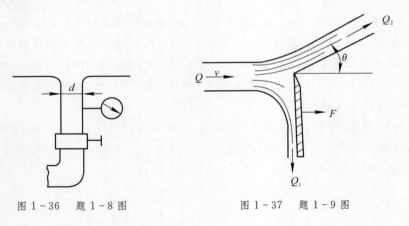

图 1-36　题 1-8 图　　　　　　　　　图 1-37　题 1-9 图

1-10　图 1-38 水沿垂直变径管向下流动,已知上管直径 $D = 0.2$ m,流速 $v = 3$ m/s,为使上下两个压力表的读数相同,下管直径应为多大?(水头损失不计。)

1-11　图 1-39 一柱体在压力 $F = 150$ N 作用下向下移动,将液压缸中的油通过 $\delta = 0.05$ mm 的缝隙排到大气中去。假设活塞和缸筒处于同心状态,缝隙长 $l = 70$ mm,柱塞直径 $d = 20$ mm,油液的动力黏度 $\mu = 50 \times 10^{-3}$ Pa·s,试确定活塞下落 0.1 m 所需的时间。

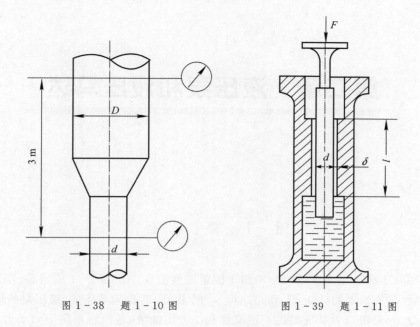

图1-38 题1-10图   图1-39 题1-11图

1-12 图1-40运动黏度 $\nu = 40\ \text{mm}^2/\text{s}$ 的油液通过 $l = 300\ \text{m}$ 长的光滑管道,管道两端连接两个液面差保持不变的容器,液面差 $h = 30\ \text{cm}$,如果仅计管道中的沿程损失,求:

(1) 当通过流量为 10 L/s 时,液体作层流运动的管道直径;

(2) 由(1)所得出的直径,求不发生紊流时两容器最高液面差 h_{max}。

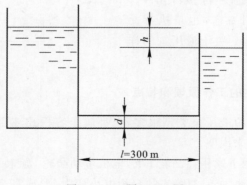

图1-40 题1-12图

第二章　液压泵和液压马达

2-1　概　　述

液压泵和液压马达在液压系统中均属于能量转换装置。如图 2-1 所示,液压泵是将电机输出的机械能(电机轴上的转矩 T_p 和角速度 ω_p 的乘积) 转变为液压能(液压泵的输出压力 p_p 和输出流量 Q_p 的乘积),为系统提供一定流量和压力的油液,是液压系统中的动力源。而液压马达是将系统的液压能(液压马达的输入压力 p_m 和输入流量 Q_m 的乘积) 转变为机械能(液压马达输出轴上的转矩 T_m 和角速度 ω_m 的乘积),使系统输出一定的转速和转矩,驱动机床工作部件运动,它是液压系统中的执行元件。液压缸和液压马达的作用一样,也是执行元件,只是液压缸做直线运动。关于液压缸的详细内容将在下一章介绍。

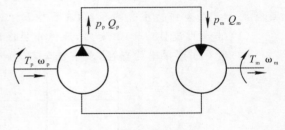

图 2-1　能量转换示意

一、液压泵和液压马达的工作原理和特点

尽管液压系统中采用的液压泵类型很多,但都属于容积式液压泵,其工作原理可以用图 2-2 的简单柱塞式液压泵来说明。

柱塞 2 在弹簧 3 的作用下紧压在凸轮 1 上,电机带动凸轮 1 旋转,使柱塞 2 在柱塞套中作往复运动。当柱塞向外伸出时,密封油腔 4 的容积由小变大,形成真空,油箱中的油液在大气压力的作用下,顶开单向阀 5(此时单向阀 6 关闭)进入油腔 4,实现吸油。当柱塞向里顶入时,密封油腔 4 的容积由大变小,其中的油液受到挤压而产生压力,当压力增大到能克服单向阀 6 中弹簧的作用力时,油液便会顶开单向阀 6(此时单向阀 5 封住吸油管)进入系统,实现压油。凸轮连续旋转,柱塞就不断地进行吸油和压油。图示结构中只有一个柱塞向系统供油,因此油液输出是不连续的,只能作为润滑泵使用。为实现连续供油,可以设置多个柱塞,使它们交替向系统供油。

由此可知,容积式液压泵是依靠密封工作油腔的容积变化来进行工作的,因此,它必须具有一个(或多个)密封的工作油腔。当液压泵运转时,该油腔的容积必须不断由小逐渐增大,形成真空,油箱的油液才能被吸入。当油腔容积由大逐渐减小时,油液被挤压在密封工作油腔中,压力才能升高,压力的大小取决于油液从泵中输出时受到的阻力(如单向阀 6 的弹簧力)。这种泵的输油能力(或输出流量)的大小取决于密封工作油腔的数目以及容积变化的大小和频率,故称容积式泵。

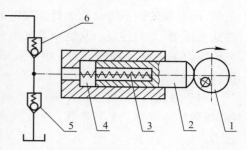

图 2-2 容积式液压泵的工作原理
1—凸轮;2—柱塞;3—弹簧;
4—密封油腔;5,6—单向阀

泵在吸油时吸油腔必须与油箱相通,而与压油腔不通;在压油时压油腔与压力管道相通,而与油箱不通,由吸油到压油或由压油到吸油的转换称为配流。图 2-2 中所示液压泵的配流分别是阀 5 和阀 6 实现的,阀 5 和阀 6 称为配流装置,配流装置是泵不可缺少的组成部分,只是不同结构类型的泵,具有不同形式的配流装置,如叶片泵、轴向柱塞泵等的配流盘,径向柱塞泵的配流轴或配流阀等。

泵借助大气压力从比其位置低的油箱中自行吸油的能力,称为泵的自吸能力,它用泵的中心线到油箱液面间的吸油高度来表示。图 2-2 中弹簧 3 的作用在于使柱塞克服惯性力、摩擦力等向外伸出,形成真空,使泵具有自吸能力。如果没有此弹簧,则柱塞不会自动伸出,就无法吸油,也就失去了自吸能力。

从原理上来讲,液压泵与液压马达之间是可逆的,但它们在具体结构上仍有差异,图 2-2 所示单柱塞泵不能作为液压马达使用。如果将压力油通入工作油腔 4(输入液压能),则柱塞就在油液压力的作用下,顶向凸轮,产生转矩,使凸轮旋转(输出机械能),输出转矩的大小取决于输入油液的压力,凸轮轴的转速取决于输入的流量以及工作油腔容积变化的大小。

二、液压泵和液压马达的基本性能

1. 液压泵和液压马达的工作压力和公称压力

液压泵的工作压力是指泵出口处的实际压力。由容积式泵的工作原理可知:液压泵每转一转,总要将一定体积的油液输入系统,如果液压泵要驱动一个如图 2-3(a) 所示的具有负载力 F 的液压缸时,油液在前阻后推的情况下受到挤压,油液的压力就会逐渐升高,直到克服各种阻力(管道阻力、摩擦力和外载力等)促使活塞开始向右运动。阻力越大,则泵出口处油液的压力升得越高。如果泵的出口直接与油箱连通,且油管又粗又短[见图 2-3(b)],这时液压泵输油的阻力很小,则泵出口处的压力就建立不起来。由此可见,液压泵的工作压力取决于泵的总负载。

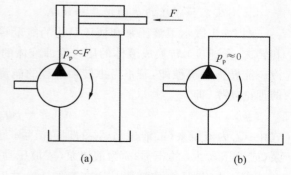

图 2-3 液压泵的工作压力

液压马达的工作压力是指输入油液的实际压力,其大小同样也是取决于液压马达的负载。

为了保证液压泵具有一定的效率和使用寿命,液压泵的工作压力需设定为不超过某一限定值。因为当工作压力随外加负载的增大而升高时,液压泵本身的泄漏也随之增加,所以实际输出的流量会减少,导致效率降低。当压力超过某一定值时,实际输出流量不仅会低于公称的流量,同时泵的使用寿命也会低于规定的值,这时的工作压力就是液压泵的公称工作压力,超过这个压力,即为过载。从这个意义上来讲,并不是绝对不允许液压泵在一定程度上在大于其公称压力下进行工作。此外,如果液压泵在低于其公称压力下工作,则泵的使用寿命将会提高。

对于液压马达,也是一样的,因为当液压马达的负载过大致使工作压力过大时,泄漏量增加,导致转速下降,效率降低,寿命减少,所以也有一个最大工作压力,即液压马达的公称压力。

可见,液压泵和液压马达的公称压力实际上取决于其本身结构的密封性能和规定的使用寿命。

2. 液压泵和液压马达的排量和流量

液压泵的排量是指在没有泄漏的情况下,液压泵每转一转所排出的油液体积。在图 2-2 所示的液压泵中,凸轮轴每转一转,柱塞往复一次,它所排出的油液体积 q_p(排量)等于柱塞截面积 A 与柱塞行程 l 的乘积,即

$$q_p = Al \tag{2-1}$$

因此液压泵的排量仅仅取决于密封工作油腔每转变化的容积而与转速无关。

液压泵的理论流量 Q_{op} 是指在没有泄漏的情况下,单位时间内输出的油液体积,它等于排量和转速的乘积,即

$$Q_{op} = q_p n_p \tag{2-2}$$

因此液压泵的理论流量只与排量和转速有关(即与密封容积变化的大小和变化的频率有关)而与压力无关。工作压力为零时,实际测得的流量可作为其理论流量。

与液压泵类似,液压马达的排量 q_m 是指在没有泄漏的情况下,液压马达每转一转所需输入的油液体积。液压马达的理论流量 Q_{om} 也是其排量和转速的乘积,即

$$Q_{om} = q_m n_m \tag{2-3}$$

3. 液压泵和液压马达的功率和效率

图 2-1 表示了液压泵和液压马达的能量转换图,液压泵是将原动机输入的机械能即转矩和转速(角速度)转换成液体的压力能即液体的压力和流量。液压马达则相反,它是将输入的液压能转换成机械能,若不考虑转换过程的能量损失,则输出功率等于输入功率,也就是它们的理论功率,即

$$P = pQ_o = T_o \omega \tag{2-4}$$

式中:Q_o 为液压泵(或液压马达)的理论流量;T_o 为液压泵(或液压马达)的理论转矩;p 为液压泵(或液压马达)的压力;ω 为液压泵(或液压马达)的角速度。

实际上,液压泵和液压马达在能量转换过程中是有损失的,因此输出功率小于输入功率,两者之间的差值为功率损失。功率损失可以分为容积损失和机械损失两部分。

容积损失是因泄漏而造成的流量损失。对液压泵来说,输出压力增大时泄漏加大,泵实际输出的流量 Q_p 减小。设泵的泄漏为 ΔQ_{lp},则

$$Q_p = Q_{op} - \Delta Q_{lp} = Q_{op} - C_{lp} p_p \tag{2-5}$$

式中:Q_{op} 为泵的理论流量;C_{lp} 为泵的泄漏系数。

泵的容积损失可用容积效率 η_{Vp} 来表示,容积效率为液压泵的实际流量与理论流量之比,即

$$\eta_{Vp} = \frac{Q_p}{Q_{op}} = \frac{Q_{op} - \Delta Q_{lp}}{Q_{op}} = 1 - \frac{C_{lp}p_p}{Q_{op}} \qquad (2-6)$$

机械损失是指因摩擦而造成的转矩上的损失。对液压泵来说,驱动泵的转矩总是大于其理论上所需要的转矩。设转矩损失为 ΔT_p,则泵实际输入转矩为 $T_p = T_{op} + \Delta T_p$,机械损失可用机械效率 η_{jp},即液压泵的理论输入转矩与实际输入转矩之比来表示:

$$\eta_{jp} = \frac{T_{op}}{T_p} = \frac{T_p - \Delta T_p}{T_p} = 1 - \frac{\Delta T_p}{T_p} \qquad (2-7)$$

由黏性摩擦和机械摩擦所产生转矩损失的大小与油液黏性、转速以及工作压力有关。油液黏度愈大、转速愈高、工作压力愈高时,转矩损失就愈大。

液压泵的总效率是指其输出功率与输入功率之比。由前面几式可以得出

$$\eta_p = \frac{p_p Q_p}{T_p \omega_p} = \eta_{Vp}\eta_{jp} \qquad (2-8)$$

即液压泵的总效率等于其容积效率和机械效率的乘积。

液压泵的输入功率 P_p 可表示为

$$P_p = \frac{p_p Q_p}{\eta_p} \qquad (2-9)$$

若考虑常用单位,泵的输入功率的计算式为

$$P_p = \frac{p_p Q_p}{600\eta_p}(kW) \qquad (2-10)$$

式中:p_p 为泵的输出压力,10^5 Pa;Q_p 为泵的实际输出流量,L/min;η_p 为泵的总效率。

对于液压马达来说,输入功率为液压能,输出功率为机械能,因此其总效率为

$$\eta_m = \frac{T_m \omega_m}{p_m Q_m} = \eta_{Vm}\eta_{jm} \qquad (2-11)$$

其中,容积效率为液压马达的理论流量 Q_{om} 与实际输入流量 Q_m 之比,即

$$\eta_{Vm} = \frac{Q_{om}}{Q_m} = \frac{Q_m - C_{lm}p_m}{Q_m} = 1 - \frac{C_{lm}p_m}{Q_m} \qquad (2-12)$$

机械效率为实际输出转矩 T_m 与理论转矩 T_{om} 之比,即

$$\eta_{jm} = \frac{T_m}{T_{om}} = \frac{T_{om} - \Delta T_m}{T_{om}} = 1 - \frac{\Delta T_m}{T_{om}} \qquad (2-13)$$

对于液压马达,常需要根据输入的油液压力 p_m 和排量 q_m 来计算它的输出转矩 T_m,由液压马达的公式可得

$$T_m = \frac{P_m Q_m}{\omega_m}\eta_{jm} = \frac{P_m Q_m}{2\pi n}\eta_{jm} = \frac{1}{2\pi}p_m q_m \eta_{jm} \qquad (2-14)$$

三、液压泵和液压马达的类型

液压泵和液压马达的类型很多,常用的类型主要可分为柱塞式、叶片式和齿轮式三大类。对每一类还可进一步细分,如柱塞式可分为轴向柱塞式和径向柱塞式;叶片式可分为单作用式与双作用式;齿轮式可分为外啮合式和内啮合式。根据泵或马达的排量 q 是否可以改变,又可分为定量泵、定量马达或变量泵、变量马达;调节排量的方式有手动和自动两种,而自动调节又分为限压式、恒功率式、恒压式和恒流量式等。根据转速高低和转矩大小,液压马达又可分为高速小扭矩和低速大扭矩马达等。

液压泵和液压马达的图形符号见图 2-4。

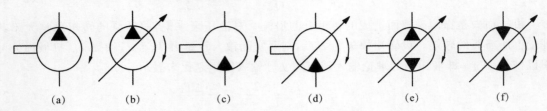

图 2-4　液压泵和液压马达的图形符号
(a) 定量泵；(b) 变量泵；(c) 定量马达；
(d) 变量马达；(e) 双向变量泵；(f) 双向变量马达

2-2　齿　轮　泵

一、齿轮泵的构造和工作原理

图 2-5 为常用外啮合齿轮泵的工作原理。它由装在壳体内的一对齿轮所组成,齿轮的两个端面处分别用两个端盖(图 2-5 中未画出)来密封。两个齿轮、壳体与端盖之间在齿轮啮合点的两侧形成两个密封的工作腔。当齿轮在电动机的带动下,按图示方向旋转时,在啮合点的右侧,啮合的齿轮逐渐脱开,使密封工作腔不断由小变大,形成局部真空,将油液从油箱经吸油口吸入,填充齿间。随着齿轮的旋转,油液被带入啮合点的左侧,由于齿轮在这里逐渐进入啮合,所以密封工作腔容积不断由大变小,油液被挤出,经压油口进入液压传动系统中去。

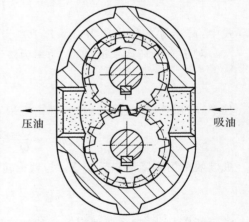

压油　　　　吸油

图 2-5　外啮合齿轮泵的工作原理

二、齿轮泵的流量

从上述齿轮泵的工作原理可知,齿轮每转过一个齿,就会将一对齿间容积的油液挤出,因此齿轮泵的排量 q 应是其两个齿轮的齿间容积之总和。近似计算时,可假设齿间的容积等于轮齿的体积,且不计齿轮啮合时的径向间隙。当齿轮齿数为 z,节圆直径为 D、工作齿高为 h、模数为 m、齿宽为 b 时,泵的排量为

$$q = \pi D h b = 2\pi z m^2 b \qquad (2-15)$$

实际上齿间的容积比齿轮的体积稍大一点,齿数少时大得更多,因此通常用 3.33 来代替 π 值加以修正,则齿轮泵的排量应为

$$q = 6.66 z m^2 b \qquad (2-16)$$

当泵的转速为 n,容积效率为 η_V 时,其实际输出流量应为

$$Q = 6.66 z m^2 b n \eta_V \qquad (2-17)$$

式中,Q 表示齿轮泵的实际平均流量。由于齿轮在啮合过程中,啮合点沿啮合线而不断变化,使得密封工作腔的容积变化率不一样,所以瞬时输出的流量是变化的,这是齿轮泵输出流量脉动的基本原因。液压泵输出流量的脉动程度,如图 2-6 所示,可用脉动率(或脉动系数)σ 来表示,即

$$\sigma = \frac{Q_{\max} - Q_{\min}}{Q} \qquad (2-18)$$

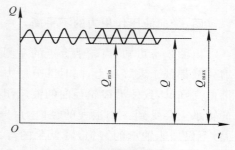

图 2-6　流量脉动曲线

式中:$Q_{\max}$ 为瞬时流量的最大值;$Q_{\min}$ 为瞬时流量的最小值;Q 为泵的实际平均流量。

流量脉动率 σ 是液压泵工作性能的重要参数之一,它直接影响系统工作的平稳性。齿轮泵的流量脉动率与齿数有关,齿数愈少,脉动率愈大。此外,外啮合齿轮泵比内啮合齿轮泵的脉动率要大。由于齿轮泵流量脉动率较大,一般为 $10\%\sim20\%$,故在精密机床上很少采用。

从式(2-17)可知,提高齿轮泵的转速,增大模数和齿数,可以增大流量。但转速的提高有一定限度,因为转速太高时,油液在离心力的作用下,不易填满齿间,会形成“空穴现象”,并会使容积效率降低。齿数增多时,将导致泵的体积加大。由于流量与模数的二次方成正比,若想不增大泵的体积而要加大流量,则应尽量增大齿啮模数,减少齿数。所以一般齿轮泵的齿数较少(9~17 齿)。齿数太少也不好,这会使流量脉动率增大。

三、困油现象

为保证齿轮传动平稳,供油连续,齿轮的重叠系数 ε 必须大于1,即一对轮齿即将脱开前,下一对轮齿已开始啮合,保证在某一短时间内同时有两对轮齿啮合。如图 2-7(a) 所示,留在齿间的油液被围困在两对轮齿间的封闭容腔内,既不与压油口连通,也不与吸油口连通。随着齿轮的旋转[由图 2-7(a) 转到图 2-7(b) 虚线所示位置],该封闭容积由大变小。由于油液的可压缩性很小,因而压力急剧增高,油液只能从各缝隙里硬挤出去,使齿轮轴和轴承等受到很大的冲击载荷。当齿轮继续旋转[由图2-7(b)转到图 2-7(c) 所示位置],该封闭容积将由小变大,造成局部真空,使油液中的空气分离出来,油液本身也会汽化,产生气泡,这就是困油现象。困油现象会使流量不均匀,形成压力脉动,产生很大的噪声,使泵的寿命降低。为了消除困油现象,可在齿轮两侧的端盖上铣两个凹下去的卸荷槽,如图 2-7(d) 虚线所示。当封闭容腔缩小时,通过右边的卸荷槽与压油口连通。当封闭容腔增大时,通过左边的卸荷槽与吸油口连通。需要注意的是卸荷槽之间的距离 a 应保证在任何时候吸、压油口都不会连通。

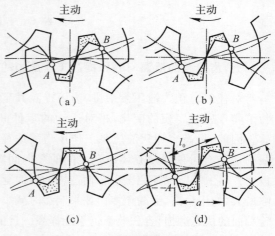

图 2-7　齿轮泵的困油现象

四、径向液压作用力的不平衡

由图2-5可知,齿轮啮合点的左侧是压油腔,其中压力为工作压力;右侧是吸油腔,其中压力一般都低于大气压力;同时部分压力油沿齿顶圆周缝隙由压油腔漏至吸油口,压力沿周向逐渐由高降低,致使沿齿轮径向的液压作用力不平衡,再加上齿轮啮合力的联合作用,在齿轮轴的轴承上会受到一个很大的径向力。泵的工作压力愈高,该径向力愈大,使泵的工作条件变差,不仅加速轴承的磨损,降低泵的寿命,而且会使轴变形,造成齿顶与壳体内表面之间的摩擦,使泵的总效率降低。为了解决齿轮泵径向受力不平衡的问题,可以在泵的侧盖或座圈上开设平衡槽,如图2-8(a)所示。但是这种方法会增多泵的泄漏途径,使容积效率降低,压力上不去,此外加工较复杂。另一种方法是缩小压油口尺寸[见图2-8(b)],通过减小压力油作用在齿轮上的面积来减小径向力,虽然采用这种方法后径向力未得到完全平衡,轴仍受径向力的作用而产生弯曲变形,但可稍加大齿顶的径向间隙以减小摩擦,由于圆周密封带较长,漏油的增加并不显著。

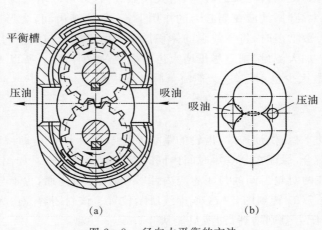

图2-8　径向力平衡的方法

五、齿轮泵的泄漏问题和提高工作压力的措施

对任何容积式液压泵来讲,为了提高其工作压力,必须使液压泵具有较好的密封性能,但为了实现密封容积的变化,相对运动的零件间又不得不具有一定的间隙,这就构成了一对矛盾。因此,提高容积式液压泵工作压力的途径就是要合理地解决这一矛盾。对齿轮泵来讲,泄漏的途径有齿顶圆与壳体内孔之间的径向间隙;齿轮端面与侧盖之间的轴向间隙以及由于在齿宽方向上不能保证完全啮合而造成的齿面缝隙。而其中尤以齿轮端面的轴向间隙对泄漏的影响最大,油压愈高,泄漏愈多。如果制造时减小此间隙,这不仅会给制造带来困难,而且将引起齿轮端面的快速磨损,容积效率仍不能提高。目前,提高外啮合齿轮泵工作压力的常用方法是采用轴向间隙自动补偿装置,国内生产的外啮合齿轮泵,主要是采用浮动轴套或采用浮动侧板来自动补偿轴向间隙,这两种方法都是引入压力油使轴套或侧板贴紧齿轮端面,压力越高贴得越紧,便可自动补偿轴向磨损和间隙,这种泵结构紧凑,容积效率高,但是流量脉动较大。

2-3 叶 片 泵

叶片泵也是一种常见的液压泵。由于普通齿轮泵的工作压力较低,流量脉动较大,且流量不能调节,所以,在机床的中压系统中或要求运动平稳的机床上广泛采用叶片泵。叶片泵可分为双作用叶片泵和单作用叶片泵两种形式,前者为定量泵,后者一般为变量泵。

一、双作用叶片泵

1. 双作用叶片泵的工作原理

双作用叶片泵的工作原理可以用图 2-9 来说明。该泵由转子 1、定子 2、叶片 3、配油盘 4 以及泵体 5 等零件组成。定子 2 与泵体 5 固定在一起,其内表面类似椭圆形,是由与转子同心的四段圆弧($\overparen{ab}$,$\overparen{cd}$,$\overparen{ef}$,$\overparen{gh}$)和连接这些圆弧的四段过渡曲线($\overparen{bc}$,$\overparen{de}$,$\overparen{fg}$,$\overparen{ha}$)所组成(见图 2-10)。其中,$\overparen{ab}$ 和 $\overparen{ef}$ 圆弧段的半径为 R,$\overparen{cd}$ 和 $\overparen{gh}$ 圆弧段的半径为 r,且 $R>r$。叶片 3 可在转子径向叶片槽中灵活滑动,叶片槽的底部通过配油盘上的油槽(图中未表示出来)与压油窗口相连。当电机带动转子 1 按图 2-9 所示方向转动时,叶片在离心力和叶片底部压力油的双重作用下向外伸出,其顶部紧贴在定子内表面上。处于圆弧上的四个叶片分别与转子外表面、定子内表面及两个配油盘组成四个密封工作油腔,这些密封工作油腔随着转子的转动,在图示 2 和 4 象限内,密封工作油腔的容积逐渐由小变大,通过配油盘的吸油窗口(与吸油口相连),将油液吸入。在图示 1 和 3 象限内,密封工作油腔的容积由大变小,通过配油盘的压油窗口(与压油口相连),将油液压出。由于转子每转一转,每个工作腔完成两次吸油和压油,所以称为双作用叶片泵。由图不难看出,两个吸油区(低压)和两个压油区(高压)沿径向是对称分布的,作用在转子上的液压力互相平衡,从而使转子轴轴承的径向载荷得以平衡,故也称为卸荷式叶片泵。由于改善了机件的受力情况,所以双作用叶片泵可承受的工作压力比普通齿轮泵高。一般国产双作用叶片泵的公称压力为 6.3 MPa。

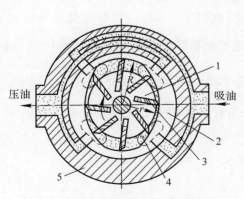

图 2-9 双作用叶片泵的工作原理
1— 转子;2— 定子;3— 叶片;4— 配油盘;5— 泵体

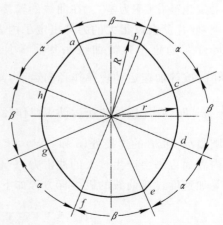

图 2-10 定子内表面形状

2.双作用叶片泵的结构特点

（1）叶片倾角。在双作用叶片泵中，叶片在转子槽中的安装并不是沿转子半径方向，而是将叶片顶部朝转子旋转方向向前倾斜了一个角度 θ，如图 2-11(a) 所示。这是因为叶片在压油区工作时，受离心力和叶片根部压力油的作用，使叶片和定子内表面紧密接触，定子内表面给叶片的作用力 F_N 其方向是沿内表面的法向，所以该力与叶片移动方向的夹角是 α，称为压力角。定子曲线坡度愈陡，压力角 α 就愈大。若叶片沿径向放置［见图 2-11(b)］，则定子内表面对叶片的法向作用力 F_N 便与叶片成一个较大的角度 β。F_N 可分为两个分力，即沿叶片方向的分力 F_P 和垂直叶片的分力 F_T，力 F_T 会使叶片弯曲，使叶片在槽中偏斜而引起磨损不均匀，滑动不灵活。当力 F_T 太大时（力 F_T 随 β 角和液压力的增大而增大），甚至会发生叶片折断和卡死现象。因此应将叶片相对转子半径倾斜一个角度 θ，尽量使力 F_N 的方向与叶片运动方向一致。最理想的情况是将叶片槽开在定子内表面的法线方向上，但因为过渡曲线上各处的法线方向不同，故只能根据理论分析和试验探索选择适当的叶片倾角 θ。国产双作用叶片泵的叶片倾角 θ 一般取 13°。目前，关于叶片倾角的问题仍有争议，可采用的范围为 0°～13°。

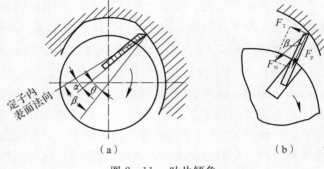

图 2-11　叶片倾角

（2）定子曲线。双作用叶片泵定子内表面轮廓形状如图 2-10 所示。四个圆弧段对应的中心角为 β；四个过渡曲线段所对应的中心角为 α。长半径 R 和短半径 r 的差值 $(R-r)$ 称为曲线的升程，其大小直接影响到泵的输出流量。$(R-r)$ 愈大，流量就愈大，但 $(R-r)$ 过大时，压力角太大，叶片易折断或卡死。且叶片在吸油区由于径向伸出运动的速度跟不上，容易引起叶片顶部和定子内表面的脱空现象，所以长短半径的比值有一定的限制。

叶片沿圆弧部分转动时，叶片沿径向槽的运动速度为零。一旦进入过渡曲线，叶片的径向速度会发生变化（不为零）。在曲线的转接处，如果叶片径向速度有突变，则叶片径向加速度将会很大，叶片就会以很大的力冲击定子内表面，引起噪声和严重磨损。为避免此现象，国产双作用叶片泵的定子过渡曲线采用了等加速曲线［见图 2-12(a)］。叶片从 c 点转到 c' 点 $\left(\dfrac{\alpha}{2}\ 角\right)$，按等加速运动规律作径向运动，其径向速度由零逐渐增加到最大；叶片从 c' 点转到 b 点 $\left(\dfrac{\alpha}{2}\ 角\right)$ 时，叶片按等减速运动规律作径向运动，其径向速度又从最大逐渐减小到零。由于在与圆弧 $\overset{\frown}{ba}$ 和 $\overset{\frown}{dc}$ 的连接处（b 和 c 点），叶片的径向速度为零，所以速度不会产生突变，叶片对定子内表面也不会产生过大的冲击力。

等加速度过渡曲线的极坐标方程如下：

$$\rho = r + \frac{2(R-r)}{\alpha^2}\varphi^2 \qquad \left(0 \leqslant \varphi \leqslant \frac{\alpha}{2}\right) \tag{2-19}$$

$$\rho = 2r - R + \frac{4(R-r)}{\alpha}\left(\varphi - \frac{\varphi^2}{2\alpha}\right) \qquad \left(\frac{\alpha}{2} \leqslant \varphi \leqslant \alpha\right) \tag{2-20}$$

式中：ρ 为曲线的极径；φ 为叶片的转角；R 为长半径；r 为短半径；α 为过渡曲线段对应的中心角。

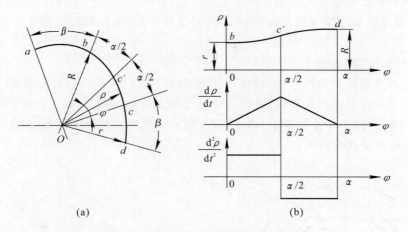

图 2-12　等加速度过渡曲线的形状和运动特性

设转子的角速度为常数 ω，则有 $\varphi = \omega t$，代入式（2-19）和式（2-20）可得

$$\rho = r + \frac{2(R-r)}{\alpha^2}(\omega t)^2 \quad \left(0 \leqslant \varphi \leqslant \frac{\alpha}{2}\right)$$

叶片的径向速度

$$v = \frac{d\rho}{dt} = \frac{4\omega(R-r)}{\alpha^2}\varphi \qquad (2-21)$$

叶片的径向加速度

$$a = \frac{dv}{dt} = \frac{4\omega^2(R-r)}{\alpha^2} = 常数 \qquad (2-22)$$

$$\rho = 2r - R + \frac{4(R-r)}{\alpha}\left[\omega t - \frac{(\omega t)^2}{2\alpha}\right] \quad \left(\frac{\alpha}{2} \leqslant \varphi \leqslant \alpha\right)$$

叶片的径向速度

$$v = \frac{d\rho}{dt} = \frac{4\omega(R-r)}{\alpha} - \frac{4\omega(R-r)}{\alpha^2}\varphi \qquad (2-23)$$

叶片的径向加速度

$$a = \frac{dv}{dt} = -\frac{4\omega^2(R-r)}{\alpha^2} = 常数 \qquad (2-24)$$

由式（2-21）～式（2-24）可画出叶片的运动特性［见图 2-12(b)］，从图中可以看出，叶片径向速度是均匀变化的，不会产生刚性冲击，因而使定子内表面受力和磨损均匀。但叶片在两端连接点 c,b 和过渡曲线的中点 c' 三处径向加速度仍有突变，由于加速度 a 为有限值，故只产生柔性冲击。

（3）配油盘的三角槽。在双作用叶片泵的配油盘（见图 2-13）上，有两个吸油窗口 2,4 和两个压油窗口 1,3，窗口之间为封油区。通常应使封油区对应的中心角 β 稍大于或等于两个叶片之间的夹角，否则会使吸油腔和压油腔连通，造成泄漏。当两个叶片间的密封油液从吸油区过渡到封油区（长半径圆弧处）时，其压力基本上与吸油压力相同。但当转子进入压油区的瞬间，该密封腔突然与压油腔连通，使其中油液压力突然升高，油液的体积突然收缩，压油腔中的油液会倒流进该腔，使油泵的瞬时流量突然减小，引起流量脉动、压力脉动和噪声。为此在配油盘的压油窗口靠近封油区的一端开设一个三角槽,使两叶片之间的封闭油液在未进入压油区之前,便可通过该三角槽与压力油相连,使压力逐渐上升,从而减缓流量和压力脉动并降低噪声。

3. 双作用叶片泵的流量

双作用叶片泵的流量与两叶片间密封工作腔的容积在每半转中的变化量 ΔV 有关,而 ΔV 等于两叶片处于定子长半径 R 圆弧(见图 2-14)上的工作腔容积 V_1 减去处于短半径 r 圆弧上的工作腔容积 V_2。由于叶片有厚度 s,叶片所占据的容积并不起输油作用,所以在计算 V_1 和 V_2 时,应除去叶片所占的容积。

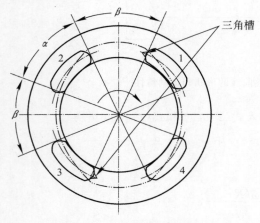

图 2-13　配油盘的三角槽

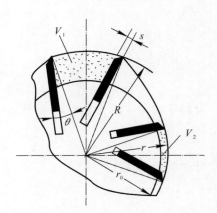

图 2-14　双作用叶片泵的流量计算

由图可得

$$V_1 = \frac{\pi(R^2 - r_0^2)}{z}b - \frac{R - r_0}{\cos\theta}sb$$

$$V_2 = \frac{\pi(r^2 - r_0^2)}{z}b - \frac{r - r_0}{\cos\theta}sb$$

$$\Delta V = V_1 - V_2 = \frac{\pi(R^2 - r^2)}{z}b - \frac{R - r}{\cos\theta}sb$$

式中:R 为定子长半径;r 为定子短半径;r_0 为转子半径;b 为叶片宽度;s 为叶片厚度;θ 为叶片倾角;z 为叶片数。

双作用叶片泵的排量 q 和流量 Q 分别为

$$q = 2z\Delta V = 2b\left[\pi(R^2 - r^2) - \frac{R - r}{\cos\theta}sz\right]$$

$$Q = qn\eta_{V_p} = 2bn\left[\pi(R^2 - r^2) - \frac{R - r}{\cos\theta}sz\right]\eta_{V_p} \qquad (2-25)$$

一般双作用叶片泵的叶片底部都与压油腔相连通,叶片在压油区时,叶片向里运动,叶片从压油腔让出(减少)的那部分容积刚好由叶片底部挤出的那部分压力油来补偿。因此在压油区,叶片所占体积并不影响泵的流量,也就不会影响泵流量的均匀性。叶片在吸油区时,由于叶片的底部仍通压力油,当叶片向外伸出时,其底部容积增大,需由压力油来补充,故输出流量会减少。如果处于吸油区的叶片,其底部容积变化率的总和为一常数,那么也不会影响流量的均匀性。为此,对等加速度过渡曲线来讲,应使在过渡线段上始终保持有两个叶片,它们之间的夹角为 $\alpha/2$(即当叶片数 $z=12$,$\alpha/2=30°$时),这两个叶片运动速度 $\mathrm{d}\rho/\mathrm{d}t$ 的总和就是一个常数[参见图 2-12(b)],从而保证流量平稳。国产双作用叶片泵的叶片数为 12,故其流量脉动较其他液压泵(除螺杆泵外)小得多。

4.高压叶片泵的结构特点

一般双作用叶片泵的叶片底部通压力油,这就使得处于吸油区的叶片顶部和底部的液压作用力不平衡,因为此时叶片的顶部是低压油,而底部是压力油。叶片顶部以很大的压紧力抵在定子吸油区的内表面上,使磨损加剧,影响了油泵的使用寿命,尤其是工作压力较高时,磨损更严重。因此吸油区叶片两端压力不平衡,限制了双作用叶片泵工作压力的提高。若要提高叶片泵的压力,则必须减小吸油区叶片对定子表面的压紧力。目前一般采用减小叶片底部受压面积及通入吸油区叶片底部油液压力的办法来减小吸油区叶片对定子的压力。

二、单作用叶片泵

单作用叶片泵的构造和工作原理可用图 2-15 来说明。它与双作用叶片泵相似,也是由转子 1、定子 2、叶片 3 以及侧面两个配油盘等零件组成。不同之处是定子 2 的内表面为圆形,且转子 1 和定子 2 并非同心安装,而是有一个偏心量 e,当转子转动时,转子径向槽中的叶片在离心力作用下向前伸出,使叶片顶部紧靠在定子内表面上。在两侧配油盘上开有吸油和压油窗口,分别与吸、压油口连通,在吸油窗口和压油窗口之间的区域(其夹角应等于或稍大于两个叶片间的夹角)就是封油区,它将吸油腔和压油腔隔开。处于封油区的两个叶片 a,b 与转子外圆、定子内孔以及侧面两个配油盘形成左、右两个密封工作腔。当转子按图示方向旋转时,右边密封工作腔的容积逐渐增大,通过配油盘上的吸油窗口将油液吸入,而左边密封工作腔的容积逐渐减小,通过压油窗口将油液压出。转子每转一转,

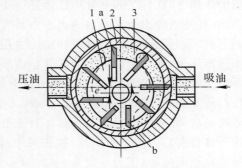

图 2-15　单作用叶片泵的工作原理
1—转子;2—定子;3—叶片;
a,b—处于封油区的叶片

每两叶片间的密封工作腔实现一次吸油和压油,故称单作用叶片泵。由图 2-15 可看出,转子受到压油腔的单向液压作用力,使转子轴承承受很大的径向载荷,所以单作用叶片泵也称为非卸荷式叶片泵。通常这类泵的叶片底部通过配油盘上的通油槽与叶片所在的工作腔相连,因此叶片在压油区时,叶片底部通高压,叶片在吸油区时,叶片底部通低压,从而使叶片顶端和底端因径向运动而对流量产生的影响互相抵消,故叶片的厚度对泵的流量无影响,但由于封油区定子内表面和转子外表面不是同心圆弧,因而会产生流量脉动,且困油现象也难以避免,故一般不宜用在高压系统中。单作用叶片泵的优点是其流量可以通过改变转子和定子之间的偏心距 e 来调节,当加大 e 时,密封工作腔的容积变化大,因而输出流量增大。随着 e 的减小,输出流量相应减小,当 e 减小到零时,转子和定子同心,密封容积不产生容积变化,因而输出流量为零。此外,还可以通过改变偏心的方向来调换泵的进、出油口,从而改变泵的输油方向。调节流量的方式可以是手动的,也可以自动进行。

2-4 柱塞泵和柱塞液压马达

为了提高泵的工作压力,必须改善泵的密封性能和机件的受力情况。柱塞泵和柱塞液压马达是利用柱塞在油缸中作往复运动实现密封容积变化来进行工作的,由于它们的主要构件——柱塞和油缸的密封面形状是圆柱形,易于准确加工,达到很精密的配合,能保证严格的间隙和良好的密封性,因而保证了在高压下工作仍有较高的容积效率。并且其主要零件都承受压力,充分发挥了材料的强度性能,所以柱塞泵可承受的工作压力很高,一般可达 30 MPa 以上。

根据柱塞-油缸排列方式,柱塞泵可分为径向柱塞泵和轴向柱塞泵两大类。

一、径向柱塞泵的工作原理和流量计算

径向柱塞泵的工作原理如图 2-16 所示。它是由定子 1、转子(缸体)2、配油轴 3、衬套 4 和柱塞 5 等主要零件构成。沿转子的半径方向均匀分布有若干个柱塞缸,柱塞可在其中灵活滑动。衬套 4 与转子内孔紧密配合,随转子一起转动。配油轴 3 是固定不动的,其结构如图中右半部所示,当转子转动时,由于定子内圆中心和转子中心之间有偏心距 e,于是柱塞在定子内表面的作用下,在转子的油缸中作往复运动,实现密封容积变化。图示转向,在上半部柱塞向外伸出(柱塞的伸出是靠本身的离心力及吸油腔中低压油的压力或者借助于机械联结装置),缸内密封容积逐渐增大,通过配油轴的油孔 c 将油液吸入。在下半部柱塞向里推入,缸内密封容积逐渐缩小,通过配油轴上的孔 d 将油液压出。为了配油,在配油轴与衬套 4 接触处加工出上下两个缺口,形成吸、压油口 a 和 b,留下的部分形成封油区,封油区的宽度应适当,既能保证封住衬套上的孔,使 a 和 b 两油口不通,又能避免产生困油现象。转子每转一转,每个柱塞往复运动一次,完成一次吸油和压油。柱塞在吸油区除靠自身离心力向外伸出外,往往采用辅助泵向吸油口供低压油(压力一般为 4×10^5 Pa),使柱塞在低压油液的作用下向外伸出,以改善泵的吸油条件。沿水平方向移动定子,改变偏心距 e 量,便可改变柱塞移动的行程长度,从而改变密封容积变化量,达到改变其输出流量的目的。若改变偏心距 e 的偏移方向,则泵的输油方向亦随之改变,即成为双向变量径向柱塞泵了。

径向柱塞泵的平均理论流量 Q_0 计算如下:

$$Q_0 = nq = nq_z z = \frac{\pi d^2 e z n}{2} \qquad (2\text{-}26)$$

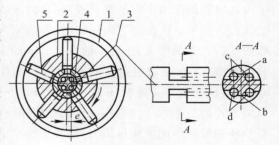

图 2-16 径向柱塞泵的工作原理
1—定子;2—转子;3—配油轴;4—衬套;5—柱塞;
a—吸油口;b—压油口;c,d—配油轴上的油孔

式中:n 为泵的转速;q 为泵的每转排量;q_z 为每个柱塞的排量;z 为柱塞数目;e 为偏心距;d 为柱塞直径。

实际上径向柱塞泵的输出流量是不均匀的,这是因为每个柱塞径向移动速度是变化的。实践证明柱塞数越多,流量脉动越小,并且当柱塞是奇数时,流量比较均匀,所以柱塞数一般为5,7,9,11 等。

径向柱塞泵由于柱塞缸按径向排列,造成径向尺寸大,结构较复杂。柱塞和定子间不用机

械联结装置时,自吸能力差。配油轴受到很大的径向载荷,易变形,磨损快,且配油轴上封油区尺寸小,易漏油,因此限制了泵的工作压力和转速的提高。尤其是作为液压马达使用时,因其惯量大,对于快速系统、速度频繁变换的系统以及自动调节系统是十分不利的,因而在机床液压系统中较少采用。

二、轴向柱塞泵的工作原理和流量计算

轴向柱塞泵的柱塞缸是轴向排列的,因此它除了具有径向柱塞泵良好的密封性和较高的容积效率等优点外,它的结构紧凑,尺寸小,惯性小,在机床及其他工业上应用较多。

图 2－17 所示为轴向柱塞泵的工作原理。它是由倾斜盘1、柱塞2、转子(缸体)3、配油盘 4 等主要零件组成。缸体上沿圆周均匀分布若干轴向排列的柱塞缸,柱塞可在其中灵活滑动,倾斜盘和配油盘固定不动,传动轴5 带动转子 3 和柱塞 2 一起转动,柱塞在低压油(由辅助泵供给)的作用下或靠机械联结装置使柱塞紧压在倾斜盘上。由于倾斜盘 1 相对转子 3 的轴 5 倾斜了一个角度 δ,当传动轴

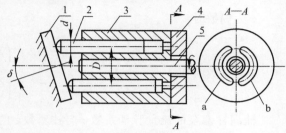

图 2－17 轴向柱塞泵的工作原理
1— 倾斜盘;2— 柱塞;3— 转子;4— 配油盘;5— 传动轴

按图示方向转动时,柱塞在从下到上回转的半周内逐渐向外伸出,使缸内密封容积不断增大,将油液从配油盘上的吸油窗口 a 吸入。柱塞在从上到下回转的半周内,逐渐向里推入,使缸内密封容积不断减小,将油液从配油盘上的压油窗口 b 压出。转子每转一转,每个柱塞往复运动一次,完成一次吸油和压油。改变倾斜盘倾斜角度 δ 的大小,可以改变柱塞往复运动的行程长度,从而改变泵的排量。

由图 2－18 可以看出,轴向柱塞泵的平均理论流量 Q_o 的计算式

$$Q_o = q_z zn = \frac{\pi}{4} d^2 Dnz \tan\delta \qquad (2-27)$$

式中:q_z 为每个柱塞的排量;z 为柱塞数目;n 为泵的转速;d 为柱塞直径;D 为柱塞在缸体上的分布圆直径;δ 为倾斜盘倾角。

实际上,由于柱塞轴向移动的瞬时速度不是常数,所以泵的输出流量是脉动的,这一点用图 2－18 来说明。假设柱塞从最高位置开始转动,当缸体转过 θ 角度时,柱塞的轴向位移为 x,有

$$\tan\delta = \frac{x}{\dfrac{D}{2} - \dfrac{D}{2}\cos\theta}$$

$$x = \frac{D}{2}(1 - \cos\theta)\tan\delta$$

柱塞轴向移动速度 v 为

图 2－18 轴向柱塞泵的流量计算

$$v = \frac{dx}{dt} = \frac{dx}{d\theta}\frac{d\theta}{dt} = \frac{dx}{d\theta}\omega = \frac{D}{2}\omega\tan\delta\sin\theta \qquad (2-28)$$

式中,ω 为泵传动轴的角速度(常数)。

从式(2-28)可看出,柱塞的轴向移动速度随转角 θ 而变化,因此每个柱塞的瞬时流量 q'_z 也随 θ 而变化,即

$$q'_z = \frac{\pi}{4} d^2 v = \frac{\pi}{4} d^2 \frac{D}{2} \omega \tan\delta \sin\theta = \frac{\pi}{8} d^2 D \omega \tan\delta \sin\theta$$

泵的瞬时流量 Q'_o 为

$$Q'_\mathrm{o} = \sum_{i=1}^{z_0} q'_z = \frac{\pi}{8} d^2 D \omega \tan\delta \sum_{i=1}^{z_0} \sin\left[\theta + (i-1)\frac{2\pi}{z}\right] \qquad (2-29)$$

式中: z_0 为处于压油区的柱塞数; z 为泵的柱塞总数。

z 为偶数时
$$z_0 = \frac{z}{2}$$

z 为奇数时
$$\begin{cases} z_0 = \dfrac{z+1}{2} & \left(\dfrac{\pi}{z} \geqslant \theta \geqslant 0\right) \\[2mm] z_0 = \dfrac{z-1}{2} & \left(\dfrac{2\pi}{z} \geqslant \theta > \dfrac{\pi}{z}\right) \end{cases}$$

轴向柱塞泵的流量脉动系数 σ 与柱塞数 z 的关系见表2-1。由表中可看出柱塞数 z 愈大,流量脉动系数愈小,且柱塞数为奇数时的脉动系数比偶数时的脉动系数小得多,故一般采用奇数柱塞,如 $z=7$ 或 9。

表 2-1　轴向柱塞泵 σ 与 z 的关系

z	5	6	7	8	9	10	11
$\sigma/(\%)$	4.98	13.9	2.53	7.8	1.53	5.0	1.02

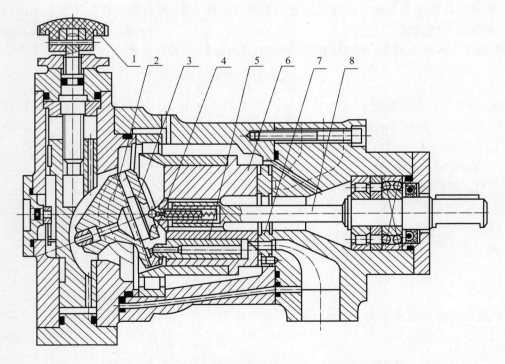

图 2-19　SCY14-1B轴向柱塞式手动变量泵的典型结构

1—手柄;2—倾斜盘;3—压盘;4—滑履;5—柱塞;6—缸体;7—配油盘;8—传动轴

图 2-19 为国产 SCY14-1B 轴向柱塞式手动变量泵的典型结构,这种泵由泵体和倾斜盘两部分组成。泵体部分包括转子(缸体)6、配油盘7、柱塞5、传动轴8等零件。传动轴8利用轴左端的花键部分带动缸体旋转,在缸体 6 的 7 个轴向排列的柱塞缸中,各装有一个柱塞,图 2-19 所示柱塞5的球形头部铆合在滑履 4 中,使滑履不会脱离柱塞球头,在球形配合面间可以相对转动。由传动轴中心弹簧通过钢球和压盘 3 将滑履 4 紧压在倾斜盘 2 上,采用这种结构,可以使泵具有自吸能力。为了减少滑履和倾斜盘之间的磨损,在柱塞的中心和滑履的中心开有直径为 1 mm 的小孔,柱塞缸中的压力油可经此小孔进入滑履和倾斜盘接触部分的中间油室中,使处于压油区各柱塞滑履对倾斜盘的作用力大大减小,同时压力油进入有相对滑动的配合面,形成油膜,起着静压支承的作用。因为倾斜盘不需要跟着转动,省去了支承倾斜盘的推力支承,使结构简单。在缸体 6 的外表面,镶有钢套并由滚柱轴承支承,使倾斜盘作用于缸体的径向分力由该滚柱轴承来承受,从而使传动轴和缸体不承受颠覆力矩,以保证缸体端面与配油盘均匀接触。倾斜盘部分主要包括倾斜盘和变量机构。转动手柄 1,通过丝杆移动螺母滑块,使倾斜盘绕钢球中心摆动,改变倾斜盘斜角 δ 的大小,以实现流量的调节。

这种泵的优点是结构简单,体积小,重量轻,容积效率高,一般可达 95% 左右,公称压力为 320×10^5 Pa,具有自吸能力。缺点在于滑履和倾斜盘之间的滑动表面易磨损。

三、轴向柱塞液压马达的工作原理和结构

轴向柱塞液压马达在机床液压系统中用得较多,它的结构和轴向柱塞泵基本相同。图 2-20 所示为轴向柱塞液压马达的工作原理,其中倾斜盘 1 和配油盘 4 是固定不动的,转子(缸体)2 与液压马达传动轴 5 相连并一起转动。倾斜盘的中心线与转子缸体的轴线相交一个倾斜角 δ,当压力油通过配油盘的进油窗口输入到缸体的柱塞孔时,处于高压区的各个柱塞,在压力油的作用下,顶在倾斜盘的端面上。倾斜盘给每个柱塞的反作用力 F 是垂直于倾斜盘端面的,该反作用力可分解为两个分力:一个为水平分力 F_x,它与作用在柱塞上的液压推力相平衡;另一个为垂直分力 F_y,分别由下式求得

$$F_x = \frac{\pi}{4} d^2 p$$

$$F_y = F_x \tan\delta = \frac{\pi}{4} d^2 p \tan\delta$$

式中:d 为柱塞直径;p 为输入液压马达的油液压力;δ 为倾斜盘的倾斜角。

垂直分力 F_y 使处于压油区的每个柱塞都对转子中心产生一个转矩,这些转矩的总和使缸体带动液压马达输出轴作逆时针方向旋转。若使进、回油路交换,即改变输油方向,则液压马达的旋转方向亦随之改变。

液压马达的转速 n_m 取决于输入液压马达的实际流量 Q_m 和液压马达的排量 q_m,即

$$n_m = \frac{Q_m}{q_m} \eta_{Vm} = \frac{Q_m}{\frac{\pi}{4} d^2 z D \tan\delta} \eta_{Vm} \tag{2-30}$$

式中:η_{Vm} 为液压马达的容积效率;D 为柱塞在缸体上的分布圆直径;z 为柱塞数。

改变倾斜盘倾斜角 δ 的大小,就可调节液压马达的转速,倾斜角越小,液压马达的排量就越小,当输入流量不变时,液压马达转速就升高。倾斜角可调的液压马达就是轴向柱塞变量液压马达。

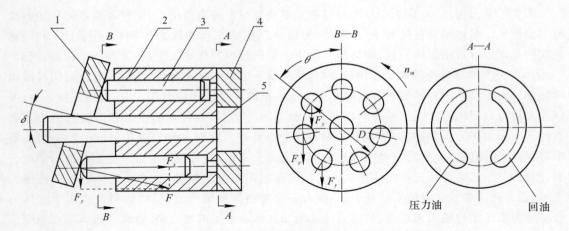

图 2-20　轴向柱塞液压马达的工作原理
1— 倾斜盘；2— 转子(缸体)；3— 柱塞；4— 配油盘；5— 传动轴

液压马达的实际平均输出转矩 T_m 可由式(2-14)求得,即

$$T_m = \frac{1}{2\pi}qp_m\eta_{jm} = \frac{1}{8}d^2zDp\eta_{jm}\tan\delta \tag{2-31}$$

式中：η_{jm} 为液压马达的机械效率；p 为液压马达的输入油液压力。

但实际上液压马达的输出转矩是脉动的,因为垂直分力 F_y 所产生的使缸体旋转的转矩与柱塞在高压区所处的位置有关。假设某一个柱塞在高压区所处的位置与缸体垂直中心线的夹角为 θ,则该柱塞产生的转矩 T_z 为

$$T_z = F_y\frac{D}{2}\sin\theta = \frac{\pi}{8}d^2pD\tan\delta\sin\theta$$

液压马达的理论瞬时输出总转矩应由所有处于高压区的柱塞产生的转矩所组成,即

$$T_m' = \frac{\pi}{8}d^2pD\tan\delta\left\{\sin\theta + \sin\left(\theta+\frac{2\pi}{z}\right) + \cdots + \sin\left[\theta+(i-1)\frac{2\pi}{z}\right]\right\} =$$

$$\frac{\pi}{8}d^2pD\tan\delta\sum_{i=1}^{z_0}\sin\left[\theta+(i-1)\frac{2\pi}{z}\right] \tag{2-32}$$

式中,z_0 为处于高压区的柱塞数。

由式(2-32)可知,瞬时输出的转矩 T_m' 随柱塞转角 θ 而变化,其脉动情况与轴向柱塞泵的流量脉动一样,当柱塞数较多且为单数时,输出转矩的脉动较小。同样,当输入流量不变时,输出转速脉动较小,转动平稳。

图 2-21 为轴向柱塞液压马达的结构,它和轴向柱塞泵类似,也是由缸体 7、柱塞 9、配油盘 8、倾斜盘 2、传动轴 1 等主要零件组成。为了保证缸体和配油盘相对运动表面之间的密封性,应该使配油盘表面不受颠覆力矩,以减少磨损,为此将转子分成两段,左半段称鼓轮 4,右半段就是缸体 7。鼓轮 4 上有可以轴向滑动的推杆 10,推杆在柱塞的作用下,顶在倾斜盘上,获得转矩,并通过键带动轴转动。缸体 7 是空套在传动轴上并由鼓轮上的传动销 6 拨动它与轴一起转动的。由于转子缸体本身不传递转矩,倾斜盘对推杆的反作用力所造成的颠覆力矩不会作用在缸体和配油盘的配油表面上。此外,缸体 7 和柱塞 9 只受轴向力,因此使配油盘表面以及柱塞和柱塞孔的磨损都较均匀。由于缸体与轴之间的配合面很窄,因此缸体具有自位作用

（浮动），缸体在3个弹簧5和柱塞孔底部液压力的作用下，能很好地与配油盘表面贴合，既保证了密封性能又能自动补偿磨损。倾斜盘由推力轴承支撑，目的是减少推杆端部与倾斜盘端面的磨损和提高液压马达的机械效率。因为该液压马达倾斜角是固定不变的，它的排量不可调节，属定量液压马达，它的转速只能通过改变输入流量的大小来调节。

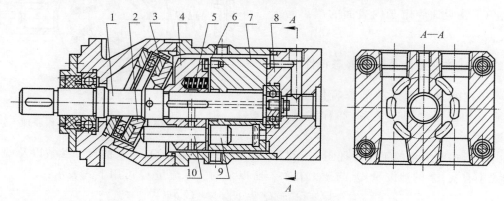

图 2-21 轴向柱塞液压马达的结构

1—传动轴；2—倾斜盘；3—轴承；4—鼓轮；5—弹簧；6—传动销；7—缸体；8—配油盘；9—柱塞；10—推杆

2-5 液压泵的流量调节

前面几节所介绍的泵大部分为定量泵，某些泵可作为变量泵，如单作用叶片泵和径向、轴向柱塞泵能很容易地进行排量调节，只需用手动或自动方式改变其偏心距或倾斜角，即可在泵转速不变的情况下调节流量，以适应液压系统的要求。采用变量泵调节液压系统的流量具有节约能量的效果。近年来变量泵的使用越来越广泛，品种发展也相当迅速，如有恒压变量泵、恒流量变量泵、功率匹配变量泵、限压式变量泵等类型，下面主要介绍限压式变量泵。

一、限压式变量泵的工作原理和结构

图2-22为限压式变量叶片泵的工作原理示意图，这种泵的流量可以根据其出口压力的大小（油泵的出口压力取决于泵的负载）自动调节。转子的中心O是固定不动的，定子的中心O_1可以左右移动，它在左边限压弹簧的作用下被推向右端，使相对转子中心O有一个偏心量e_x。当转子以图示方向旋转时，转子上半部为压油腔，下半部为吸油腔，定子在压力油的作用下压在滑块上，滑块由一排滚针支承，以减小摩擦，增加定子的灵活性。定子右侧装有压力反馈的柱塞小油缸，油缸与压油腔连通。设反馈柱塞油缸的有效面积为A_x，泵的出口压力为p，则通过柱塞作用在定子上的反馈力为pA_x。限压弹簧的预紧力F_s由弹簧左端的螺钉调定，当pA_x小于限压弹簧的预紧力F_s时，弹簧把定子推向最右端，此时偏心距为最大值e_{max}（e_{max}的大小可通过油缸右端的螺钉来调节），泵的流量最大。当$pA_x > F_s$时，反馈力将克服弹簧的预紧力把定子向左推移，偏心距e_x减小，流量也相应减小。压力愈高，e_x愈小，输出流量亦愈小。当压力增大到使泵的偏心距减小到所产生的流量只够用来补偿泄漏时，泵的输出流量为零。这时，不管负载怎样增大，泵的出口压力不会再升高，即泵的最大输出压力是受到限制的，故称限

压式变量泵。

变量叶片泵与单作用叶片泵相同,在压油腔叶片底部通压力油,在吸油腔叶片底部通低压油,使叶片的顶部和底部受力基本平衡,避免了在吸油腔定子内表面的严重磨损问题。

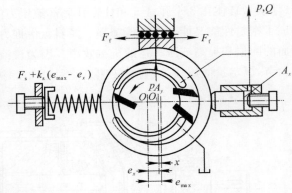

图 2-22　限压式变量叶片泵工作原理

二、限压式变量叶片泵的静态特性

限压式变量叶片泵的静态特性主要是指其流量和压力之间的关系,亦称流量-压力特性。

由限压式变量泵的工作原理图 2-22 可知:泵的理论流量 Q_o 与泵的尺寸参数以及偏心距 e_x 的大小有关;泵的泄漏量 Q_t 与压力有关。所以泵的实际流量 Q 可用下式表示:

$$Q = Q_o - Q_t = K_Q e_x - C_1 p \qquad (2-33)$$

式中:K_Q 为单位偏心距所产生的理论流量,其值由泵的尺寸参数决定;C_1 为泵的泄漏系数;e_x 为转子与定子之间的偏心距。

当柱塞油缸内的液压反馈力小于弹簧预紧力,即 $pA_x < F$ 时,定子处在最右端位置,此时 $e_x = e_{max}$,故有

$$Q = K_Q e_{max} - C_1 p \qquad (2-34)$$

当柱塞油缸内的液压反馈力大于弹簧预紧力,即 $pA_x > F_s$ 时,弹簧产生附加压缩量 $x = e_{max} - e_x$,使弹簧作用力增大至 $F_s + k_s(e_{max} - e_x)$,考虑支承滑块处有摩擦力,则定子在弹簧力方向上的受力平衡方程式为

$$pA_x \mp F_f = F_s + k_s(e_{max} - e_x) \qquad (2-35)$$

式中:F_f 为滑块支承处的摩擦力(设定子内壁承受液压力的投影面积为 A_y,摩擦系数为 f,则有 $F_f = pA_y f$);k_s 为限压弹簧的刚度。

在式(2-33)和式(2-35)中消去 e_x,整理后得

$$Q = \frac{K_Q}{k_s}(F_s + k_s e_{max}) - \frac{K_Q}{k_s}(A_x \mp A_y f + \frac{k_s C_1}{K_Q})p \qquad (2-36)$$

由式(2-34)和式(2-36)可画出限压式变量叶片泵的流量-压力特性曲线(见图 2-23)。图中 AB 段曲线与式(2-34)相对应,在这一区段内,由于 e_{max} 为常数,相当于定量泵,故其理论流量是一常数,压力只是通过泄漏量来影响实际输出流量。BC 段曲线与式(2-36)相对应,在这一区段内,泵的理论流量随压力而改变。当压力增大时,偏心距 e_x 减小,理论流量和实际流量迅速下降。B 点所对应的压力为 p_c,p_c 值主要由弹簧预紧力 F_s 决定。当 $p = p_c$ 时,式(2-34)和式(2-36)中的流量相等,可得

$$p_c = \frac{F_s}{A_x \mp A_y f} \qquad (2-37)$$

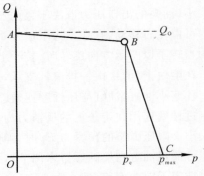

图 2-23　限压式变量叶片泵的流量-压力特性曲线

泵的最大输出压力 p_{max} 相当于其输出流量为零时的压力,令式(2-36)中的 $Q=0$,则得

$$p_{max} = \frac{F_s + k_s e_{max}}{A_x \mp A_y f + \dfrac{k_s C_1}{K_Q}} \qquad (2-38)$$

调节弹簧的预紧力,可改变 p_c 和 p_{max} 的值,使 BC 段曲线左右平移。最大偏心距 e_{max} 的值可通过反馈液压缸右端的限位螺钉来调节,并由此改变最大输出流量的大小,此时,曲线 AB 上下平移,如图 2-23 所示。因为 p_{max} 值和 BC 线段的斜率不变,所以 p_c 值要发生变化。如果更换弹簧改变 k_s 值,BC 线段的斜率相应也改变了。弹簧愈"软",即 k_s 值愈小,BC 线段愈陡,p_{max} 值愈小,p_{max} 和 p_c 的差距亦愈小。反之,弹簧愈"硬",即 k_s 值愈大,BC 线段愈平缓,p_{max} 值愈大,p_{max} 和 p_c 的差距亦愈大。在应用时,可根据不同的需要,通过可调环节来获得所要求的流量-压力特性。

限压式变量叶片泵的流量-压力特性正好满足既要实现快速行程又要实现工作进给的工作部件对液压源的要求。快速行程时,负载压力低,流量大,可以使泵的工作点落在 AB 线段上。工作进给时负载压力升高,流量减小,工作点正好落在 BC 段。

三、限压式变量叶片泵的优、缺点和应用

限压式变量叶片泵与双作用定量叶片泵相比,结构较复杂,尺寸大,相对运动的机件多,轴上受单向径向液压力大,故泄漏大,容积效率和机械效率较低。由于存在流量脉动和困油现象,故压力脉动和噪声大,工作压力的提高受到限制。常用国产限压式变量叶片泵的公称压力为 63×10^5 Pa。但是这种泵的流量可随负载的大小自动调节,故功率损失小,可节省能源,减少发热。由于它在低压时流量大,高压时流量小,特别适合驱动快速推力小、慢速推力大的工作机构,例如在组合机床上驱动动力滑台实现快速趋近 → 工作进给 → 快速退回的半自动循环运动,以及在液压夹紧机构中实现夹紧保压等。

为了提高工作压力和流量,目前已广泛采用限压式柱塞变量泵。其工作原理类同限压式变量叶片泵,也是利用反馈缸的液压力与弹簧预紧力相互作用,改变径向柱塞泵或轴向柱塞泵的定子偏心距和倾斜盘倾斜角度的方法,来实现图 2-23 所示相似的流量-压力特性。

2-6　其他类型的泵

一、转子泵

转子泵也称为内啮合摆线齿轮泵。在这种泵中,内外齿轮的齿形为一对共轭的摆线[见图 2-24(a)],小齿轮 1 称为内转子,内齿轮 2 称为外转子,它们的齿数只相差 1。图示转子泵中,外转子为 7 个齿,内转子为 6 个齿。内、外转子相啮合形成若干密封工作腔。当内转子 1 由电机带动绕中心 O_1 旋转时,外转子 2 被带着绕中心 O_2 同向旋转,用阴影表示的密封工作腔 c[见图 2-24(b)]的容积逐渐增大,通过侧面配油盘上的吸油窗口 b 将油液吸入。该密封工作腔容积逐渐增大的过程可由图 2-24(b)~(h)清楚地表示出来。不难看出,在内转子继续回转的后半周内,该工作腔的容积将逐渐减小,并通过配油盘的压油窗口 a 将油压出。

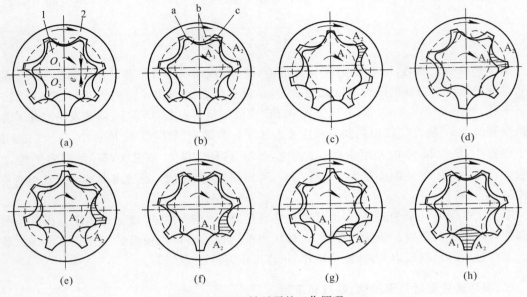

图 2-24 转子泵的工作原理

转子泵的优点在于结构简单,尺寸小,重量轻;啮合重叠系数大,传动平稳;齿轮同向旋转,滑动速度小,磨损小,寿命长;流量脉动、压力脉动以及噪声小;油液在离心力的作用下易填入齿间,故允许高速旋转,容积效率高。缺点是齿形复杂,加工困难,故应用尚不普遍,仅在低压系统中应用。

二、螺杆泵

螺杆泵的工作原理和结构可参看图 2-25。螺杆泵一般是由一根双头右旋主动螺杆 4 和两根双头左旋从动螺杆 5 以及泵体 6、泵盖 1 和 7 等零件所组成的。泵体内的三根螺杆互相啮合,在垂直于轴线的剖面内,齿形为相互共轭的摆线,螺杆的啮合线把各螺杆的螺旋槽分割成若干密封工作腔,当主动螺杆 4 带动两根从动螺杆 5 按图示方向(从轴头伸出端看去为顺时针方向)旋转时,随着空间啮合曲线的移动,各密封工作腔将沿着轴向从左向右移动。主动螺杆每转一转,各密封工作腔移动一个螺旋导程。在左端吸油区,密封工作容积逐渐增大,完成吸油过程,随着螺杆的继续转动,充满油液的各螺旋工作腔沿轴向移动到右端并进入压油区。这时,密封工作腔的容积逐渐减小,完成压油过程。

螺杆泵的最大优点就是输油非常均匀,从理论上讲无流量脉动,只是由于泄漏等原因使流量有微小脉动,但比起其他类型的泵来讲仍小得多,因此,它常被应用于某些运动平稳性要求高的精密机床上。此外,螺杆泵的结构简单,紧凑;体积小,质量轻;运动平稳,无困油现象,噪声小;由于螺杆转动惯量小,且由于液体是沿轴向移动,螺杆的旋转不影响油液的吸入,所以允许采用高转速,容积效率高;对油的污染不敏感。螺杆泵的主要缺点是螺杆形状复杂,精度要求高,加工较困难,工作压力不易提高,多用于低压系统。

总之,任何一种液压泵,都存在有自吸能力、配油装置泄漏、困油、径向力不平衡、噪声、效率等问题,因此,在设计和使用液压泵时应加以考虑,合理选用。表 2-2 列出了机床常用液压泵的性能比较,可供选用液压泵时参考。

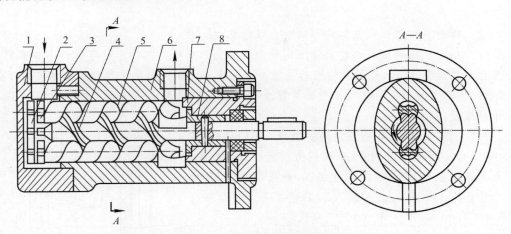

图 2-25　螺杆泵的工作原理和结构

1,7— 泵盖;2— 铜垫;3,8— 轴套;4— 主动螺杆;5— 从动螺杆;6— 泵体

表 2-2　机床常用液压泵性能比较

性　能	外啮合齿轮泵	双作用叶片泵	限压式变量叶片泵	径向柱塞泵	轴向柱塞泵	螺杆泵
工作压力	低压	中压	中压	高压	高压	低压
流量调节	不能	不能	能	能	能	不能
流量脉动	很大	很小	一般	一般	一般	最小
自吸能力	好	较差	较差	差	差	好
对油的污染敏感性	不敏感	较敏感	较敏感	很敏感	很敏感	不敏感
噪　声	大	小	较大	较小	较小	最小
造　价	便宜	较贵	较贵	贵	贵	较贵

思考题和习题

2-1　什么是容积式液压泵?它是怎样进行工作的?这种泵的实际工作压力和输油量的大小各取决于什么?

2-2　什么是液压泵和液压马达的公称压力?其大小由什么来决定?

2-3　齿轮泵的困油现象、径向力不平衡是怎样引起的?对其工作有何影响?如何解决?

2-4　为什么齿轮泵的齿数少而模数大?

2-5　双作用叶片泵定子内表面的过渡曲线为何要做成等加速曲线?其最易磨损处是在吸油区还是压油区?

2-6　为何国产双作用叶片泵的流量脉动很小?

2-7 限压式变量叶片泵有何特点？适用于什么场合？用什么方法来调节它的流量-压力特性？

2-8 简述单作用叶片泵和双作用叶片泵的优、缺点？

2-9 轴向柱塞液压马达输出轴上的转矩是如何产生的？其输出转矩的大小与哪些因素有关？已知其排量为 q_m，输入和输出的油压力分别为 p_{m1} 和 p_{m2}，试求其理论平均转矩 T_m。

2-10 试分析图 2-19 所示轴向柱塞式手动变量泵及图 2-21 所示轴向柱塞液压马达的工作原理及结构。

2-11 图 2-26 已知液压泵的排量 $q_p=10$ mL/r，转速 $n_p=1\,000$ r/min；容积效率 η_V 随压力按线性规律变化，当压力为调定压力 4 MPa 时，$\eta_V=0.6$；液压缸 A 和 B 的有效面积皆为 100 cm²；液压缸 A 和 B 需举升的物重分别为 $W_A=45\,000$ N，$W_B=10\,000$ N，试求：

(1)液压缸 A 和 B 举物上升速度；

(2)上升和上升停止时的系统压力；

(3)上升和上升停止时液压泵的输出功率。

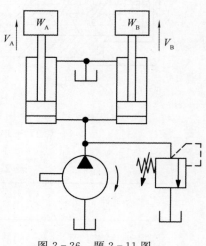

图 2-26 题 2-11 图

2-12 已知轴向柱塞泵斜盘倾角 $\delta=22°30'$，柱塞直径 $d=22$ mm，柱塞分布圆直径 $D=68$ mm，柱塞数 $z=7$，当输出压力 $p_p=10$ MPa 时，其容积效率 $\eta_V=0.98$，机械效率 $\eta_i=0.9$，转速 $n_p=960$ r/min。试计算：

(1)泵的实际输出流量(L/min)；

(2)泵的输出功率(kW)；

(3)泵的输入转矩(N·m)。

2-13 已知液压马达的排量 $q_m=250$ mL/r，入口压力为 $98×10^5$ Pa，出口压力为 $4.9×10^5$ Pa，此时的总效率 $\eta=0.9$，容积效率 $\eta_V=0.92$，当输入流量为 22 L/min 时，试求：

(1)液压马达的输出转矩(N·m)；

(2)液压马达的输出功率(kW)；

(3)液压马达的转速(r/min)。

2-14 在实际应用时，如何选用液压泵？

2-15 简述柱塞泵为何比齿轮泵和叶片泵的额定压力高。

第三章 液 压 缸

3-1 液压缸的基本类型和特点

　　液压缸是液压传动系统中的执行元件,它和液压马达一样,都是将油液的压力能转换成机械能的能量转换装置。所不同的是,液压马达实现连续的回转运动,而液压缸实现直线往复运动或摆动,输出的是力或力矩。由于液压缸结构简单,工作可靠,所以在许多领域得到了广泛应用。如用来驱动磨床、组合机床的进给运动;刨床、拉床的主运动;送料、夹紧、定位和转位等辅助运动。不同的应用场合,对液压缸结构形式的要求也不同,因此液压缸的类型很多。归纳起来,液压缸可以分为三大类:活塞式液压缸、柱塞式液压缸和摆动式液压缸。前二者实现直线往复运动,后者实现摆动运动。液压缸除可单独使用外,还可以几个组合起来或与其他机构组合起来,以完成特殊的功用。表3-1中列出了常用液压缸的类型和结构。

表3-1 常用液压缸的类型和结构

名　　称		图　　形	说　　明
活塞式液压缸	单出杆　单作用		活塞单向作用,由弹簧使活塞复位
	单出杆　双作用		活塞双向作用,左、右移动速度不等,差动连接时,可提高运动速度
	双　出　杆		活塞左、右移动速度相等
柱塞式液压缸	单　柱　塞		柱塞单向作用,由外力使柱塞返回
	双　柱　塞		双柱塞双向作用
摆动式液压缸	单　叶　片		输出转轴只能作小于360°的摆动

续表

名 称		图 形	说 明
摆动式液压缸	双 叶 片		输出转轴只能作小于 180°的摆动
其他液压缸	增力液压缸	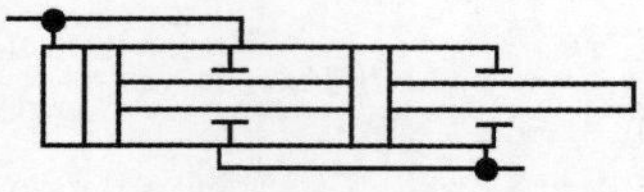	当液压缸直径受到限制,而长度不受限制时,可获得大的推力
	增压液压缸	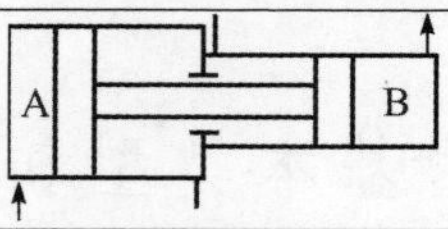	由两个不同直径的液压缸组成,可提高 B 腔中的液压力
	伸缩液压缸	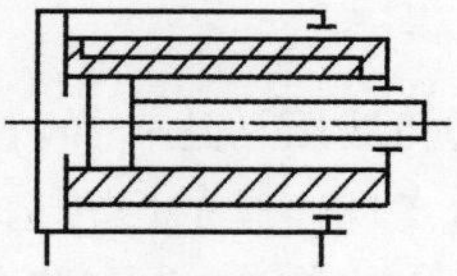	由两层液压缸组成,可增加活塞行程
	多位液压缸	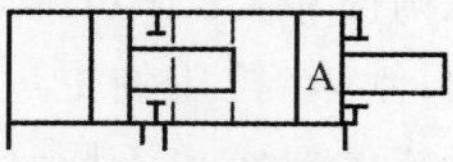	活塞 A 有三个确定的位置
	齿条液压缸	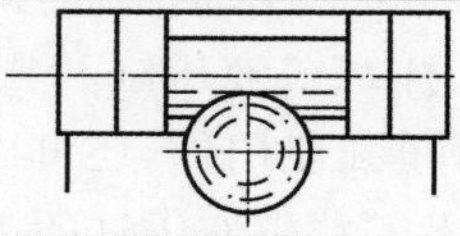	活塞经齿条传动小齿轮使它产生回转运动

一、活塞式液压缸

1. 双出杆活塞式液压缸

此种液压缸其活塞两端都有活塞杆(见图 3-1),其有两种不同的安装形式。图 3-1(a)为缸体固定时的安装形式,缸体两端设有进、出油口,活塞通过活塞杆带动工作台移动。当活塞的有效行程为 l 时,整个工作台的运动范围为 $3l$,所以运动部件占地面积大,一般只适用于小型机床。当机床工作台行程要求较小时,可采用图 3-1(b)的活塞杆固定的形式。这时,缸体与工作台相连,活塞杆通过支架固定在机床上,动力由缸体传出。在这种安装形式中,机床工作台的移动范围只等于液压缸有效行程的 2 倍(2l),因此占地面积小。进、出油口可以设置在固定不动的活塞杆的两端,使油液从空心的活塞杆中进出,也可以设置在缸体的两端,但这时必须使用软管连接,图 3-1(c)是双出杆活塞式液压缸的职能符号。由于这种结构形式复杂,移动部分(缸体)的质量大,惯性大,所以只适用于中型和大型机床。

双出杆活塞式液压缸两端的活塞杆直径通常是相等的,因此它的左、右两腔的有效面积亦相等。当分别向左、右腔输入相同压力和相同流量的油液时,液压缸左、右两个方向的推力和速度相等。推力 F 和速度 v 的计算式如下:

$$F = A(p_1 - p_2) = \frac{\pi}{4}(D^2 - d^2)(p_1 - p_2)\eta_j \qquad (3-1)$$

$$v = \frac{4Q}{\pi(D^2 - d^2)}\eta_V \qquad (3-2)$$

式中：A 为液压缸的有效面积；D,d 为活塞、活塞杆的直径；Q 为输入液压缸的流量；p_1,p_2 为进油腔、回油腔压力；η_v,η_j 为液压缸的容积效率，机械效率。

双出杆活塞式液压缸由于两端都有活塞杆，在工作时可以使活塞受拉力而不受压力，因此活塞杆可以做得比较细。

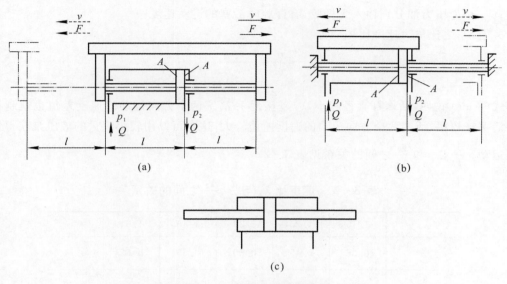

图 3-1　双出杆活塞式液压缸

2.单出杆活塞式液压缸

图 3-2 活塞只有一端带活塞杆，单出杆活塞式液压缸也有缸体固定和活塞杆固定两种形式，但它们的工作台移动范围都是最大行程的 2 倍。

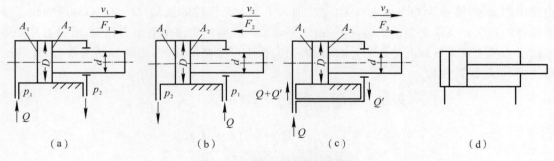

图 3-2　单出杆活塞式液压缸

这种液压缸由于左、右两腔的有效面积 A_1 和 A_2[见图 3-2(a)(b)]不相等，因此，当进油腔和回油腔的压力分别为 p_1 和 p_2，输入左、右两腔的流量皆为 Q 时，左、右两个方向的推力和速度亦不相同。单出杆活塞式液压缸推力和速度不计机械与容积效率时的计算式为

$$F_1 = p_1 A_1 - p_2 A_2 = \frac{\pi}{4}\big[D^2 p_1 - (D^2 - d^2)p_2\big] \tag{3-3}$$

$$F_2 = p_1 A_2 - p_2 A_1 = \frac{\pi}{4}\big[(D^2 - d^2)p_1 - D^2 p_2\big] \tag{3-4}$$

$$v_1 = \frac{4Q}{\pi D^2} \tag{3-5}$$

$$v_2 = \frac{4Q}{\pi(D^2 - d^2)} \tag{3-6}$$

式中：F_1，F_2 为压力油分别进入无杆腔、有杆腔时的活塞推力；A_1，A_2 为无杆腔、有杆腔的有效面积；v_1，v_2 为压力油分别输入无杆腔、有杆腔时活塞的运动速度。

v_2 与 v_1 之比称为速度比 λ_v，即

$$\lambda_v = \frac{v_2}{v_1} = \frac{1}{1 - \left(\dfrac{d}{D}\right)^2} \tag{3-7}$$

式(3-7)说明：活塞杆直径越小，λ_v 越接近 1，活塞两个方向运动的速度差值也就越小。如果活塞杆较粗，活塞两个方向运动的速度差值较大，这时可以用较小流量的液压泵获得快速退回运动。$\dfrac{d}{D}$，λ_v 和 $\dfrac{A_2}{A_1}$ 之间的关系见表 3-2。

表 3-2　速度比 λ_v 与 $\dfrac{d}{D}$，$\dfrac{A_2}{A_1}$ 之间的关系

λ_v	1.15	1.25	1.33	1.46	1.61	2
$\dfrac{d}{D}$	0.36	0.45	0.50	0.55	0.62	0.71
$\dfrac{A_2}{A_1}$	0.87	0.80	0.75	0.69	0.62	0.50

如果向单出杆活塞式液压缸的左、右两腔同时通压力油[见图 3-2(c)]，即所谓的差动连接，作差动连接的单出杆活塞式液压缸称为差动液压缸。开始时差动缸左、右两腔的油液压力相同，但是由于无杆腔的有效面积大于有杆腔的有效面积，故活塞将向右运动，同时使有杆腔中排出的油液（流量为 Q'）也进入无杆腔，加大了流入无杆腔的流量（$Q + Q'$），从而加快了活塞移动的速度。实际上当活塞运动时，由于差动缸两腔间的管路中有压力损失，所以有杆腔中的油压力稍大于无杆腔的油压力，当该压力损失很小可忽略不计时，差动缸活塞推力 F_3 和运动速度 v_3 的计算式为

$$F_3 = p_1(A_1 - A_2) = \frac{\pi}{4}[D^2 - (D^2 - d^2)]p_1 = \frac{\pi}{4}d^2 p_1 \tag{3-8}$$

$$v_3 = \frac{Q + Q'}{\dfrac{\pi D^2}{4}} = \frac{Q + \dfrac{\pi}{4}(D^2 - d^2)v_3}{\dfrac{\pi D^2}{4}}$$

整理后得

$$v_3 = \frac{4Q}{\pi d^2} \tag{3-9}$$

由式(3-8)和式(3-9)可知，差动连接时液压缸的推力比非差动连接时小，速度比非差动连接时大，利用这一点，可在不加大油源流量的情况下实现机床工作台快速进、退和慢速进给的运动循环。例如，在组合机床中，液压驱动的动力滑台就是利用差动缸来完成快速趋近[见图 3-2(c)]—慢速工作[见图 3-2(a)]—快速退回[见图 3-2(b)]的。

如果要使快进和快退的速度相等,即使 $v_3 = v_2$,则有

$$\frac{4Q}{\pi(D^2 - d^2)} = \frac{4Q}{\pi d^2}$$

这时液压缸面积 A_1 和活塞杆截面积 A_3 存在如下关系:

$$A_1 = 2A_3$$

或

$$D = \sqrt{2}\, d \qquad\qquad (3-10)$$

图 3-2(d) 是单出杆活塞式液压缸的职能符号。

二、柱塞式液压缸

上述活塞式液压缸中,缸的内孔与活塞有配合要求,所以要有较高的精度,当缸体较长时,加工就很困难,为了解决这个矛盾,可采用柱塞式液压缸,如图 3-3 所示。

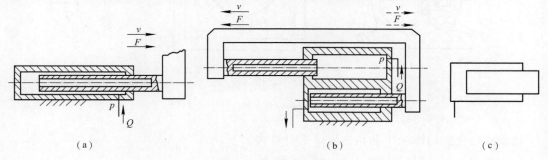

(a)   (b)   (c)

图 3-3　柱塞式液压缸

从图 3-3 看出,柱塞缸的内壁与柱塞并不接触,没有配合要求,故缸孔不需要精加工,柱塞仅与缸盖导向孔间有配合要求,这就大大简化了缸体加工和装配的工艺性。因此,柱塞缸特别适用于行程很长的场合。为了减轻柱塞的质量,减少柱塞的弯曲变形,柱塞一般被做成空心的。行程特别长的柱塞缸,还可以在缸筒内设置辅助支撑,以增强刚性。图 3-3(a) 所示为单柱塞缸,柱塞和工作台连在一起,缸体固定不动。当压力油进入缸内时,柱塞在液压力作用下带动工作台向右移动。柱塞的返回要靠外力(如弹簧力或立式部件的重力等)来实现。图 3-3(b) 所示为双柱塞缸,它是由两个单柱塞缸组合而成的,因而可以实现两个方向的液压驱动。

柱塞式液压缸的推力 F 和运动速度 v 的计算式如下:

$$F = \frac{\pi}{4} d^2 p \qquad\qquad (3-11)$$

$$v = \frac{4Q}{\pi d^2} \qquad\qquad (3-12)$$

式中:d 为柱塞直径;p 为缸内油液压力;Q 为输入液压缸的流量。

图 3-3(c) 是柱塞式液压缸的职能符号。

三、摆动式液压缸

摆动式液压缸主要用来驱动做间歇回转运动的工作机构,例如回转夹具、分度机构、送料、夹紧等机床辅助装置,也有用在需要周期性进给的系统中。

图 3-4(a) 为单叶片摆动式液压缸,叶片 1 固定在轴上,隔板 2 固定在缸体上,隔板 2 的槽中嵌有密封块 4,密封块 4 在弹簧片 3 的作用下紧压在轴的表面上,起密封作用。当压力油进入摆动缸时,在油压作用下,叶片带动轴回转,摆动角度小于 300°。单叶片摆动缸结构较简单,摆动角度大。但它有两个缺点:一是输出的转矩小;二是心轴受单向径向液压力大。 图 3-4(b) 为双叶片摆动缸,心轴上固定着两个叶片,因此在同样大小的结构尺寸下,所产生的转矩比单叶片摆动缸增大 1 倍,而且径向液压力得到平衡,但双叶片摆动缸的转角较小(小于150°),且在相同流量下,转速也减小了。图 3-4(c) 是摆动式液压缸的职能符号。

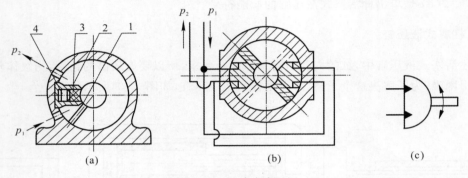

图 3-4 摆动式液压缸

1— 叶片;2— 隔板;3— 弹簧片;4— 密封块

摆动式液压缸的转矩 T 和角速度 ω 的计算式如下:

$$T = zb\int_{R_1}^{R_2}(p_1 - p_2)r\mathrm{d}r = \frac{1}{2}bz(R_2^2 - R_1^2)(p_1 - p_2) \tag{3-13}$$

$$\omega = \frac{2\pi Q}{\frac{\pi}{4}(D^2 - d^2)bz} = \frac{8Q}{bz(D^2 - d^2)} \tag{3-14}$$

式中:b 为叶片宽度;R_1,R_2 为叶片底部、顶部的回转半径;r 为叶片径向长度;z 为叶片数;p_1,p_2 为工作腔、回油腔的液压力;D,d 为缸体内径、转轴外径,$D = 2R_2$,$d = 2R_1$;Q 为进入摆动式液压缸的流量。

应指出的是,在计算以上液压缸的推力和转矩时,未考虑在液压缸的密封装置上产生的摩擦力,因此,在计算液压缸的有效推力和转矩时,应乘以液压缸的机械效率 η_j,一般 $\eta_j = 0.9 \sim 0.95$。

3-2 液压缸的构造

图 3-5 为单出杆活塞式液压缸的典型结构,它由缸体组件和活塞组件两个基本部分组成。缸体组件包括缸体 5 与前、后端盖 1 和 8 等。活塞组件包括活塞 3、活塞杆 4 等零件,这两部分在组装后用四根长拉杆 6 串起来,并用螺母紧固。为了保证液压缸具有可靠的密封性,在前、后端盖和缸体之间,缸体和活塞之间,活塞杆和后端盖之间以及活塞和活塞杆之间都分别设置了相应的密封件 12,2,7 等。活塞杆的伸出端由装有刮油、防尘装置 9 的导向套 10 支撑。为了防止活塞在两端对端盖的撞击,在前、后缸盖中都设置了由单向阀 14 和节流阀 13 组成的

缓冲装置,其工作原理将在本节后面详细介绍。在液压缸工作前,应先放出缸内积聚的空气,为此在缸体的最上方开设排气装置(图中未表示出来),本节后面将介绍。

从以上对液压缸典型结构的分析可看出,液压缸是由缸体组件、活塞组件以及密封装置、缓冲装置、排气装置等所组成。它们的结构和性能直接影响到液压缸的工作质量和制造成本。下面分别做一介绍。

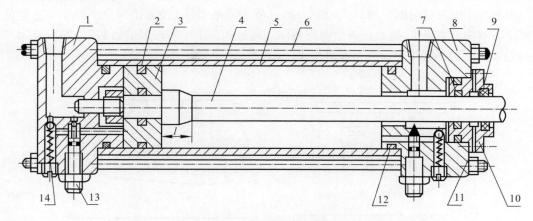

图 3—5 单出杆活塞式液压缸结构

1— 前端盖;2,7,12— 密封件;3— 活塞;4— 活塞杆;5— 缸体;6— 长拉杆;8— 后端盖;
9— 防尘装置;10— 导向套;11— 紧固螺母;13— 节流阀;14— 单向阀

一、缸体组件

图 3—6 为几种常用的缸体组件的结构,设计时,主要应根据液压缸的工作压力、缸体材料和具体工作条件来选用不同的结构。一般工作压力低的场合,常采用铸铁缸体,它的端盖多用法兰连接,如图 3—6(a) 所示。这种结构易于加工和装拆,但外形尺寸大。工作压力较高时,可采用无缝钢管的缸体,它与端盖的连接方式如图 3—6(b)(c)(d) 所示。采用半环连接[见图3—6(b)],装拆方便,但缸壁上开了槽,会减弱缸体的强度。 采用螺纹连接[见图3—6(c)],外形尺寸小,但是缸体端部需加工螺纹,结构复杂,加工和装拆不方便。图 3—6(d)所示为焊接连接结构,构造简单,容易加工,尺寸小,缺点是易产生焊接变形。图 3—5 缸体和端盖的连接采用的是四根拉杆固紧的方法,缸体的加工和装拆都方便,但尺寸较大。

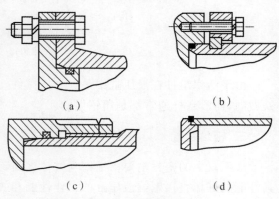

(a)   (b)

(c)   (d)

图 3—6 缸体组件结构
(a)法兰连接;(b)半环连接;(c)螺纹连接;(d)焊接连接

二、活塞组件

活塞组件最简单的形式是把活塞和活塞杆做成一体,这种结构虽然简单,工作可靠,但是当活塞直径大,活塞杆较长时,加工较困难。

图3-7为几种常用的活塞组件结构形式,其中图3-7(a)所示为活塞和活塞杆之间采用螺纹连接的方式,它适用于负载较小、受力较平稳的液压缸中。当液压缸工作压力较高或负载较大时,由于活塞杆上车有螺纹,强度有所削弱。另外,工作机构振动较大时,因必须设置螺母防松装置而使结构复杂,这时可采用非螺纹连接的方式,如图3-7(b)(c)(d)所示。图3-7(b)中所示活塞杆5上开有一个环形槽,槽内装有两个半圆环3以夹紧活塞4,半圆环3用轴套2套住。弹簧圈1用来轴向固定轴套2。图3-7(c)所示的活塞杆1使用了两个半圆环4,它们分别由两个密封圈座2套住,然后在两个密封圈座之间塞入两个半圆环形的活塞3。图3-7(d)中,则是用锥销1把活塞2固定在活塞杆3上。

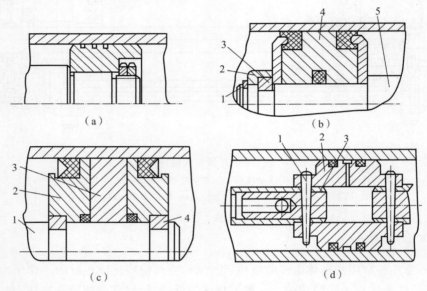

（a） （b）

（c） （d）

图 3-7　活塞组件结构

（b）1— 弹簧圈；2— 轴套；3— 半圆环；4— 活塞；5— 活塞杆；

（c）1— 活塞杆；2— 密封圈座；3— 半圆形活塞；4— 半圆环；

（d）1— 锥销；2— 活塞；3— 活塞杆

由于活塞组件在液压缸中是一个支撑件,必须有足够的耐磨性能,所以活塞一般都是用铸铁做的,而活塞杆通常都是用钢做的。

三、密封装置

液压缸中的密封主要指活塞与缸体之间,活塞杆与端盖之间的密封,用于防止内、外泄漏,其性能的好坏直接影响液压缸的工作性能和效率,因此设计时应根据液压缸不同的工作条件来选用相应的密封方式. 一般对密封装置的要求是：

（1）在一定工作压力下,具有良好的密封性能。最好是随压力的增加能自动提高密封性能,使泄漏不致因压力升高而显著增加。

（2）相对运动表面之间的摩擦力要小,且稳定。

（3）要耐磨,工作寿命长,或磨损后能自动补偿。

（4）使用维护简单,制造容易,成本低。

液压缸中常见的密封形式有下述几种。

1. 间隙密封

间隙密封是靠相对运动件配合表面间微小间隙来防止泄漏的(见图 3-8)。它的密封性能与间隙大小、压力差、配合表面长度、直径以及加工质量有关。为了提高它的密封性能,在活塞上常开有深 0.3～0.5 mm 的截面为三角形的环形槽(也称作平衡槽),在环形槽中形成等压区,使作用在活塞上的径向液压力得到平衡,也能起到活塞自动对中的作用,从而减小了活塞和油缸配合表面间的摩擦力,并减少泄漏量。关于环形槽的作用分析,在第四章中还将详细说明。间隙密封结构简单,摩擦力小,在滑阀中被广泛采用,但是其密封性能不能随压力的增

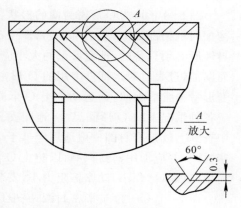

图 3-8　间隙密封

大而提高,且磨损后不能自动补偿间隙,当活塞直径大时,配合表面很大,要保证缸体很高的加工精度有一定困难,且不经济,因此一般在液压缸中较少采用,仅用于直径小、运动速度快的低压液压缸中。

2. 活塞环密封

图 3-9(a) 在活塞的环形槽中,嵌放有开口的金属活塞环,其形状如图 3-9(b) 所示。活塞环依靠其弹性变形所产生的张力紧贴在油缸内壁,从而实现密封,这种密封装置的密封效果较好,能适应较大的压力变化和速度变化,耐高温,使用寿命长,易于维护保养,并能使活塞有较长的支撑面。缺点是制造工艺复杂,

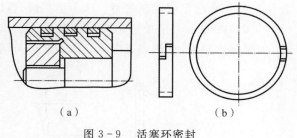

(a)　　　　　　　　　(b)

图 3-9　活塞环密封

因此只适用于高压、高速或密封性能要求较高的场合。

3. 密封圈密封

密封圈密封是液压元件中应用最广的一种密封形式,它的优点在于:

(1) 结构简单,制造方便,是大量生产的标准模压件,所以成本低;

(2) 能自动补偿磨损;

(3) 油液的工作压力越高,密封圈在密封面上贴得越紧,其密封性能可随着压力的加大而提高,因而密封可靠;

(4) 被密封的部位,表面不直接接触,所以加工精度可以降低;

(5) 既可用于固定件,也可用于运动件。

密封圈的材料应具有较好的弹性,适当的机械强度,耐热耐磨性能好,摩擦系数小,与金属接触不互相黏着和腐蚀,与液压油有很好的"相容性"。目前用得最多的是耐油橡胶,其次是尼龙和聚氨酯,也有的为了增加耐磨性,在密封圈表面喷涂上一层聚四氟乙烯。密封件的形状应使密封可靠、耐久,摩擦阻力小,容易制造和拆装,特别是应能随压力的升高而提高密封能力和利于自动补偿磨损。

　　常用密封圈按其断面形状可分为 O 形密封圈和唇形密封圈,而唇形密封圈又可分为 Y 形、V 形等密封圈,现分述如下:

　　图 3-10(a) 为 O 形密封圈的形状,其外侧、内侧及端部都能起密封作用。O 形密封圈装入沟槽时的情况如图(a)右部所示,图中 δ_1 和 δ_2 为 O 形圈装配后的预变形量,它们是保证间隙密封性所必须具备的,预变形量的大小应选择适当,过小时会由于安装部位的偏心、公差波动等而漏油,过大时对运动件上用的 O 形密封圈来说,摩擦阻力会增加,所以固定件上 O 形圈的预变形量通常取大些,而运动件上 O 形圈的预变形量应取小些,由安装沟槽的尺寸来保证。用于各种情况下的 O 形圈尺寸,连同安装它们的沟槽的形状、尺寸和加工精度等可从设计手册中查到。O 形密封圈一般适用于低于 100×10^5 Pa 的工作压力下,当压力过高时,可设置多道密封圈,并应加用密封挡圈,以防止 O 形圈从密封槽的间隙中被挤出。使用 O 形圈的优点是简单,可靠,体积小,动摩擦阻力小,安装方便,价格低,故应用极为广泛。

　　图 3-10(b) 为 Y 形密封圈,一般用耐油橡胶制成,它在工作时受液压力作用使唇张开,分别贴在轴表面和孔壁上,起到密封作用。为此,在装配时应注意使唇边面对有压力的油腔。这种密封圈因摩擦力小,在相对运动速度较高的密封面处也能应用,其密封能力可随压力的加大而提高,并能自动补偿磨损。

　　图 3-10(c) 为 V 形密封圈,它是用多层涂胶织物压制而成的,并由三个不同截面的支撑环、密封环和压环组成,其中密封环的数量由工作压力大小而定。当工作压力小于 100×10^5 Pa 时,使用三件一套已足够保证密封。压力更高时,可以增加中间密封环的数量。它与 Y 形密封圈一样,在装配时也必须使唇边开口面对压力油作用方向。V 形密封圈的接触面较长,密封性好,但摩擦力较大,在相对速度不高的活塞杆与端盖的密封处应用较多。

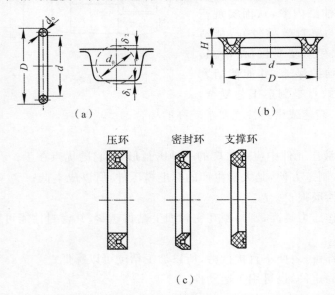

图 3-10　密封圈形状
(a)O 形密封圈;(b)Y 形密封圈;(c)V 形密封圈

　　图 3-7 中表示了 O 形和 Y 形密封圈在液压缸和活塞密封处的应用情况。图 3-11 中的(a),(b),(c) 分别表示了 O 形、V 形和 Y 形密封圈在活塞杆和端盖密封处的应用情况。对于工作环境

较脏的液压缸来说,为了防止脏物被活塞杆带进液压缸,使油污染,加速密封件的磨损,需在活塞杆密封处设置防尘圈。防尘圈应放在朝向活塞杆外伸的那一端,如图 3-11(d) 所示。

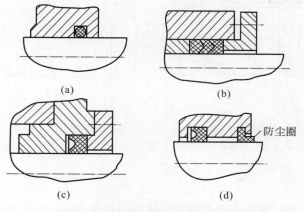

图 3-11　活塞杆和端盖处的密封装置

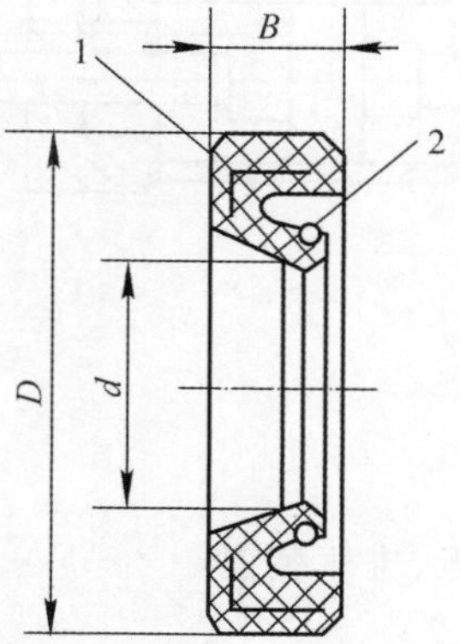

图 3-12　回转轴密封圈
1— 金属骨架;2— 螺旋弹簧

在液压泵、液压马达和摆动缸的转轴上,通常采用回转轴密封圈,其形状如图 3-12 所示。它由耐油橡胶压制而成,内部有一个断面为直角的金属骨架 1 支撑着。内唇由一根螺旋弹簧 2 收紧在轴上,防止油液沿轴向泄漏到壳体外面去。它的工作压力一般不超过 1×10^5 Pa,最大允许速度为 $4 \sim 8$ m/s,且应在润滑良好的情况下进行工作。

四、缓冲装置

当液压缸所驱动的工作部件质量较大,移动速度较快时,由于具有的动量大,致使在行程终了时,活塞与端盖发生撞击,造成液压冲击和噪声,甚至严重到影响工作精度和发生破坏性事故的程度,因此在大型、高速或要求较高的液压缸中往往须设置有缓冲装置。尽管液压缸中的缓冲装置结构形式很多,但它们的工作原理基本都是相同的。当活塞接近端盖时,增大液压缸回油阻力,使缓冲油腔内产生足够的缓冲压力,使活塞减速,从而防止活塞撞击端盖。

液压缸上常用的缓冲装置如图 3-13 所示。图 3-13(a) 为间隙缓冲装置,当活塞移近端盖时,活塞上的凸台进入端盖的凹腔,将封闭在回油腔中的油液从凸台和凹腔之间的环状间隙 δ 中挤压出去,吸收能量形成缓冲压力,从而使活塞减慢了移动速度。这种缓冲装置结构简单,但缓冲压力不可调节,且实现减速所需行程较长,适用于移动部件惯性不大,移动速度不高的场合。图 3-13(b) 为可调节流缓冲装置,它不但有凸台和凹腔等结构,而且在端盖中还装有针形节流阀 1 和单向阀 2。当活塞移近端盖时,凸台进入凹腔。由于凸台和凹腔之间有 O 形密封圈挡油,所以回油腔中的油液只能经针形节流阀流出。由于回油阻力增大,因而使活塞受到制动作用。这种缓冲装置可以根据负载情况调整节流阀开口的大小,改变吸收能量的大小,因此适用范围较广。图 3-5 中缓冲装置就属此类。图 3-13(c) 为可变节流缓冲装置,它在活塞上开有横断面为三角形的轴向斜槽 1。当活塞移近液压缸端盖时,活塞与端盖间的油液须经轴向三角槽流出,而使活塞受到制动作用。从图中可看出,它在实现缓冲过程中能自动改变其节流口大小(随着活塞移动速度的降低而相应关小节流口),因而使缓冲作用均匀,冲击压力小,制动位置精度高。

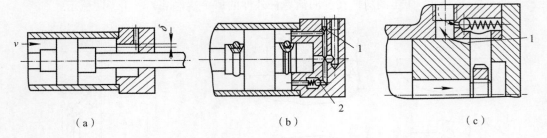

(a) (b) (c)

图 3 - 13 液压缸的缓冲装置

(b)1— 节流阀；2— 单向阀；(c)1— 轴向斜槽

五、排气装置

当液压系统长时间停止工作,系统中的油液由于本身重量的作用和其他原因而流出时,易使空气吸入系统,如果液压缸中有空气或油中混入空气,都会使液压缸运动不平稳,因此一般在机床工作前应使系统中的空气排出,为此可在液压缸的最高部位(该部位往往是空气聚积的地方)设置排气装置。排气装置通常有两种:一种是在液压缸的最高部位处开排气孔[见图3-14(a)],并用管道连接排气阀进行排气,当系统工作时该阀应关闭;另一种是在液压缸的最高部位处装排气塞[见图3-14(b)(c)]。

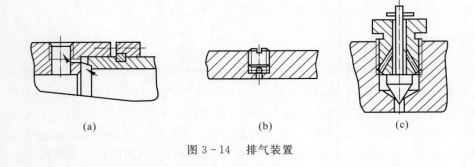

(a) (b) (c)

图 3 - 14 排气装置

3-3 液压缸结构设计中应注意的问题

液压缸的设计是整个液压系统设计的重要内容之一,由于液压缸是液压传动的执行元件,它和机床工作机构有直接的联系,对于不同的机床及其工作机构,液压缸具有不同的用途和工作要求。因此在设计液压缸之前,应做好充分的调查研究,收集必要的原始资料和设计依据,包括机床用途、性能和工作条件;工作机构的类型、结构特点、负载情况,行程大小和动作要求;液压缸所选定的工作压力和流量;同类型机床液压缸的技术资料和使用情况以及有关国家标准和技术规范等。

不同的液压缸有不同的设计内容和要求,一般在设计液压缸的结构时应注意下列几个问题:

（1）在保证满足设计要求的前提下,尽量使液压缸的结构简单紧凑,尺寸小,尽量采用标准形式和标准件,使设计、制造容易,装配、调整、维护方便。

（2）应尽量使活塞杆在受拉力的情况下工作,以免产生纵向弯曲。为此,在双出杆活塞式液压缸中,活塞杆与支架连接处的螺栓紧固螺母应安装在支架外侧。对单出杆活塞式液压缸来讲,应尽量使活塞杆在受拉状态下承受最大负载。

（3）当确定液压缸在机床上的固定形式时,必须考虑缸体受热后的伸长问题。为此,缸体只应在一端用定位销固定,而让另一端能自由伸缩。双出杆液压缸的活塞杆与支架之间不能采用刚性连接。

（4）当液压缸很长时,应防止活塞杆由于自重产生过大的下垂而使局部磨损加剧。

（5）应尽量避免用软管连接。

（6）液压缸结构设计完后,应对液压缸的强度、稳定性进行验算。有关验算校核的方法详见材料力学的有关公式。

3.4　案例分析——钢绞线千斤顶

钢绞线千斤顶（又称张拉千斤顶）是一种新型大型构件起重设备,主要由提升千斤顶、液压泵站、控制系统组成。结构如图3-15所示。一般的钢绞线液压千斤顶由负载1、底板2、底部锚夹具3、外缸体4、活塞5、顶部锚锚块6、顶部锚夹具7、钢绞线8、下缸体9、底部锚锚块10组成。其原理是将预应力锚具锚固技术与液压千斤顶技术进行融合,通过锚具锚固钢绞线,再利用计算机集中控制液压泵站输出的流量和油压,驱动提升千斤顶活塞伸、缩,带动钢绞线与构件升、降,实现大型构件的整体同步提升与下降。具体实现方法为,底部锚与支撑钢结构采用螺栓连接,用于垂直和水平安装钢绞线液压千斤顶。当千斤顶向上拉负载1时,缸体下部空腔进油,活塞向上推出,顶部锚夹具受到锚块的压力闭合,从而夹紧钢绞线,带动钢绞线随着顶部锚抬升。随着钢绞线上升,带动底部锚夹具松开。接着达到活塞的行程后,活塞略微下降,使底部锚夹具闭合锁紧,然后活塞再下降到底部,开始新一轮的抬升。

钢绞线千斤顶设备体积小,自重轻,承载能力大,安装方便灵活,特别适宜于狭小空间或室内大吨位构件提升。通过提升设备扩展组合,提升重量、跨度、面积不受限制。采用低松弛钢绞线,只要有合理的承重吊点,提升高度不受限制。提升千斤顶锚具具有逆向运动自锁性,使提升过程十分安全,并且构件可在提升过程中的

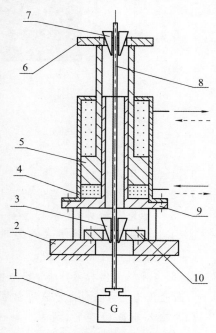

图3-15　钢绞线千斤顶

1—负载;2—底板;3—底部锚夹具;
4—外缸体;5—活塞;6—顶部锚锚块;
7—顶部锚夹具;8—钢绞线;
9—下缸体;10—底部锚锚块

任意位置长期可靠锁定。钢绞线千斤顶可使用在大桥架设、屋盖安装、建筑工程、设备吊装以及近海工程等工程工况中。利用多点同步技术,可满足万吨级别的吊装作业。

新加坡滨海湾金沙大酒店顶部的金沙空中花园(skypark)吊装中即使用了钢绞线千斤顶,是有史以来进行的最高钢铁吊运工程作业之一,是一项特别的建筑里程碑,如图 3-16 所示。

此设计包括 14 块独立吊运钢铁组装,每块重质量 790 t。总质量超过 7 000 t 的 340 m 超级结构,采用了造桥与造楼技术的独特结合。

工程的巨大规模和复杂程度令人惊艳,也让该项目荣获 2010 年 Be Inspired 奖的"结构工程创新"类大奖以及新加坡钢结构协会钢铁设计奖的两个奖项。以船形傲立于三座酒店主楼的屋顶,大型泳池长达 150 m,是奥运会泳池长度的三倍,为世界上最大的泳池平台之一。花园位于 195 m 高的空中,同时作为连接三座塔楼的桥梁,长度足足能停放 4 架 A380 飞机。该建筑看起来就像空中的诺亚方舟,堪称为新加坡的地标建筑。

图 3-16　新加坡滨海湾金沙大酒店空中花园

思考题和习题

3-1　常用液压缸有哪些类型? 结构上各有何特点? 各用于什么场合?

3-2　缸体组件、活塞组件的连接方式有哪几种? 各用于什么场合?

3-3　活塞与缸体,活塞杆与端盖之间的密封方式有哪几种? 各用于什么场合?

3-4　液压缸的缓冲方式有哪几种? 各有何特点?

3-5　设计液压缸的结构时应注意哪些问题?

3-6　两个单出杆液压缸,其结构尺寸如图 3-17 所示,(a)为活塞杆固定,左侧进油压力为 p_1,回油压力为 p_2;(b)为液压缸固定,差动连接,进油压力为 p_1。试问:

(1) 输入油量 Q 相同,两者运动速度是否一样?

(2) 两者运动方向怎样?

(3) 两缸能承受的最大负载 F_a 和 F_b 各为多少?

3-7　设计差动连接液压缸,要求快进速度($v_{快进}$)为快退速度($v_{快退}$)的 2 倍,则缸筒内径 D 是活塞杆直径 d 的几倍?

3-8　今需设计组合机床动力头驱动液压缸,其快速趋近、工作进给和快速退回的油路分别在图 3-18(a)(b)(c)中示出,现采用限压式变量泵供油,其最大流量 $Q_M = 30$ L/min。要求

$v_{快进}=8$ m/min；$v_{工作}=1$ m/min。试求液压缸内径 D、活塞杆直径 d 以及工作进给时变量泵的流量 Q。

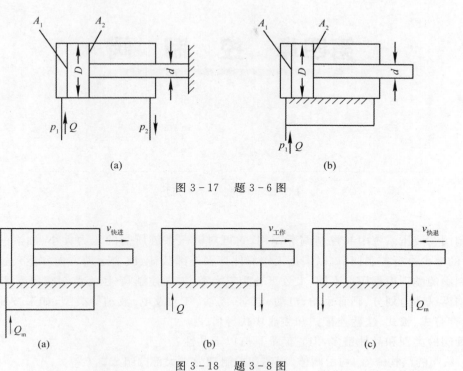

图 3-17　题 3-6 图

图 3-18　题 3-8 图

3-9　图 3-19，两个相同的液压缸串联起来，它们的无杆腔和有杆腔的有效面积分别为 $A_1=100$ cm²，$A_2=80$ cm²，两缸的负载 F 相等，输入的压力 $p=9\times10^5$ Pa，流量 $Q=12$ L/min，试求：

（1）可承受的负载 F(N)；

（2）两缸活塞运动速度 v_1 和 v_2(m/min)。

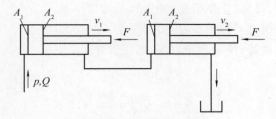

图 3-19　题 3-9 图

第四章 控 制 阀

4-1 概 述

控制阀在液压系统中起控制调节作用,它可对液压系统所需的压力大小、油液的流动方向、流量的多少进行控制调节,以满足工作部件克服外部载荷、改变运动方向和运动速度的要求。控制阀的类别根据用途不同,大致可分为三大类:方向控制阀、压力控制阀和流量控制阀;如果依据操纵动力划分,则有手动、机动、电动、液动、气动及电-液动等类型;如果按照连接方式分,则有管式、板式、法兰连接式和集成块式等形式。

尽管阀的类别和品种繁多,但它们都具有以下共性:

(1) 从阀的结构来看,均由阀体、阀芯和控制动力三大部分组成。

(2) 从阀的工作原理来看,都是利用阀芯和阀体的相对位移来改变通流面积,从而控制压力、流向和流量。

(3) 各种阀都可以看成是油路中的一个液阻,只要有液体流过,都会产生压降(有压力损失)和温度升高等现象。

阀在液压系统中起着神经中枢作用,阀的质量优劣直接影响液压系统工作的性能。为此,控制阀应具备如下要求:

(1) 动作灵敏、准确、可靠,工作平稳,冲击和振动要小。

(2) 密封性好,油液流过时漏损少,压力损失小。

(3) 结构紧凑,工艺性好,使用维护方便,通用性好。

4-2 方向控制阀

方向控制阀在液压系统中起阻止和引导油液按规定的流向进出通道,即在油路中起控制油液流动方向的作用。

方向控制阀按工作职能可分为单向阀和换向阀两类。

一、单向阀

单向阀的作用是使油液只能向一个方向流动,而不能反向流动。常用的单向阀有普通单向阀与液控单向阀两种。

1.普通单向阀

图4-1为一种普通单向阀的结构和符号图。其工作原理是:压力为 p_1 的压力油从阀体的入口流入,推动阀芯压缩弹簧,油液则经阀芯的径向孔从阀体的出口流出,其压力降为 p_2。如反向流入油液,则阀芯在液压力与弹簧力的共同作用下,堵死阀口,使油液无法流出。

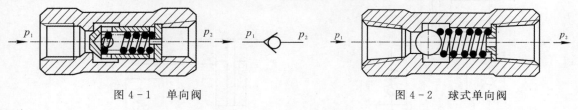

图4-1 单向阀   图4-2 球式单向阀

单向阀的阀芯还有钢球式,如图4-2所示。由于它的对中性及密封性较差,多用在小流量及要求不高的场合。

在普通单向阀中,要求通油方向的液阻尽量小,一般选用的弹簧刚度较小,其开启压力为 $(0.35 \sim 0.5) \times 10^5$ Pa,全流量的压力损失为 $(1 \sim 3) \times 10^5$ Pa。如果单向阀作为背压阀使用,其弹簧刚度可取大一些,其开启压力为 $(2 \sim 6) \times 10^5$ Pa。

2.液控单向阀

图4-3为液控单向阀的结构和符号图。其工作原理是:当控制油口 K 不通压力油时,液控单向阀与普通单向阀的工作原理相同。当控制油口 K 通入控制油液时,活塞1推动顶杆2,进而顶开阀芯3,使 p_1 与 p_2 连通,油液可以从两个方向自由流动。控制油口的压力 p_K 一般取主油路压力的 $30\% \sim 40\%$。

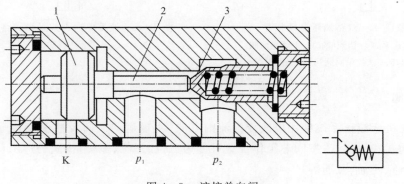

图4-3 液控单向阀
1—活塞;2—顶杆;3—阀芯

图4-4为液控单向阀的应用实例。当手动换向阀3左移时,压力油经换向阀3,打开液控单向阀4(此时单向阀4的控制油口 K 通油箱,其性能与普通单向阀相同)进入液压缸6的 A 腔,与此同时,压力油进入液控单向阀5的控制油口,将阀5的阀芯顶开。液压缸6上腔的油液经液控单向阀5、换向阀3与油箱连通。此时活塞在压力油的作用上运动。反之亦然。当换向阀处于中位时,液压缸6处于自锁状态。

图4-5是使用液控单向阀的平衡回路。当换向阀左位接入回路时,压力油进入液压缸下腔,同时打开液控单向阀,工作部件向下运动。当换向阀处于中位时,液压缸下腔失压,液控单

向阀关闭,工作部件立即停止运动。由于液控单向阀是锥面密封,泄漏量小,故锁闭性能好,可以防止工作部件因泄漏而缓慢下滑。

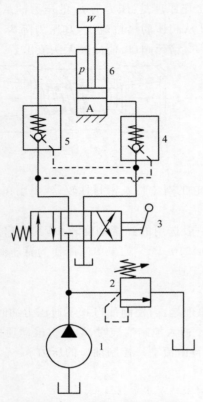

图 4－4　双路油压自锁装置

1—液压泵;2—溢流阀;3—手动换向阀;

4,5—液控单向阀;6—液压缸

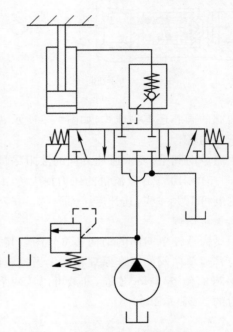

图 4－5　液控单向阀式平衡回路

二、换向阀

换向阀在机床液压系统中用以改变液流的方向,实现运动换向及速度换接等功能。按结构可分为转阀式和滑阀式;按阀芯工作位置可分为二位、三位、多位;按阀的进出口通道数目可分为二通、三通、四通、五通等。

1. 转阀

转阀是利用阀芯的转动,使阀芯与阀体相对位置发生变化来改变油流的方向。图 4－6 为转阀工作原理。

当转阀处在图 4－6 右图所示位置时,压力油从 P 口进入,经径向孔(实线所示)由 A 口流出,进入执行元件,而执行元件的回油由 B 口进入,经径向孔(虚线所示),由 O 口流出。当转阀阀芯转动到图 4－6 左图所示位置时,则 P

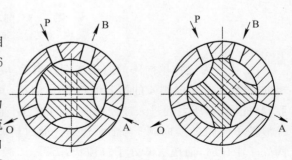

图 4－6　转阀工作原理

口和 B 口相通,A 口和 O 口相通,使液流换向。

转阀由于结构尺寸较大,密封性能较差,易出现径向力不平衡,因而多用在流量较小、压力不高的场合,如用作先导阀及小型低压换向阀等。

2.滑阀

机床及其他各类液压系统中所使用的换向阀大部分是滑阀式结构。下面简要介绍滑阀的结构、工作原理及其性能分析。

(1) 结构和工作原理。

1) 主体部分。滑阀阀芯与阀体是换向阀的主体,图4-7所示为阀体与阀芯结构示意图及相应的符号图。其工作原理是利用阀芯相对阀体的轴向位移以改变油液的流动方向。

图4-7(a)表示滑阀阀芯相对阀体处在左位,压力油由 P 口进入,经 B 口流出,回油从 A 口进入,经 O 口流回油箱。图4-7(b)表示滑阀阀芯相对阀体右移到右位时的油流走向。由于阀芯的移动,改变了油流的方向,因而也就改变了执行元件的运动方向。在结构示意图的下面画出了它们的符号图。

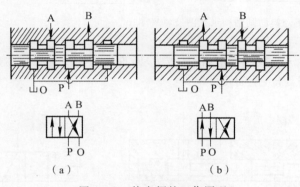

图 4-7　换向阀的工作原理

滑阀式换向阀,按阀芯工作位置数和进出阀的油口数目,可分为如图4-8所示的几种类型。

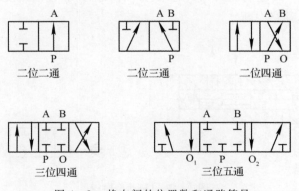

图 4-8　换向阀的位置数和通路符号

2) 操纵和定位部分。滑阀阀芯相对阀体的移动是靠操纵动力实现的。为了使滑阀可靠地工作,必须在实现操纵后将阀芯定位,使阀芯与阀体的相对位置处于给定状态。在机床液压传动与控制系统中常用的有以下几种操纵、定位类型：

（i）手动式：图4-9，摆动手柄，即可改变阀芯与阀体的相对位置，从而使油路通断。阀芯靠钢珠、弹簧使其保持确定的位置。

（ii）机动式：图4-10，挡块移动，压下阀芯，使油路接通。

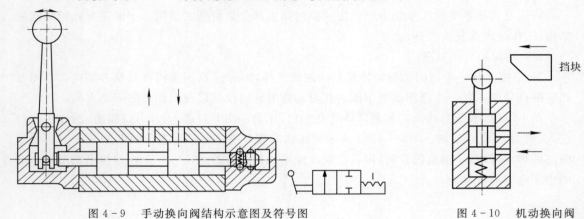

图 4-9　手动换向阀结构示意图及符号图　　　　　　　图 4-10　机动换向阀原理图

（iii）电磁式：图4-11线圈通电，衔铁被吸动，推动顶杆使滑阀阀芯移动，接通油路。断电后，阀芯在弹簧作用下复位，使油路换向。

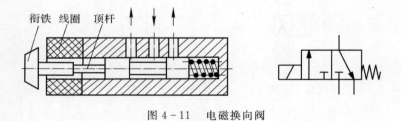

图 4-11　电磁换向阀

（iv）液动式：图4-12控制油从K口通入，推动阀芯移动，使油路接通。断开控制油路，阀芯在弹簧作用下复位，油路中断。

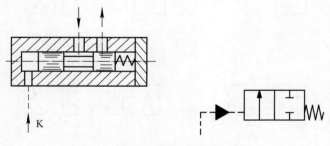

图 4-12　液动换向阀

以上四种类型都以二位二通换向阀为例说明他们操纵、定位方式的原理，这四种方式同样应用在二位、三位的三通、四通和五通换向阀上。

（Ⅴ）电-液式：图4-13电-液式是个组合换向阀，利用电磁阀作先导阀去控制液动阀改变主油路的方向。

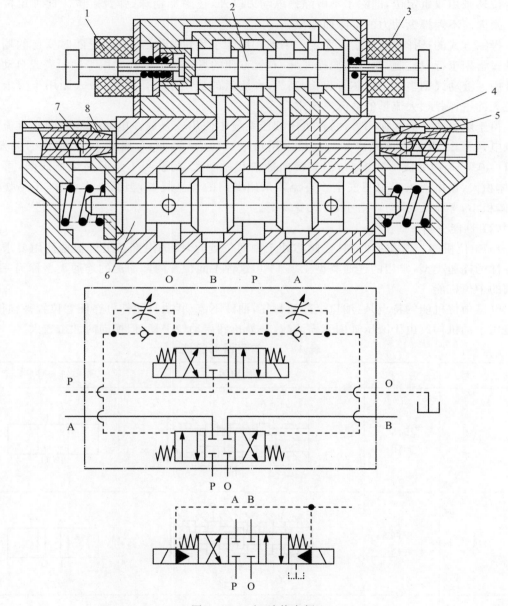

图4-13　电-液换向阀

1,3—电磁铁线圈；2—先导阀阀芯；4,8—节流阀；5,7—单向阀；6—主阀芯

电磁铁线圈1和3都不通电时，电磁阀阀芯2处于中位，液动阀阀芯6两端都接油箱，也处于中位。电磁铁线圈1通电时，阀芯2移向右位，压力油经单向阀7接通主阀芯6的左端，其右端的油则经节流阀4和电磁阀而与油箱相通，于是主阀芯在压力油作用下向右移动，移动速度的快慢由节流阀4的开口大小决定。同理，当电磁铁线圈3通电，阀芯2移向左位时，主阀芯6

也移向左位,其移动速度的快慢由节流阀 8 的开口大小决定。

阀芯定位除了手动式定位采用如钢珠、弹簧外,其余均采取不解除操纵动力方式。有些阀芯定位还采用双重定位,即除了不解除操纵动力以外,还附加钢珠、弹簧定位。此种定位是确保在换向前不因操纵动力的解除而变位。

操纵方式的选择视具体情况而定。手动式用于小流量、低压以及便于随时变换的场合。机动式常用于行程控制,要求换向性能好,布置方便的场合。电磁式常用于远距离或自动控制系统中。液动式则多用于阀芯行程长、高压、大流量的液压系统。而电-液式则用于要求换向平稳无冲击,高压、大流量的液压系统中。

由于电磁式换向阀使用方便,在机床液压系统中使用较普遍。电磁式换向阀有直流和交流供电两种,二者都有国产产品。交流采用市电(220 V,50 Hz),启动力大,换向时间短,约 0.01～0.07 s 内完成一次换向,但其换向冲击和振动大,衔铁吸不上时易烧坏线圈,可靠性差,体积大,市电对人身也不安全。直流须采用专门的整流装置,但其工作可靠,不易烧坏线圈,体积小,寿命长,换向冲击小,对人身安全。

(2)性能分析。

1)中位机能。三位换向阀,当阀芯处于中间位置时,阀的内部通道可根据使用要求有各式各样的连通类型,常用的连通类型见表 4-1,这种中间位置内部通道的连通类型称为三位换向阀的中位机能。

O 型中位机能的特点是:油口全部被封住,油液不流动,执行元件可在任意位置被锁住,不能应用手动机构。由于液压缸内充满油液,从静止到启动较平稳,但换向时冲击较大。

表 4-1 常用滑阀机能

代 号	名 称	结构简图	符 号
O	中间封闭		
H	中间开启		
Y	ABO连接		

续表

代　号	名　称	结构简图	符　号
P	PAB 连接		
K	PAO 连接		
J	BO 连接		
M	PO 连接		

注:P 为压力油口;O 为回油口;A,B 为工作油口。

H 型中位机能的特点是:油口全部连通,液压泵卸荷,液压缸处于浮动状态,可用手动机构。由于回油口通油箱,当停车时,执行元件中的油液流回油箱,再次启动时,易产生冲击。由于油口全通,换向时比 O 型平稳,但冲出量较大,换向精度较低。当用于单出杆液压缸时,中位机能不能使液压缸在任意位置停止。

M 型中位机能的特点是:压力油口 P 与回油口 O 连通,其余封闭,液压泵卸荷,不能使用手动机构,液压缸可在任意位置停止,启动平稳,换向时有冲击现象。

其他类型的中位机能的特点,读者可自行分析。

2)液压卡紧现象。滑阀式换向阀的阀芯从理论上讲,只要克服阀芯与阀体的摩擦力以及复位弹簧的弹力即可移动。然而实际上,由于阀芯几何形状的偏差以及阀芯与阀体的不同心,在中、高压控制油路中,阀芯停止一段时间后或换向时,阀芯在操纵动力作用下无法移动,或操纵动力解除后,复位弹簧不能使阀芯复位,这种现象叫作液压卡紧现象。

阀芯的卡紧现象是由于阀芯所受径向力不平衡所造成的。它会使操纵费力,液压动作失灵,故必须尽可能地排除产生卡紧的因素。

图 4-14 为阀芯径向力不平衡的几种情况。

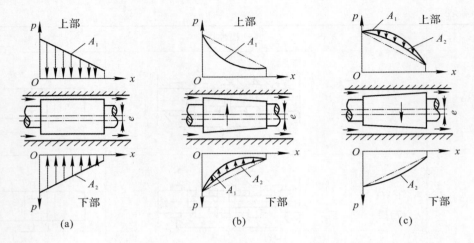

图 4 - 14　阀芯径向受力分析

图 4-14(a) 阀芯是理想的圆柱形,当它与阀体产生一个平行轴线的偏心 e 时,由于阀芯沿轴线间隙均匀,根据沿间隙压力分布规律可知,阀芯上、下沿轴线的压力是对应相等的,不会因阀芯的偏心而产生径向力的不平衡。

图 4-14(b) 是阀芯加工具有锥度,且大头在高压油一侧(倒锥),当阀芯与阀体产生一平行于轴线的偏心 e 时,由于上部间隙小,沿轴线方向压力下降梯度大,而下部间隙大,沿轴线方向压力下降梯度小,在阀芯对应处产生径向力的不平衡。由图中可看出,这种径向不平衡力,将使阀芯较小间隙的一侧进一步缩小而趋于卡死。

图 4-14(c) 是阀芯加工具有锥度,且小头在高压油一侧(顺锥),当阀芯与阀体轴线不重合产生一平行于轴线偏心 e 时,由于大头在低压油一边,上边间隙小,下边间隙大,沿轴线方向的阻力上边比下边的要大,因而沿轴线的压力下降梯度,上边就比下边的要小,如图所示。在此情况下,径向不平衡力使偏心减小,不会产生卡紧现象。

上面只是定性地分析了产生径向不平衡力的原因,如进行定量分析,则需应用有关缝隙流量公式进行推导求出。

径向力不平衡问题是一个普遍存在的现象,只能设法减小,而不能完全消除。因为几何形状以及装配精度不可能达到理想状态。从上述分析可知,如阀芯出现锥状,则希望在装配时使其按顺锥形式安装,这样可减小卡紧现象。另外,应严格控制零件的制造精度,对外圆表面,其粗糙度一般不低于 $Ra0.2$,阀孔粗糙度不低于 $Ra0.4$,圆柱度、直线度等保持在 $0.003 \sim 0.005$ mm 范围内。配合间隙不宜过大,径向间隙一般在 $5 \sim 15$ μm 之间。

为了减小径向不平衡力,除了对加工工艺严格要求以外,在滑阀阀芯结构上也可采取一定措施,如开环形均压槽。阀芯上开环形均压槽以后,其径向不平衡力将大大减小,如图4-15所示。没有开环形均压槽时,其径向不平衡力如虚线 $A_1 A_2$ 包围的面积所示,而开了环形均压槽后,其径向不平衡力如实线 $B_1 B_2$ 包围的面积所示。环形均压槽的尺寸:宽度为 $0.3 \sim 0.5$ mm,深度为 $0.5 \sim 1.0$ mm,槽间距离为 $3 \sim 5$ mm。

3) 滑阀上的液动力(包括稳态轴向液动力和瞬态液动力)。在第一章中对滑阀上的液动力作了分析与计算,见式(1-37a)、式(1-37b),它们对滑阀的工作性能,特别是动态性能具有

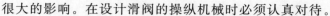

很大的影响。在设计滑阀的操纵机械时必须认真对待。

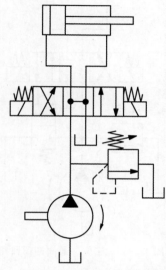

图 4-15 滑阀环形槽的功用　　　　图 4-16 换向阀换向卸荷回路

3.换向阀的应用

（1）利用换向阀构成换向或卸荷回路。当工作部件短时间暂停工作（如进行测量或装卸工件）时，为了节省功率，减少发热，减轻泵和电机的负荷，以延长其使用寿命，一般都让液压泵在空载状态下运转（液压泵在很低压力下工作），也就是让泵与电机进行卸荷，一般功率在 3 kW 以上的液压系统，大多设有能实现这种功能的卸荷回路。

采用 H 型（或 M 型、K 型）滑阀机能，油路在换向阀左、右位工作时，可实现执行元件的运动变换。当换向阀处于中位时，液压泵输出油液通过换向阀中位通道直接流回油箱，泵的出口压力仅为油液流经管路与换向阀时所引起的压力损失，如图 4-16 所示。这种回路结构简单，所用元件少。但当泵从卸荷重新升压工作时，可能产生压力冲击，故不宜在高压、大流量条件下使用。

图 4-17 是利用三位四通 O 型中位机能电磁换向阀实现油路换向。当三位阀处于中位时，二位二通电磁阀把液压泵的输出油全部接通油箱，实现液压泵的"无载"运转。这种回路要求二位二通阀的规格需和泵的容量相适应。同样，当泵从卸荷状态重新升压工作时，亦存在产生压力冲击的可能性。

（2）图 4-18 是一种利用行程阀（机动换向阀）实现顺序动作的回路。当电磁阀 1 通电时（图示位置），液压缸 3 的活塞先向右运动，并在其挡块压下行程阀 2 后，才使缸 4 的活塞右行。在阀 1 的电磁铁断电后，缸 3 的活塞先行左退，并在其挡块松开行程阀 2 后，才使缸 4 的活塞也向左退回。这种回路工作可靠，但改变动作顺序比较困难。

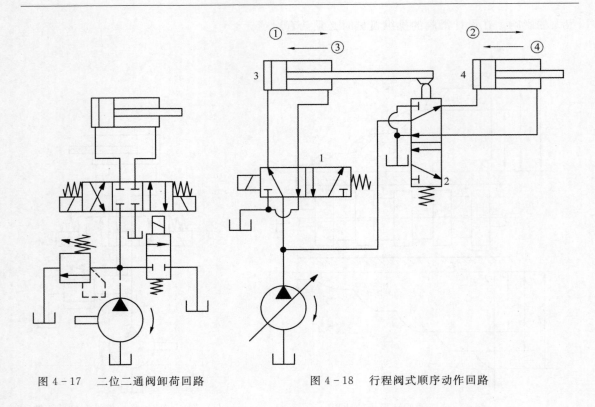

图 4 - 17   二位二通阀卸荷回路   图 4 - 18   行程阀式顺序动作回路

4 - 3   压力控制阀

用以控制和调节液压系统油液压力,或以液压力作为控制信号的元件,统称为压力控制阀。按照压力控制阀在液压系统中所起的作用不同可分为溢流阀、减压阀、顺序阀和压力继电器等。

一、溢流阀

溢流阀在不同场合具有不同的用途。如它可用于定量泵节流调速系统中作为溢流定压阀;在容积调速系统中作为过载保护的安全阀;用作液压泵的低压卸荷阀等。

1.结构和工作原理

(1)直动型溢流阀。直动型溢流阀是直接作用式,它的结构如图 4 - 19(a)所示。直动型溢流阀由带阻尼活塞的阀芯(锥阀或球阀)1、阀体 2、上盖 3、弹簧 4 和调节手柄 5 等组成。

P 口通压力油,O 口接回油箱,压力油进入溢流阀后,阀芯底部进入压力油。由于阀芯顶部作用着弹簧力,因此阀芯的工作位置要由阀芯底部的油压力 p 与弹簧力两部分决定。当作用在阀芯上的液压力 pA_v(A_v 为阀芯底部面积)小于弹簧力 F_s 时,阀芯处于最低位置,P 口与O 口不通。当 pA_v 大于 F_s 时,阀芯上升,P 口与 O 口接通,溢流阀溢流。当 $pA_v = F_s$ 时,阀口处于某一开度,P 口压力也就基本维护在这一压力数值 $p = \dfrac{F_s}{A_v}$。由于阀芯上下移动距离很小,因此,在这段距离内弹簧力 F_s 变化也很小,可近似地视为不变,p 也基本维持不变。这就是直动型溢流阀的工作原理。

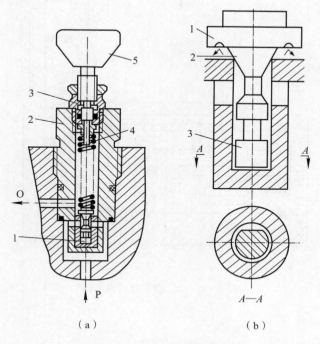

图 4-19 直动型溢流阀

(a) 溢流阀结构图:1— 阀芯,2— 阀体,3— 上盖,4— 弹簧,5— 调节手柄;

(b) 锥阀式结构局部放大图:1— 偏流盘,2— 锥阀,3— 阻尼活塞

直动型溢流阀的压力调节可通过手柄 5 来进行,压力等级可调换弹簧 4 来实现,如压力级别可调为 2.5 MPa,6 MPa,10 MPa,20 MPa,31.5 MPa 和 40 MPa 等。

图 4-19(b) 阻尼活塞的侧面铣一个小平面或加大配合间隙,以便压力油可以流到活塞底部。阻尼活塞有两个作用:在阀开启或闭合时起阻尼作用,以提高阀芯的工作稳定性;保证阀芯移动时的对中性,防止倾斜,以改善阀的静态特性。此外,在锥阀的端部设有偏流盘,偏流盘上开有一个环形槽,用以改变锥阀出油口的液流方向,产生一个与弹簧力相反的射流力。当通过溢流阀的流量增加时,虽然因为锥阀阀口增大引起弹簧力增大,但由于与弹簧力方向相反的射流力同时增加,其结果抵消了弹簧力的增量,因此它改善了阀的启闭特性,提高了阀的压力和流量稳定性。偏流盘可以支撑较大的弹簧,为弹簧设计提供了方便。

直动型溢流阀通常用于小流量液压系统,溢流稳压效果较好。当溢流量变化较大时,由于阀芯移动量变化大,使调压弹簧压缩量变化大,从而造成 F_s 变化较大,故压力波动较大,影响系统的工作性能。直动型溢流阀在液压系统中一般作为安全阀使用。

(2) 先导式溢流阀。直动型溢流阀用于大流量溢流时,压力波动较大。为了减小压力波动,使液压系统的压力更加稳定,则采用先导式溢流阀。图 4-20 所示为 Y_1 型先导式溢流阀结构,此阀是液压系统中普遍使用的类型。

图 4-21 所示为一种推广型先导式溢流阀的结构。图 4-22 所示为先导式溢流阀的原理图。

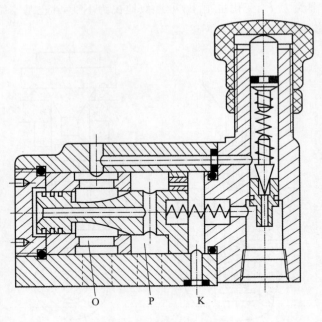

图 4-20　Y₁ 型先导式溢流阀

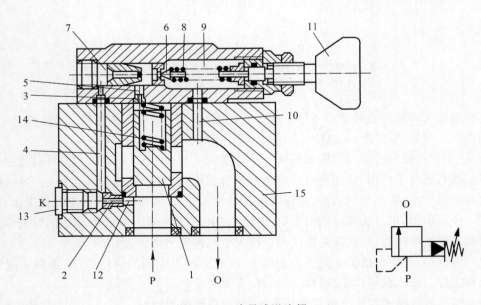

图 4-21　先导式溢流阀

1— 主阀芯；2,3— 阻尼孔；4,5— 管道；6— 先导锥阀；

7— 先导阀；8— 弹簧；9— 先导阀弹簧腔；10— 管道；

11— 调节手柄；12— 管道；13— 外控口 K；14— 主阀弹簧；15— 阀体

　　先导式溢流阀由主阀芯 1、主阀弹簧 14、阀体 15 和先导阀 7 等组成。先导阀 7 相当一个直动型溢流阀。

　　压力油进入溢流阀直接作用在阀芯 1 上，同时经过阻尼孔 2,3 及控制管道 4,5 作用在主阀芯 1 上端面和先导阀 7 的先导锥阀 6 上。当系统的压力 p 低于弹簧 8 所调定的压力值时,锥阀 6 关闭,主阀芯 1 两端所受液压力相等,主阀芯 1 在弹簧 14 的作用下压向阀座,使 P 口与 O 口不相通。当系统压力 p 超过弹簧 8 的调定值时,先导锥阀 6 打开,压力油通过阻尼孔 2、管道 4、先导锥阀 6、回油管道 10 流回油箱。此时由于液流通过阻尼孔的流动,造成主阀芯 1 两端的液压力的不平衡,这个压差超过弹簧 14 的作用力而使阀芯 1 移动,从而打开 P 和 O 的通道,实现溢流。

外控口 K 通过管道 4 和 5,阻尼孔 3 与主阀芯 1 的弹簧腔相通,如在外控口 K 处接通控制油路,就可对溢流阀进行远程调压或卸荷。

先导式溢流阀的主阀弹簧 14 比较软,刚度很小,在很小的外力作用下即可被压缩,主阀芯的位移量大小,对系统的压力影响较小。先导阀 7 的结构尺寸较小,其锥阀 6 的承压面积亦较小,调压弹簧 8 不必选用刚度较强的弹簧,因而使调节压力比较轻便。阻尼孔 3 起到增加主阀芯上下移动的阻尼,可以起稳定主阀芯的作用。

由图 4 - 22 可以列出溢流阀阀芯受力的平衡方程式

$$pA_v = F_s + G + F_w + F_f + p'A_v \quad (4-1)$$

式中:p 为液压力;F_s 为主阀弹簧作用力;F_w 为稳态轴向液动力;G 为阀芯自重;F_f 为阀芯与阀体之间的摩擦力;A_v 为阀芯截面积;p' 为 p 经阻尼孔后的压力,$p' = \dfrac{F_{s8}}{A_6}$。

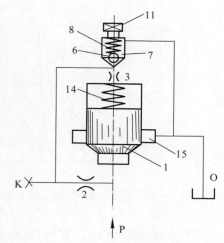

图 4 - 22 先导式溢流阀原理图

1— 主阀芯;2,3— 阻尼孔;6— 先导锥阀;
7— 先导阀;8— 弹簧;11— 调节手柄;15— 阀体

p' 由先导阀调定,保持基本不变,F_{s8} 是先导阀弹簧 8 的弹簧力,A_6 是锥阀 6 的承压面积。如将 G,F_f,F_w 略去不计,则上式可写成

$$p = p' + \frac{F_s}{A_v} \qquad\qquad (4-2)$$

由前所述可知,溢流阀的进口压力 p 可以保证基本是一个恒值。

2. 溢流阀的特性

溢流阀的工作性能分为静态特性与动态特性两部分。

(1) 静态特性。静态特性主要有压力稳定性、启闭特性和黏滞特性等。

1) 压力稳定性。压力稳定性是指溢流阀在调定压力下长期工作的性能。压力稳定性的好坏一般用压力脉动、压力偏移和噪声等参数来衡量。它们的大小与阀的结构、阀芯移动阻尼的大小、加工精度、油液性质和油温的变化等因素有关。一般溢流阀的压力脉动与压力偏移要求不大于 $\pm 2 \times 10^5$ Pa。

2) 启闭特性。启闭特性通常用流量-压力曲线表示,是静态特性的重要组成部分。它表示溢流阀从开启到闭合的过程中,通过阀的流量与控制压力之间的关系。

图 4 - 23 为溢流阀的启闭特性。理想的溢流阀其特性曲线最好是一条在 p_t 处平行于纵坐

标的直线。它表示溢流阀进口处压力 p 低于 p_t 时不溢流,仅在 p 到达 p_t 时才溢流,而且不管溢流量的多少,其压力始终保持在 p_t 值上。图 4-23 所示溢流阀的实际特性曲线说明阀的工作压力是随溢流量的变化而变化的。这组曲线可以通过理论分析和实验得出。下面以图 4-24 的直动型溢流阀的原理图为例,来分析其启闭特性。

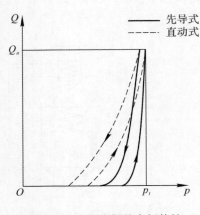

图 4-23 溢流阀的启闭特性

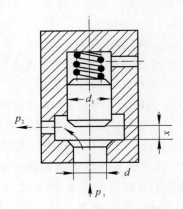

图 4-24 直动型溢流阀原理图

当系统的初始压力为 p_0 时,滑阀尚未开启,但已经处在液压力与弹簧力相平衡的状态,弹簧的预压缩量为 x_0,滑阀进油口的直径为 d,此时

$$\frac{\pi}{4}d^2 p_0 = K_s x_0 \tag{4-3}$$

式中: d 为滑阀进油口直径; p_0 为系统的初始油液压力; K_s 为弹簧刚度; x_0 为弹簧预压缩量。

当油液压力 p_0 上升为 p_1 时,阀门开口量为 x,则弹簧总压缩量为 $x_0 + x$,此时阀芯平衡方程式为

$$\frac{\pi}{4}d_1^2 p_1 = K_s(x_0 + x) \tag{4-4}$$

式中: p_1 为溢流阀进口油液压力; d_1 为阀芯直径; x 为开口量。

若设 $d \approx d_1$,将式(4-4)减去式(4-3)得

$$x = \frac{\pi}{4K_s}d_1^2(p_1 - p_0) \tag{4-5}$$

流过阀口缝隙的流量可依据下式计算

$$Q = C_d A \sqrt{\frac{2}{\rho}\Delta p} = C_d \pi d_1 x \sqrt{\frac{2}{\rho}\Delta p} \tag{4-6}$$

式中: Q 为流过阀口的流量; A 为滑阀开口后所形成的环形过流面积; Δp 为阀门节流口前后两端的油液压力差; C_d 为流量系数; ρ 为油液的密度。

将式(4-5)代入式(4-6),可得

$$Q = C_d \pi d_1 \frac{\pi}{K_s}d_1^2(p_1 - p_0)\sqrt{\frac{2}{\rho}\Delta p} =$$
$$\frac{C_d \pi^2 d_1^3}{4K_s}(p_1 - p_0)\sqrt{\frac{2}{\rho}\Delta p} \tag{4-7}$$

因为 $\Delta p = p_1 - p_2$,溢流阀流出口的压力 p_2 一般都是接通油箱的,可以认为其压力为零,所以 $\Delta p = p_1$,将 $\Delta p = p_1$ 代入上式可得

$$Q = \frac{C_d \pi^2 d_1^3}{4K_s} \sqrt{\frac{2}{\rho}} (p_1^{\frac{3}{2}} - p_0 p_1^{\frac{1}{2}}) \tag{4-8}$$

从式(4-8)中可以看出,流量-压力特性曲线如图4-25所示。不同的初始压力,对应着不同的曲线(改变弹簧的预压缩量 x_0,就可调节初始压力 p_0 的大小),当 $p_0 = 0$ 时,$x_0 = 0$,即是曲线1。当 p_0 增加时,则曲线右移为2,3,4。p_0 越大,曲线离原点越远,溢流阀所控制的压力值 p 越大。

从图4-23的曲线可看出,直动型溢流阀由于阀芯弹簧刚度较大,一定的开口量变化对应的压力变化量就比先导式溢流阀的压力变化量大,所以先导式溢流阀的流量-压力特性就好。从溢流阀的使用情况考虑,我们总希望开启和关闭过程中压力的变化要小,由于在开启和关闭时滑阀摩擦力方向不同,使得两个曲线不重合。又因先导式溢流阀有主阀芯上的和先导阀上的两部分摩擦力,故它的启闭曲线不重合更加显著。开启时,一般要求被试阀溢流口溢流量为额定流量的1%时所对应的压力值与调定压力值之比应在90%以上,此对应的压力值称为阀的开启压力。闭合时,被试阀溢流口溢流量为额定流量的1%时所对应的压力值与调定压力值之比应在85%以上,此对应的压力值称为阀的闭合压力。

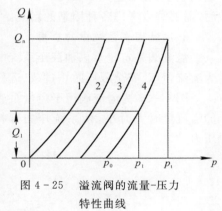

图 4-25 溢流阀的流量-压力特性曲线

3)黏滞特性。溢流阀阀芯工作时,由于受摩擦阻力的作用,因此就产生了黏滞现象。黏滞现象将使溢流阀工作特性曲线出现不灵敏区,这个区间的存在增大了溢流阀所控制系统压力的波动范围。

4)其他特性。如溢流阀作为卸荷阀使用,则对它的卸荷压力,即在全部溢流时的压力损失有一定的要求,一般规定卸荷压力为 3×10^5 Pa。卸荷压力越小,油液的发热越小,表示阀的性能越好。

其他如内部泄漏、密封性能等都会影响溢流阀的静态性能。这一些要求,在其他阀中也非常重要,在此就不再赘述了。

(2)动态特性。溢流阀的动态特性通常是指溢流阀由关闭(此时压力为 p_0)到开启,再关闭的突然变化时,溢流阀所控制的压力随时间变化的过渡过程特性。由于阀内流动和受力情况比较复杂,因而动态特性的理论分析就比较困难。实践中往往采用计算机仿真和实测的方法进行分析。实测曲线如图4-26所示。

1)压力超调量 Δp。当压力从 p_0 突然上升到某一调定压力 p_t 时,液压系统将出现最大压力冲击峰值 p_{max}。压力超调量 $\Delta p = p_{max} - p_t$ 要小,否则会发生元件损坏、管道破裂以及使一些以压力作为控制信号的元件误动作。

2)压力回升时间 Δt_2。又称过渡过程时间或调整时间。当溢流阀从初始压力 p_0 开始升压并稳定到调定压力 p_t 时所需时间为 Δt_2,一般要求 $\Delta t_2 = 0.1 \sim 0.5$ s。

3)卸荷时间 Δt_1。当溢流阀从调定压力 p_t 开始下降至卸荷压力 p_0 时所需时间为 Δt_1,一

般要求 $\Delta t_1 = 0.03 \sim 0.1$ s。

压力回升时间 Δt_2 与卸荷时间 Δt_1,反映溢流阀在工作中从一个稳定状态转变到另一个稳定状态所需要的过渡时间的大小,过渡时间越短,溢流阀的动态性能越好。

从溢流阀的静、动态特性可以看出,我们既希望溢流阀的启闭特性好,也希望溢流阀的压力超调量小,显然这是矛盾的。而实际设计溢流阀时,需要综合考虑各种因素的影响。

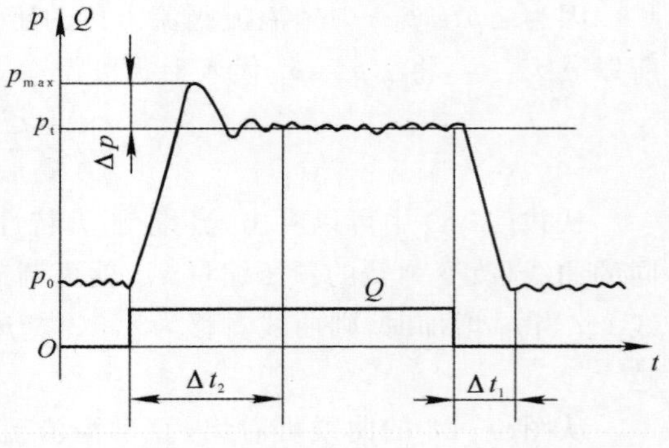

图 4-26 溢流阀的压力示波图

3. 溢流阀在系统中的应用

溢流阀是定量泵供油液压系统中必不可少的元件。溢流阀在液压系统中的应用大致可分为溢流恒压、安全限压防止过载、远程调压、形成背压和使系统卸荷等。

图 4-27 为溢流阀用于定量泵液压系统。溢流阀常开,随着执行元件所需油量的不同,阀的溢流量时大时小,使系统压力保持恒定。调节溢流阀弹簧的弹力,即可调节系统的供油压力。

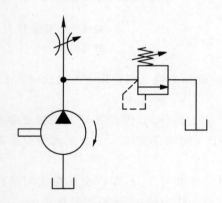

图 4-27 定量泵系统溢流调压

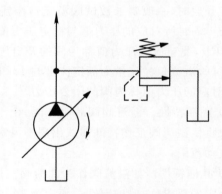

图 4-28 变量泵系统的安全限压

图 4-28 为溢流阀用于变量泵系统以限制系统压力超过最大允许值,防止系统过载。在正常情况下,阀口关闭,当超载时,系统油压达到最大允许值(溢流阀调定压力),阀口打开,压力油通过阀口回油箱,油压便不再升高。在此情况下,溢流阀起安全限压保护作用,故又称安全阀。

图 4-29 为一种采用两个溢流阀的多级调压回路。图中 3 为远程调压阀,接溢流阀 2 的外控口即图 4-20、图 4-21 中的 K 口。图示位置表明,当二位二通电磁阀 4 关闭时,泵的出口压力由溢流阀 2 调定为 p_1。在二位二通电磁阀通电切换后,如远程调压阀 3 的调整压力 p_2 低于溢流阀 2 的调整压力 p_1,则泵的出口压力由远程调压阀调定为 p_2;压力超过 p_2 时,先将远程调压阀 3 打开,导致阀 2 先导阀卸压,主阀芯打开,主油路通过阀 2 进行大量溢流。如远程调压阀的调整压力 p_2 大于 p_1,则远程调压阀不起作用。如果把二位二通电磁阀 4 放置在溢流阀 2 与远程调压阀 3 之间,则当压力切换时,可能产生较大的压力波动与冲击。

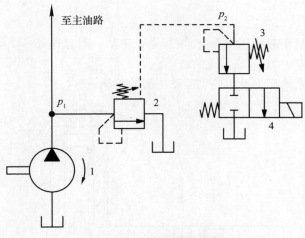

图 4 - 29 多级调压回路
1— 泵;2,3— 溢流阀;4— 电磁阀

图 4 - 30 为两个溢流阀串联连接的二级调压回路,它可以供给两条油路以两种不同压力。泵出口压力 p_1 由两个调压阀 2 和 3 调定。油路 b 的工作压力 p_2 由溢流阀 3 调定,通常用于润滑、控制等需要较低压力和较小流量的支路。

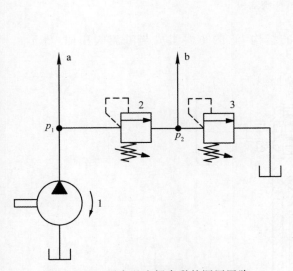

图 4 - 30 两个溢流阀串联的调压回路

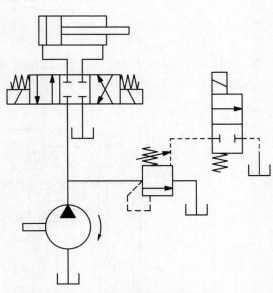

图 4 - 31 先导溢流阀式卸荷回路

图 4-31 为先导溢流阀式卸荷回路,图中二位二通电磁阀安装在先导式溢流阀的外控油路上,卸荷时(电磁阀通电),泵输出流量通过溢流阀的溢流口流回油箱,而通过电磁阀的流量很小,只是溢流阀控制腔的流量,故只须选用小规格的电磁阀。卸荷时,溢流阀处于全开状态。当停止卸荷系统重新工作时,不会产生压力冲击现象,故宜用于高压、大流量系统中。但电磁阀连接溢流阀的外控口后,使溢流阀的控制容积增大,工作时易产生不稳定现象,故须在该两阀间的连接油路上必要时设置阻尼装置。

二、减压阀

减压阀在液压系统中起减压作用,使液压系统中某一部分得到一个降低了的稳定压力。

1. 结构和工作原理

图 4-32 为液压系统广为使用的 J 型减压阀的结构。

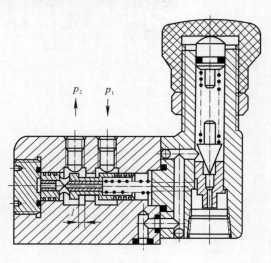

图 4-32　J 型减压阀结构

图 4-33 为一种推广型先导式定值减压阀的结构,它的主要组成与溢流阀相似,外形亦相似。

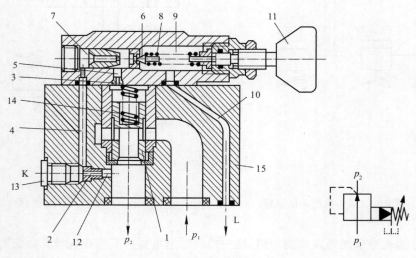

图 4-33　先导式减压阀

1—主阀芯;2,3—阻尼孔;4,5—管道;6—锥阀;7—先导阀;8—弹簧;9—先导阀弹簧腔;
10—管道;11—调节手柄;12—管道;13—外控口;14—主阀弹簧;15—阀体

进入减压阀的压力油的压力 p_1 经阀口降低为 p_2,从减压阀出口流出。同时 p_2 还通过阻尼孔 2、管道 4 进入先导阀 7 的阀座底部并与主阀弹簧腔相通。压力油 p_2 作用在主阀芯 1 两端并作用在锥阀 6 上,当出口压力 p_2 小于先导阀的调整压力时,锥阀 6 关闭,阻尼孔 2 无油流通,主阀芯 1 两端液压力相等,而主阀芯在弹簧 14 的作用下,阀口全部打开,使油液在压降较小的情况下流出,这时减压阀没有工作。当出口压力 p_2 大于先导阀的调整压力时,锥阀 6 打开,油液经阻尼孔 2、管道 4、先导阀弹簧腔 9、管道 10 流回油箱。由于阻尼孔 2 的作用,主阀芯 1 弹簧腔的压力低于 p_2,造成阀芯 1 两端的压力不平衡,使阀芯移动,进而使阀口减小,使压力油流过阀口时压降加大,出口压力 p_2 减至某调定值。出口处保持调定压力时,阀芯 1 处于某一平衡位置上,此时阀口保持一定的开口度,减压阀处于工作状态。如果由于某种原因使进口压力 p_1 发生变化,当阀口还没有来得及变化时,p_2 则相应发生变化,造成阀芯 1 两端的受力状况发生变化,破坏了原来的平衡状态,使阀芯到达另一平衡状态,以保持 p_2 的稳定。阻尼孔 3 起稳定阀芯 1 的作用。

图 4 - 34 为减压阀工作原理图,减压阀稳定工作时阀芯受力平衡方程式可列写如下:

$$p_2 A_g = p_2' A_g + F_s + G + F_f + F_w \qquad (4-9)$$

式中:p_2 为减压阀出口压力;p_2' 为流经阻尼孔 2 后的油液压力,由先导阀调定;A_g 为主阀芯端面积;F_s 为主阀芯上弹簧力;G 为主阀芯自重;F_f 为主阀芯与阀体之间的摩擦力;F_w 为稳态轴向液动力。

如果忽略阀芯自重、摩擦力及液动力的影响,则上式可写成

$$p_2 A_g = p_2' A_g + F_s$$

$$p_2 = p_2' + \frac{F_s}{A_g} \qquad (4-10)$$

p_2' 由先导阀调定,基本不变,而 F_s 因弹簧刚度较小,在位移过程中 F_s 变化也很小,所以减压阀出口压力 p_2 基本保持一个稳定的压力值。

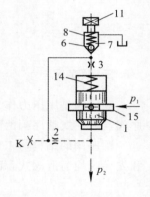

图 4 - 34 减压阀工作原理图

减压阀与溢流阀的主要不同是:

(1) 主阀芯结构不同;

(2) 减压阀压力油 p_1 进入并经阀芯开口(使压力降低)变为 p_2 从出口流出,同时与阀芯弹簧平衡,进油口与出油口之间是常开的;

(3) 先导阀弹簧腔的油液单独接油箱,与进、出孔道不连通。

2. 减压阀在系统中的应用

在液压系统中,一个油源供应多个支路工作时,由于各支路要求的压力值大小不同,这就需要应用减压阀进行调节,利用减压阀可以组成不同压力级别的液压回路,如夹紧油路、控制油路和润滑油路等。

图 4 - 35 为减压阀应用在夹紧油路时的减压回路,液压泵 1 排出的油液,其最大工作压力由溢流阀 2 根据主系统的负载要求加以调节。当液压缸 5 这一支路需要比液压泵供油压力低的油液时,在支路上设置一减压阀 3,就可得到比溢流阀 2 调定压力低的压力。但当溢流阀的调节压力低于减压阀的调节压力时,减压阀不起作用。

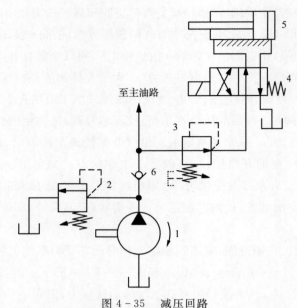

图 4-35　减压回路

1— 液压泵；2— 溢流阀；3— 减压阀；4— 换向阀；5— 液压缸；6— 单向阀

三、顺序阀

顺序阀是用压力作为控制信号以实现油路的通断。按调压方式的不同，可分为直控式顺序阀与液控式顺序阀两种。

顺序阀的结构与工作原理与溢流阀相似，现以图4-36为例说明其结构和工作原理。主阀和先导阀均为滑阀式，其外形与溢流阀相似。

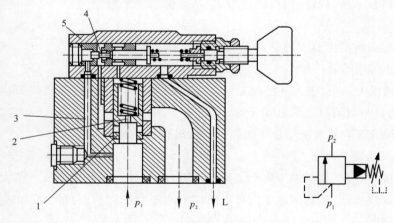

图 4-36　先导式顺序阀

1— 主阀芯；2— 阻尼孔；3— 管道；4— 滑阀；5— 先导阀

压力油进入顺序阀作用在主阀一端，同时压力油一路经管道3进入先导阀5左端，作用在滑阀4的左端面上，一路经阻尼孔2进入主阀芯1上端，并进入先导阀的中间环形部分。当进油压力低于先导阀的调整压力时，主阀芯1关闭，顺序阀无油流出。一旦进油压力超过先导阀的调整压力时,进入先导阀左端的压力将滑阀 4 推向右边,此时先导阀 5 的中间环形部分与顺序阀出口接通,压力油经阻尼孔 2、主阀芯 1 上腔、先导阀 5 流向出口。由于有液阻,主阀芯 1 上腔压力低于进口压力,主阀芯移动,使顺序阀进出口接通。从上述分析可知,主阀芯 1 的移动是主阀芯上下压差作用的结果,与先导阀的调整压力无关。因此,顺序阀的进、出口压力近似相等。

图 4-37 为一种液控顺序阀的结构,它是通过外控口 K 通入控制油液,控制油液压力达到弹簧调整压力时,进、出油口接通。控制油液压力小于调整压力时,进、出油口封闭。

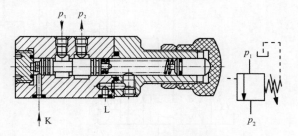

图 4-37　液控顺序阀

图 4-38 为应用顺序阀实现定位夹紧顺序动作的实例。夹紧力的大小和稳定用减压阀 3 的调节特性来保证,定位、夹紧动作的先后严格按顺序进行,即先定位,后夹紧。图中所示压力油由液压泵 1 提供,系统压力由溢流阀 2 调节,压力油经减压阀 3 降至夹紧力所需压力,经过单向阀 4,由电磁换向阀 5 进入定位液压缸 8 的上腔推动活塞进行定位。定位后,活塞停止运动,压力升高,打开顺序阀 6,压力油进入夹紧液压缸 7 的上腔,推动活塞进行夹紧。换向阀 5 交换油路方向后,夹紧与定位均处于解除状态,无先后要求,因此没有顺序控制的限制。

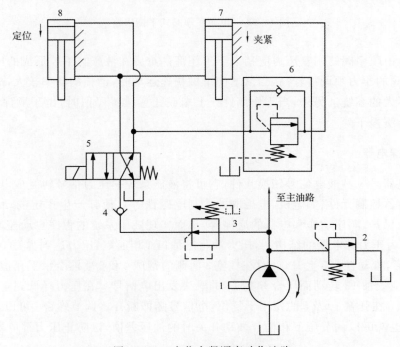

图 4-38　定位夹紧顺序动作油路

1— 液压泵;2— 溢流阀;3— 减压阀;4— 单向阀;5— 电磁换向阀;6— 单向顺序阀;7— 夹紧液压缸;8— 定位液压缸

　　图4-39为单向顺序阀式平衡回路,为了防止立式液压缸或垂直运动的工作部件由于自重而自行下滑,在立式缸的下行回路上设置适当的液阻,使立式缸的回油腔中产生一定的背压与自重相平衡。这种回路还有利于提高垂直运动的工作部件在下行时的运动平稳性。

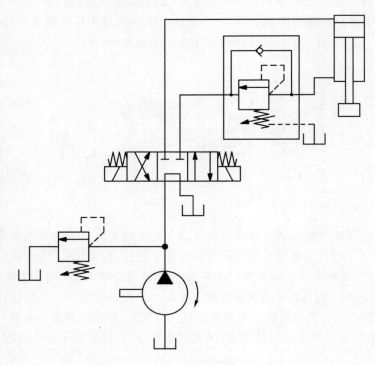

图 4-39　单向顺序阀式平衡回路

　　图4-39中顺序阀的调整压力应稍大于工作部件重力在液压缸下腔形成的压力。当自重较大时,顺序阀的压力须调得较高,当活塞向下做快速运动时,消耗的功率较大,故只宜用于工作部件质量不大的系统。另外,当工作部件在上端或任意位置停留时,由于顺序阀的泄漏,实际上活塞仍会缓慢下降。

四、压力继电器

　　压力继电器是一种液电信号转换元件,它可将液压系统的压力信号转变成电信号,并将电信号输送到电器控制元件(如电机、电磁阀的控制电磁铁等),使其产生预定的动作,以保证液压系统的安全保护、顺序动作和电机的启停等,从而实现液压系统的程序自动控制。

　　图4-40为压力继电器的结构图,压力油与进油口1相通,当压力达到弹簧10调定的压力时,薄膜2变形,推动柱塞3上升,此时在柱塞3两侧的钢球4和6被推沿水平孔道外移,钢球又顶动杠杆12绕铰轴13转动而压合开关14的触头发出电信号。在压力降低到某一数值后,柱塞3、钢球4和6在弹簧10及5的作用下复位,电信号随即断开。调节螺钉7可以调节弹簧5的作用力,因而也就可以调节压下和松开微动开关时的油压差值,以防止压力继电器在调整压力附近发生颤振。

　　图4-41是一种利用压力继电器控制电磁换向阀实现顺序动作的回路。其中压力继电

3 和 4 分别控制电磁铁 3DT 和 2DT 的通电,实现如图所示 ① → ② → ③ → ④ 的顺序动作。当 1DT 通电时,压力油进入缸 5 左腔,推动活塞向右运动,在碰到死挡铁后,压力升高,压力继电器 3 发出信号,使 3DT 通电,压力油进入缸 6 左腔,推动其活塞也向右运动。

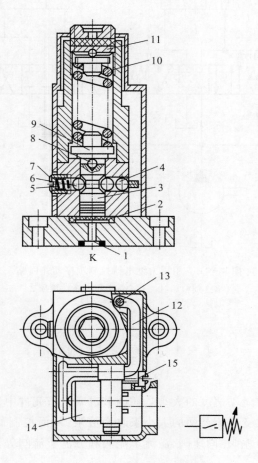

图 4-40　压力继电器

1— 进油口;2— 薄膜;3— 柱塞;4,6— 钢球;5,10— 弹簧;

7— 调节螺钉;8— 支撑球;9— 弹簧下座;11— 调压螺钉;

12— 杠杆;13— 铰轴;14— 开关;15— 调节螺钉

在 3DT 断电,4DT 通电(由其他方式控制)后,压力油推动缸 6 的活塞向左退回,到达终点后,压力又升高,压力继电器 4 发出信号,使 2DT 通电,1DT 断电,缸 5 的活塞亦左退。为了防止继电器在前一行程终了前产生误动作,压力继电器的调定值应比先动作缸的工作压力高 $(3\sim5)\times10^5$ Pa。同时,为了使压力继电器能可靠地发出信号,其压力调定值又应比溢流阀的调整值低 $(3\sim5)\times10^5$ Pa。

采用压力继电器控制比较方便,但由于其灵敏度高,易受油路中压力冲击影响而产生误动作,故只宜用于压力冲击较小的系统,且同一系统中压力继电器数目不宜过多。如能使用延时压力继电器来代替普通压力继电器,则会提高其可靠性。

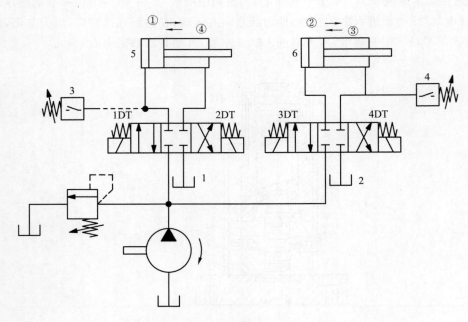

图 4 – 41　用压力继电器控制顺序动作回路

1,2— 油箱;3,4— 压力继电器;5,6— 液压缸

4 – 4　流量控制阀

液压系统中执行元件运动速度的大小是靠调节进入执行元件中流量实现。流量控制阀即是在一定的压差下依靠改变通流截面的大小来改变液阻,从而控制通过流量的多少。通常使用的流量控制阀有普通节流阀、调速阀、溢流节流阀和分流节流阀等。

一、普通节流阀及其节流口形式

1. 结构和工作原理

普通节流阀是流量阀中结构最简单、使用最为广泛的一种形式,它的结构如图 4 – 42 所示。实际上普通节流阀就是由节流口与用来调节节流口大小的调节元件组成的,通常包括带轴向三角槽的阀芯 1、阀体 2、调节旋钮 3、顶杆 4 和弹簧 5 等。

压力油 p_1 从进口进入阀体,经孔道 a、节流口、孔道 b,再从出口流出,出口油液压力为 p_2。调节旋钮可使阀芯 1 轴向移动从而使节流口大小发生变化,以调节通过阀腔流量的大小。弹簧 5 可使阀芯 1 始终压向顶杆 4。阀芯上的通道 c 是用来连通阀芯两端,使其两端液压力平衡,并使阀芯顶杆端不致形成封闭油腔,避免阀芯移动受阻。

2. 节流口形式

节流阀的主要结构形式取决于节流口的形式,而节流口形式又直接影响节流阀的性能,因此节流口的形式是节流阀的关键所在。典型节流口的结构形式如图 4 – 43 所示。

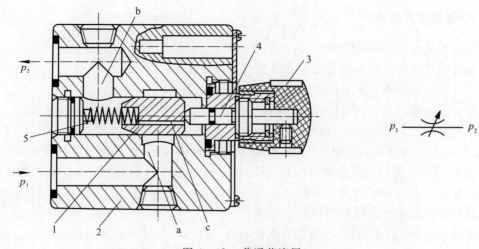

图 4-42 普通节流阀
1—阀芯;2—阀体;3—调节旋钮;4—顶杆;5—弹簧

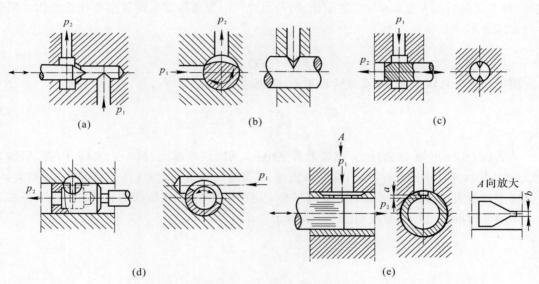

图 4-43 节流口的形式
(a)针形节流口;(b)偏心式节流口;(c)轴向三角槽式节流口;
(d)周向缝隙式节流口;(e)轴向缝隙式节流口

图 4-43 几种典型结构形式,分别通过轴向移动或旋转阀芯来调节通道截面的大小以调节流量。由于节流口的结构形式不同,在调节过程中,节流口变化规律差异较大,因而调节性能的差别也比较明显。对于图 4-43(a)(b)(c)节流口形式,结构简单,制造比较方便,但由于通道长,水力半径小,容易堵塞,工作性能较差,只适用于要求不高的场合。图4-43(d)(e)节流口形式,结构较复杂,但它们接近于薄壁小孔,节流通道短,不易堵塞,工作性能较好,多用于精密调速设备或低速调节稳定性较高的机床。

二、流量稳定性的分析

在液压系统工作时,希望节流口大小调节好后,流量稳定不变。但实际上会有变化,特别是流量小时变化较大。影响流量稳定的因素有下列几方面:

1. 节流阀前后的压力差 Δp 对流量稳定性的影响

由第一章中式(1-50)、式(1-51)及表1-4可以将节流阀的流量公式综合为

$$Q = CA_j(p_1 - p_2)^\varphi = CA_j\Delta p^\varphi \tag{4-11}$$

式中:Q 为通过节流口孔的流量;C 为由节流口形式、液体流态、油液性质等因素决定的系数;A_j 为节流口通流截面积;Δp 为节流口前、后的压力差;φ 为节流阀指数。对于细长孔 $\varphi = 1$,对于薄壁小孔 $\varphi = 0.5$,介于二者之间的 $\varphi = 0.5 \sim 1$。

节流阀的流量特性曲线如图4-44所示。

从式(4-11)可以看出,当节流阀通流截面 A_j 一定时,如果节流阀进出口的压力差($p_1 - p_2$)发生变化,将影响通过节流阀的流量,从而影响被控执行元件的运动速度。

为了深入分析压差变化对流量的影响,引入节流阀刚性 k_T,定义为节流阀通流截面 A_j 一定时,节流阀前后压力差 Δp 发生的变化量,与由此而引起通过节流阀流量变化量之比。用数学表达式表示,即

$$k_T = \frac{\partial(\Delta p)}{\partial Q} \tag{4-12}$$

根据式(4-11),Q 对 Δp 求导后再求倒,整理后得

$$k_T = \frac{1}{\dfrac{\partial Q}{\partial(\Delta p)}} = \frac{(\Delta p)^{1-\varphi}}{CA_j\varphi} \tag{4-13}$$

从式(4-13)可知,φ 值越小,越接近薄壁小孔,其刚性亦越大;同一节流阀,阀前、后压力差 Δp 相同时,开口小的刚性较大;同一节流阀,在节流口开度一定时,其前后压差 Δp 越大,则节流阀刚性越大。因此,为了保持节流阀具有一定的刚性,必须保证阀前后具有一定的压差。

不同开口的流量特性曲线如图4-45所示。

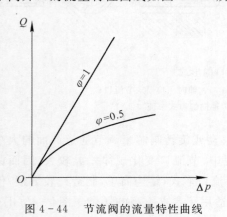

图4-44 节流阀的流量特性曲线

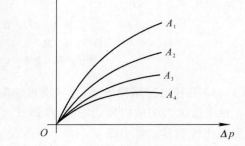

图4-45 不同开口的流量特性

2. 温度对流量稳定性的影响

液压传动的工作介质是矿物油。矿物油的性质,特别是黏性,受温度的影响最大。黏性变

化,会引起节流阀的系数 C 发生变化,从而影响通过节流阀的流量。

另外,油液由于温度的变化会加速自身的氧化,生成胶状沉淀物,如沥青等物质,它们与油中的其他机械杂质混合,极易堵塞节流口。而这些杂质对节流口的堵塞往往又是随机的,它将随着温度的变化所产生沉淀物的多少以及在高温高速下杂质附着与冲刷的情况而变化,其结果就导致通过节流阀的流量时多时少,影响流量的稳定性。特别是在低速运动时,执行元件会出现“爬行”和周期性波动的现象。

保持液压系统执行元件的运动平稳性的关键在于改善节流阀的流量稳定性。从以上分析可知,我们通常采用薄壁小孔节流口形式,同时控制液压系统的温升和提高油液的过滤精度,减少杂质以改善杂质对节流口的堵塞现象。

3. 流量调节范围和最小稳定流量

节流阀的流量调节范围 R_Q 是指节流阀最大开口量时的流量 Q_{max} 与最小开口量时的最小稳定流量 Q_{min} 的比值,即

$$R_Q = \frac{Q_{max}}{Q_{min}} = \frac{CA_{max}\Delta p^\varphi}{CA_{min}\Delta p^\varphi} = \frac{A_{max}}{A_{min}} \tag{4-14}$$

式(4-14)表示流量调节范围是最大开口时通流截面积与最小开口时通流截面积的比值。根据节流口结构形式的不同,通流截面的开口有的是轴向位移的函数,有的是转动角度的函数。目前国产元件的流量调节范围可以很大,如使用轴向三角槽式节流口的节流阀其流量调节范围在 100 以上。

所谓最小稳定流量就是节流阀在最小的开口量和一定的压差下能够长期保持其调节的流量恒定。目前国产轴向三角槽式节流阀的最小稳定流量为 $30 \sim 50$ mL/min,而薄壁小孔式节流阀的最小稳定流量在 20 mL/min 左右。

节流阀的最小稳定流量是节流阀的一项重要性能指标。有些液压系统的执行元件在低速时会出现“爬行”现象。所谓“爬行”是指液压传动中,当液压执行元件在低速下运转时可能产生时断时续的运动现象。爬行现象实质上是当一物体在滑动面上作低速相对运动时,在一定条件下产生的停止与滑动相交替的现象,是一种不连续的振动。究其原因是多方面的,如摩擦力的不均匀,负载的变化,环境温度的变化,油液的弹性变形,系统的泄漏,供油量的不稳定等都可能产生低速“爬行”现象,而在液压调速系统中,最小供油量的稳定程度将对其是否产生“爬行”起着很大的作用。因此采用节流阀进行流量控制,在小流量时受节流阀最小稳定流量限制。如果采用一种叫计量阀的流量控制元件,就能比较稳定地控制小流量而不受负载、温度以及堵塞的影响。这种计量阀相当于一个柱塞泵,它利用改变柱塞行程大小来改变流量的大小。

三、调速阀

调速阀可调节流量,并在调节后起稳定流量的作用。图 4-46 为它的工作原理图和符号图。

从原理图上可以看出,调速阀是由一个定差式减压阀串联一个普通节流阀组成的。压力油以压力 p_1 进入减压阀,其出端压力 p_2 作为节流阀的入端压力,节流阀出端压力 p_3,也就是调速阀的出口压力。现以调速阀安装在液压缸的进油路上为例说明其工作原理。

p_1 由液压泵提供,由溢流阀调定的压力,基本上维持恒定值。p_3 是由外部负载所决定的调速阀出端压力,其值为

$$p_3 = \frac{\Sigma F}{A_1} \qquad\qquad (4-15)$$

调速阀两端的压差为 $p_1 - p_3$，将式(4-15)代入则得

$$p_1 - p_3 = p_1 - \frac{\Sigma F}{A_1} \qquad\qquad (4-16)$$

式中：p_1 为调速阀入端压力；p_3 为调速阀出端压力；ΣF 为作用在活塞上的全部外载荷；A_1 为活塞的有效工作面积。

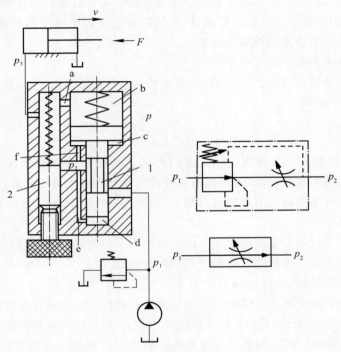

图 4-46　调速阀工作原理和符号

1—减压阀阀芯；　2—节流阀

　　在节流阀一节中，我们已分析了当节流阀两端压差变化时，其调节的流量亦相应发生变化，使速度不稳定。调速阀两端的压差发生变化时是如何保证它所调节的流量恒定的呢？在原理图中，我们标出了油液流经调速阀的压力变化。压力油 p_1 进入调速阀，首先通过其中的减压阀，使压力降为 p_2，然后通过节流阀使压力变为 p_3 与外部载荷相适应。节流阀两端的压差 $\Delta p_j = p_2 - p_3$，现在的问题是如何保持节流阀的压差 Δp_j 恒定。

　　下面我们来分析一下调速阀中减压阀的作用。从图4-46可以看出，减压阀阀芯1的顶端弹簧腔 b 经孔道 a 与节流阀 2 的出油端(p_3)相通；阀芯1的肩部 c 和下端 d 经孔道 f，e 与节流阀 2 的入端(p_2)相连。当外部载荷增加时，从式(4-15)知 p_3 亦增加，这时 p_3 通过 a 孔道作用在减压阀的阀芯1的顶端，使顶端作用力增大，破坏阀芯原来的平衡状态，使阀芯下移。减压阀的开口加大，通过减压阀的液阻减小，使 p_2 也增大，而使 $\Delta p_j = p_2 - p_3$ 基本上能保持原来的数值不变。当外部载荷减小时，p_3 亦减小，同理阀芯1又失去平衡而上移，此时减压阀的开口减小，液流通过减压阀的液阻增大，使 p_2 也跟随降低，同样使 $\Delta p_j = p_2 - p_3$ 仍保持不变，由于减压阀可保持节流阀两端压差为常数(故称定差式减压阀)，因而流过节流阀的流量也就稳定

不变了。减压阀阀芯上所受力的平衡方程式为

$$p_2 A_g = p_3 A_g + F_s + G + F_f \tag{4-17}$$

式中：p_2 为节流阀入端压力，即减压阀的出端压力；p_3 为节流阀出端压力；A_g 为减压阀阀芯顶端面积；F_s 为减压阀恢复弹簧的作用力；G 为减压阀阀芯自重（滑阀垂直安放时考虑）；F_f 为阀芯移动时的摩擦力。

如略去 G 和 F_f 的影响，可得

$$\Delta p_j = p_2 - p_3 = \frac{F_s}{A_g} \tag{4-18}$$

考虑到 F_s 是作为恢复作用的，该弹簧的刚性较小，当阀芯移动时，由于弹簧的压缩量的变化所附加的弹簧作用力的变化是很小的，即 F_s 近似为常数，因而可认为 $p_2 - p_3$ 是一常数，则通过节流阀的流量也是个常数，亦即通过调速阀的流量是个常数，这就保证了执行元件运动速度的稳定性。

调速阀正常工作时，要求调速阀两端的压差至少为 $(4\sim5)\times10^5$ Pa。这是因为压差过小，调速阀中的减压阀阀芯在弹簧力作用下，使减压阀开口全部打开，不能起到调节和稳定节流阀前压力的缘故。这种调速阀亦可用在回油路上，用相同的原理保持回油流量不变。

调速阀与普通节流阀一样，对温度和堵塞现象非常敏感，为了弥补温度对流量稳定性的影响，可以采用带温度补偿装置的调速阀。所谓温度补偿装置的原理，就是采用一温度膨胀系数较大的材料附加控制节流开口的大小。我们知道，温度升高后，黏度降低，通过节流口的流量将增大，而受热膨胀的热敏元件推动节流阀阀芯，使节流开口减小，限制流量的增大。反之，若温度降低，黏度增加，流量将减小，此时热敏元件收缩拉回节流阀阀芯，使节流开口增大，使流量维持在温度变化前的数值。利用这种方法，可部分地补偿由于温度的变化而造成流量的变化。如要根本解决问题，则必须控制温度的变化。温度补偿调速阀的工作原理与调速阀相同。其最小稳定流量为20 mL/min，其节流口形式多采用薄壁缝隙式，壁厚在 $0.07\sim0.09$ mm，缝隙的最小部分为 $0.13\sim0.16$ mm，结构形式如图 4-43(e) 所示。

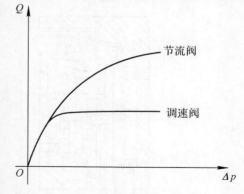

图 4-47 节流阀与调速阀的性能曲线

由以上分析，我们可用图 4-47 来对比节流阀与调速阀的性能。可以看出，调速阀的压差大于某一临界值后，流量不随压差的变化而变化，基本保持恒定。

四、溢流节流阀

除了上述调速阀可以比较稳定地控制流量以外，还可采用一种定差溢流阀与节流阀并联组成的溢流节流阀来控制流量，同样可以达到稳定流量的效果，但这种阀仅安装在进油管道上。图 4-48 为它的工作原理及符号图。

压力油 p_1 进入溢流节流阀后，一路经节流阀 4 从出口流出进入主油路系统（p_2），一路经溢流阀的溢流口流回油箱。溢流阀阀芯大端的弹簧腔 a 与节流阀 4 的出口（p_2）相连，而其肩部 b 与小端部的 c 腔接通入口压力油 p_1。当出口压力 p_2 增大时，溢流阀阀芯 a 腔压力增加，阀

芯 3 下移,溢流口减小,液阻加大,使液压泵提供的压力油 p_1 增加,因而使节流阀前后的压差 $\Delta p_j = p_1 - p_2$ 可基本保持不变。当 p_2 减小时,溢流阀阀芯 a 腔的压力亦减小,溢流阀阀芯受力平衡被破坏,向上移动,溢流阀溢流口加大,液阻减小,使液压泵出口压力 p_1 相应地减小,同样使 $p_1 - p_2$ 保持基本不变。溢流阀阀芯受力平衡方程式为

$$p_1 A_y = p_2 A_y + F_s + G + F_f \tag{4-19}$$

式中:p_1 为节流阀入端压力,即液压泵供油压力;p_2 为节流阀出端压力,即由外载荷决定的压力;A_y 为溢流阀阀芯的大端面积,也就是阀芯肩部 b 与下端 c 的有效面积之和;F_s 为溢流阀阀芯大端 a 腔的弹簧作用力;G 为阀芯自重(垂直安装时考虑);F_f 为阀芯移动时的摩擦力。

如略去 G 和 F_f 的影响,式(4-19)可写成

$$p_1 - p_2 = \frac{F_s}{A_y} \tag{4-20}$$

式(4-20)表明,当溢流阀阀芯移动量较小,且弹簧的刚度又很小时,F_s 可基本维持为一个常数,亦即节流阀前后压差($p_1 - p_2$)基本为一常数,这就保证了通过节流阀的流量的稳定。

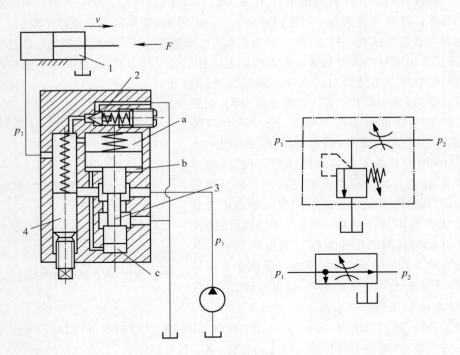

图 4-48 溢流节流阀
1— 液压缸;2— 安全阀;3— 阀芯;4— 节流阀

安全阀 2 用以防止系统过载,相当于先导式溢流阀的先导部分。

调速阀与溢流节流阀都可用来调节并稳定流量,功能相似,但其使用性能不完全相同。调速阀是在保持液压泵供油压力基本不变(由溢流阀调定)情况下工作的,此压力要满足系统的最大载荷,因此消耗功率较大。而溢流节流阀的供油压力是随负载而变化的。当负载小时,节流阀后的压力降低,液压泵供油压力也随着下降,这样就可减小驱动液压泵所需的功率,并减少液压系统的发热。但溢流节流阀中流过的流量是液压泵的全流量,阀芯运动时的阻力较大,

因此溢流阀上的弹簧一般比调速阀的硬一些,这样就加大了节流阀前后的压差波动,如考虑稳态液动力的影响,溢流节流阀入口压力的波动也影响节流阀前后压差的稳定,因此溢流节流阀的稳速性能稍差。

4–5　比例阀和逻辑阀

　　比例阀和逻辑阀的出现,扩大了液压系统的使用范围。所谓比例阀就是一种按输入的电信号连续地、按比例地控制液压系统的压力和流量的阀。在液压系统中常用的控制阀多具有开关控制的性质。它的作用是使一个液压元件接入液压系统或脱离液压系统,或者进行简单的油路切换等,而不能进行连续控制。如果要对液压系统的参数进行连续控制,则必须使用伺服阀(对于伺服阀,将在第九章介绍)。由于伺服阀的价格昂贵,维护保养要求严格,使用条件苛刻,因而限制了它在一般液压系统中的使用。比例阀可以对液压系统的参数进行连续、成比例的控制。而它与伺服阀相比,结构简单,成本低,通用性好,并能简化液压系统的油路及减少元件的数量。比例阀的组成就是把普通的压力阀、流量阀和换向阀的控制部分换上比例电磁铁,用比例电磁铁的吸力来改变阀的参数以进行比例控制。根据用途和工作特点的不同,比例阀可分为比例压力阀、比例流量阀和比例方向阀等。

　　逻辑阀是以锥阀为基本单元,以芯子插入式为基本连接形式,配以不同的先导阀来满足各种动作要求的阀类,它实际上是一种液控单向阀,也被称为嵌装式闸阀或插装式锥阀。这种受控单向阀的开启和闭合完全像一个受操纵的逻辑元件那样工作,所以又叫逻辑阀。它特别适用于高压、大流量的液压系统中。

　　下面分别简要地说明一下它们的工作原理。

一、电磁比例压力阀

　　图4–49为电磁比例溢流阀的结构原理图。

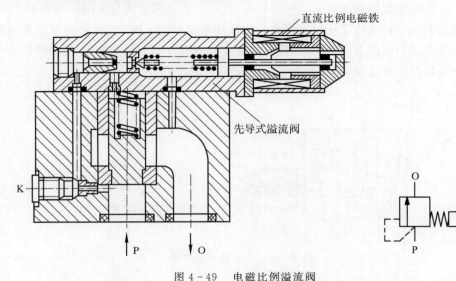

图4–49　电磁比例溢流阀

它是由普通先导式溢流阀和比例电磁铁组成的,它的工作原理与先导式溢流阀相同。所不同的是普通溢流阀的调压多为手调,而电磁比例溢流阀的压力是由电磁铁产生的电磁力推动推杆,压缩弹簧作用在锥阀上,顶开锥阀的压力 p,即是调整压力。其电磁推力 F_D 的大小与通入比例电磁铁的电流 I 成比例,比例系数为 K_1,因此改变电流的大小,即可调节溢流阀的调定压力。其关系式如下:

电磁力 $\qquad\qquad\qquad\qquad\qquad F_D = K_1 I$

弹簧压缩力 $\qquad\qquad\qquad\qquad F_s = pA$

由于 $F_D = F_s$,所以 $pA = K_1 I$

$$p = \frac{K_1}{A} I = K_p I \qquad\qquad (4-21)$$

式中:p 为溢流阀调整压力;K_p 为比例常数;A 为锥阀在阀座上的受压面积;I 为通入比例电磁铁中的电流大小。

从式(4-21)中可以看出,若输入的电流是连续的或按一定程序变化,则比例阀所控制的压力也是与输入信号成比例的或按一定程序变化的。

图4-50为比例压力阀的 p-I 特性曲线。根据式(4-21),压力 p 与电流 I 的关系应该是线性的,但由于磁性材料和运动部件的磁滞、摩擦影响,p-I 上升与下降曲线不重合。从图上可以看出,在电流上升到 I_0 时,输出压力为 p_A,继续增大控制电流,压力将按比例增加,直到 I_M 时,压力为 p_M。当控制电流减小时,压力不按原来的曲线下降,当控制电流为零时,输出压力为 p_A,而在控制电流从零到 I_0 范围内,输出压力不变,出现不灵敏区。

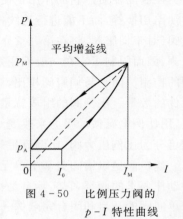

图 4-50　比例压力阀的
p-I 特性曲线

二、电磁比例流量阀

图4-51为电磁比例调速阀的结构原理图,它是由普通调速阀与比例电磁铁组合而成的,是把普通调速阀的手柄换成了比例电磁铁。当外加电信号输入时,节流阀的阀芯在弹簧力与比例电磁铁的电磁力作用下保持平衡,该位置对应节流阀一定的开口量 x,通过节流口的流量可按小孔流量特性方程决定,即

$$Q = CA \Delta p^\varphi$$

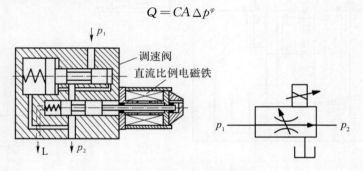

图 4-51　电磁比例调速阀

因为减压阀保证了 Δp 基本恒定,所以

$$Q \propto A = bx \qquad (4-22)$$

比例电磁铁的电磁力 $\qquad F_D = K_1 I$

弹簧的作用力 $\qquad F_s = K_s x$

由于 $F_D = F_s$,所以 $\qquad K_1 I = K_s x$

$$x = \frac{K_1}{K_s} I \qquad (4-23)$$

将式(4-23)代入式(4-22)得

$$Q \propto \frac{K_1 b}{K_s} I \qquad (4-24)$$

式中:K_1 为比例常数;K_s 为弹簧刚度;b 为节流口宽度;x 为节流口开度。

从式(4-24)可看出,只要改变输入电流信号的大小,就可控制调速阀的流量,其流量-电流特性曲线与图4-50很相似。

三、逻辑阀

图4-52为锥阀式逻辑阀的基本单元。它是由弹簧1、阀套2和阀芯(锥阀)3组成的。根据用途不同,逻辑阀又分为逻辑压力阀、逻辑流量阀和逻辑换向阀三种。

逻辑阀的工作原理:逻辑锥阀有两个管道连接口 A,B 和一个控制连接口C,压力油分别作用在锥阀的三个控制面A_a,A_b 和 A_c 上。其中A_a 面总是处在 A 口压力油的作用下,A_b 面总是处在 B 口压力油的作用下。如果忽略锥阀的质量和阻尼的影响,作用在阀芯上的力平衡关系如下:

$$F_s + F_w + p_c A_c - p_b A_b - p_a A_a = 0 \qquad (4-25)$$

式中:F_s 为作用在阀芯上的弹簧力;F_w 为阀口液流产生的稳态液动力;p_c 为控制口C的压力;p_b 为工作油口B的压力;p_a 为工作油口 A 的压力;A_a,A_b,A_c 为分别为锥阀三个控制面的面积。

从式(4-25)可以看出,锥阀的启、闭与控制压力 p_c 以及工作压力 p_a 和 p_b 的大小有关,同时还与弹簧力 F_s、液动力 F_w 的大小有关。当锥阀开启时,油流的方向视 p_a 与 p_b 的具体情况而定,当 $p_a > p_b$ 时,油从 A 口流向 B 口;当 $p_b > p_a$ 时,油从 B 口流向 A 口;当锥阀关闭时,A 和 B 口不通。由此可见,逻辑阀相当一个液控单向阀。我们可以利用控制口 C 的压力 p_c 的大小来控制锥阀的启闭以及开口的大小,把这种关系用逻辑代数去处理,可以实现逻辑阀的不同功能。特别是对于复杂的液压控制系统或是在与电气控制系统相结合的场合,运用逻辑设计方法,去简化各种控制问题,可以得到既满足动作要求,又使所用元件最少、最为合理的液压回路。

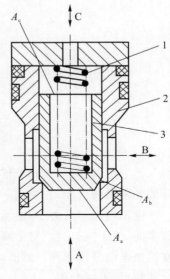

图4-52 锥阀式逻辑阀
1— 弹簧;2— 阀套;3— 阀芯

图4-53为逻辑阀的应用,将四个逻辑锥阀按图示组合起来,则可构成一个四通阀。通过控制锥阀1,2,3和4的启闭,可以得到多种不同的工作状态。如:

(1)锥阀全开,相当于四通滑阀的 H 型机能;

（2）锥阀全关，相当于四通滑阀的 O 型机能；

（3）锥阀 1 和 3 开启，2 和 4 关闭时，B 口通 P 口，A 口通回油口 O；

（4）锥阀 2 和 4 开启，1 和 3 关闭时，A 口通压力油口 P，B 口通回油口 O；

（5）锥阀 2 和 3 开启，1 和 4 关闭，P 口、A 口、B 口相通，相当于 P 型机能；

（6）锥阀 1 和 4 开启，2 和 3 关闭时，P 口截止，A 口、B 口、O 口相通，相当于 Y 型机能。

……

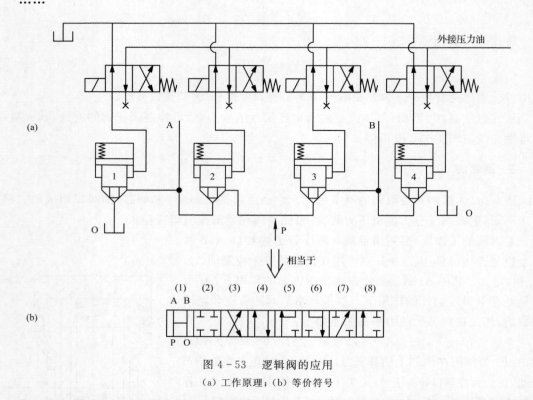

图 4-53　逻辑阀的应用

(a) 工作原理；(b) 等价符号

由上可以看出，由四个锥阀单元组成的逻辑换向阀，通过先导阀控制可以得到除 M 型以外的各种滑阀机能，它相当一个多位四通阀。

逻辑阀流动阻力小，通流能力大，动作速度快，密封性好，泄漏少，结构简单，制造容易，一阀多能，便于"三化"。对于高压、大流量的液压系统的控制具有很大的潜在能力，是一种很有发展前途的液压元件。然而，对于小流量以及简单的控制系统，使用逻辑阀无疑是增加了液压元件数目，不尽合理。

思考题和习题

4-1　何谓换向阀的"通"和"位"？并举例说明。

4-2　试说明三位四通阀 O 型、M 型、H 型中位机能的特点和它们的应用场合。

4-3　方向控制阀的操纵方式有哪些形式？

4-4　选用换向阀时要考虑哪些问题？怎样考虑？

4-5 滑阀阀芯的卡紧现象是怎样引起的? 如何解决?

4-6 电-液换向阀适用于什么场合? 它的先导阀中位机能为 O 型行吗? 为什么?

4-7 直动式溢流阀为何不适用于作高压大流量的溢流阀?

4-8 采用先导式溢流阀为何能减小系统的压力波动? 图 4-21 所示先导式溢流阀中的阻尼孔 2 和 3 各起什么作用? 外控口 K 有何用处? 如果误把它当成漏油口而接油箱时,会出现什么问题?

4-9 什么是溢流阀的启闭特性? 它说明什么问题? 溢流阀的动态特性指标有哪些? 各说明什么问题?

4-10 试举例说明溢流阀在系统中的不同应用:① 溢流恒压;② 安全限压,防止过载;③ 远程调压;④ 造成背压;⑤ 使系统卸荷。

4-11 为什么减压阀的调压弹簧腔要接油箱? 如果把这个油口堵死,将会怎样?

4-12 画出溢流阀、减压阀及顺序阀的职能符号图形,并比较它们在结构上、用途上的异同之处。

4-13 有哪些阀在系统中可以当背压阀使用? 性能有何差异?

4-14 在图 4-54(a)(b)(c)中,当完全关闭节流阀时,系统的压力 p_s 各为多少? (各溢流阀的调定压力如图所示)

4-15 夹紧油路如图 4-55 所示,若溢流阀调定的压力为 5 MPa,减压阀调定的压力为 2.5 MPa,当活塞运动时(负载为零),A 和 B 两点的压力各为多少? 减压阀处于什么状态? 当工件被夹紧时,A 和 B 两点的压力又各为多少? 减压阀又处于什么状态?

4-16 图 4-56 是利用先导式溢流阀进行卸荷的回路。溢流阀调定压力 $P_y = 30 \times 10^5$ Pa。要求考虑阀芯阻尼孔的压力损失,回答下列问题:

(1) 在溢流阀开启或关闭时,控制油路 E,F 段与泵出口处 B 点油路是否始终是联通的?

(2) 在电磁铁 DT 断电时,若泵的工作压力 $p_B = 30 \times 10^5$ Pa,B 点和 E 点压力哪个大? 若泵的工作压力 $p_B = 15 \times 10^5$ Pa,B 点和 E 点压力哪个大? 在电磁铁 DT 吸合时,泵出的液压油是如何流回油箱的?

4-17 影响节流阀流量稳定性的因素是什么? 为何通常将节流口做成薄壁小孔并且在小流量时尽量使用大的水力半径?

4-18 试说明图 4-46 及图 4-48 的调速阀及溢流节流阀起稳速作用的工作原理。

4-19 图 4-57,将溢流节流阀装在回油路上,能否起速度稳定作用?

4-20 使用调速阀时,进、出油口能不能反接? 为什么?

4-21 图 4-58(a),调速阀串联在进油路中,能否将其中的定差减压阀改为普通减压阀(定值减压阀)? 若调速阀串联在回油路中[见图 4-58(b)]时,用定值减压阀代替定差减压阀行不行?

4-22 试分析图 4-16、图 4-17、图 4-31 三种卸荷方法的特点和应用场合。

4-23 试分析图 4-5、图 4-39 所示两种平衡回路的特点。

4-24 图 4-59,使缸 1 往复运动所需的负载压力为 2 MPa,使缸 2 往复运动所需的负载压力为 1 MPa,如不考虑管路的压力损失,现利用一个单向顺序阀,要求实现两缸的运动顺序如图中箭头所示。请将油路图画出来,并确定顺序阀的调整压力应为多少。

4-25 读懂图 4-60 的油路图,编写电磁铁动作顺序表,并说明其中液控单向阀的作用。

4-26 图 4-61 是一种顺序动作回路,说明其顺序动作靠什么元件来实现。

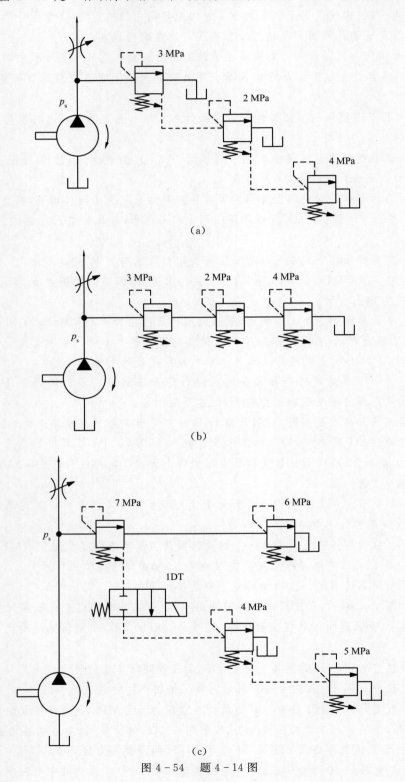

(a)

(b)

(c)

图 4-54 题 4-14 图

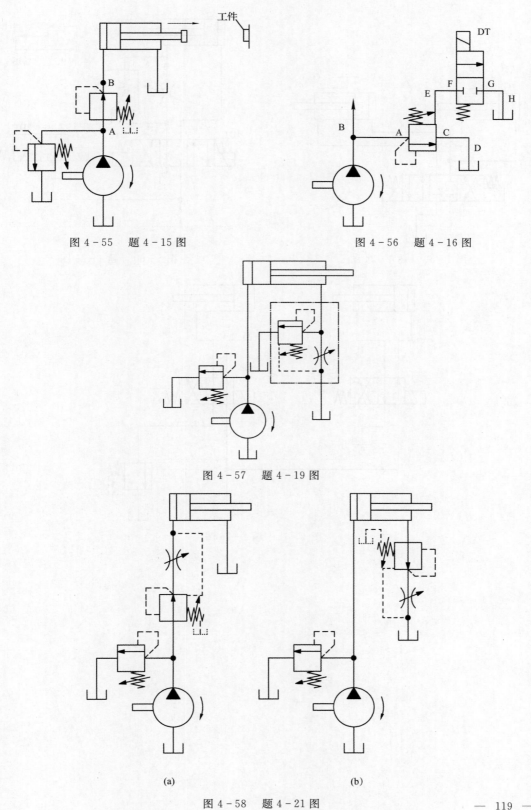

图 4-55 题 4-15 图　　　　　　图 4-56 题 4-16 图

图 4-57 题 4-19 图

(a)　　　　　　　　　　(b)

图 4-58 题 4-21 图

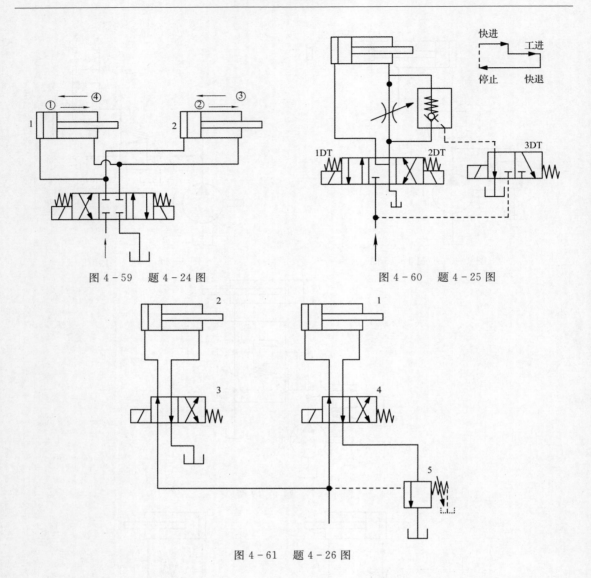

图 4-59　题 4-24 图

图 4-60　题 4-25 图

图 4-61　题 4-26 图

第五章 辅助装置

液压系统中的辅助装置,是指除液压泵、液压缸(包括液压马达)和各种控制阀之外的其他各类组成元件,如油箱、滤油器、蓄能器、压力表、密封件和管件等等。它们虽被称为辅助装置,但却是液压系统不可缺少的组成部分,而且它们的性能对液压系统的工作性能好坏有直接影响。因此,对设计和选用需要加以重视。本章只对蓄能器、滤油器、管件和油箱的设计、选用进行介绍。

5-1 蓄 能 器

一、蓄能器的用途

蓄能器是储存和释放液体压力能的装置,它在液压系统中的主要用途有以下几方面:

1. 短期大量供油

对于短时间内需要大量压力油的液压系统,采用蓄能器辅助供油可减小液压泵容量,从而减少电机功率的消耗,降低液压系统的温升。

2. 维持系统压力

在液压系统的保压回路中采用蓄能器。图 5-1 是蓄能器用于夹紧油路的情况。当压力达到压力继电器调定压力时,压力继电器发出信号,使二位二通电磁阀换向,液压泵卸荷,由蓄能器把原先储存起来的压力油补偿系统泄漏,以维持系统压力。这样做也可以减少电机功率消耗,降低系统温升。

3. 吸收冲击压力或液压泵的脉动压力

对于由液压缸的突然停止或换向,换向阀的突然关闭或换向以及液压泵的突然启、停所引起的液压冲击,可采用蓄能器加以吸收,避免系统压力过高造成液压元件损坏。对于一些要求液压源供油压力恒定的液压系统,需要在液压泵出口处安装蓄能器,以吸收液压泵的脉动压力。图 5-2 给出了在上述情况下使用蓄能器的情况。用来吸收冲击压力的蓄能器尽可能安装在靠近产生冲击的地方。

除以上三种用途外,蓄能器还可用作紧急动力源,或者用作热膨胀补偿器,也可用来改善压力补偿式变量泵的频率特性。

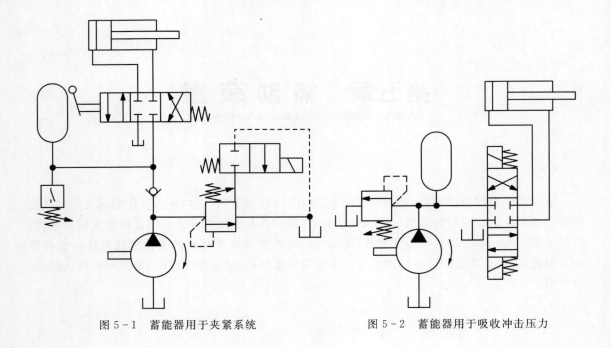

图 5-1　蓄能器用于夹紧系统　　　　　　　图 5-2　蓄能器用于吸收冲击压力

二、蓄能器的种类

蓄能器的类型有重锤式、弹簧式和充气式等几种,但在机床上常采用的是充气式蓄能器。下面就常见的几种充气式蓄能器的结构和性能进行简要介绍。

1. 活塞式蓄能器(见图 5-3)

在活塞 2 的上腔 1 中充有高压气体,下腔 3 与液压系统管路相通,进入压力油。活塞随着蓄能器中油压的增减在缸筒内移动。这种蓄能器结构简单;油气隔离,油液不易氧化又能防止气体进入,工作可靠;安装容易;维护方便;寿命长。但活塞有惯性和摩擦阻力,故反应不灵敏,容量小,主要用来蓄压。

2. 气囊式蓄能器(见图 5-4)

气囊 3 用特殊橡胶制成,固定在壳体 2 的上半部。气体(常用氮气)从气门 1 充入,气囊外面加压力油。在蓄能器下部有一受弹簧力作用的提升阀,它的作用是防止油液全部排出时气囊膨胀出壳体之外。这种蓄能器的优点是气囊的惯性小,因而反应快,容易维护,重量轻,尺寸小,安装容易。其缺点是气囊制造困难。气囊有折合型和波纹型两种,前者容量较大,适用于蓄能,后者则适用于吸收冲击。

3. 隔膜式蓄能器(见图 5-5)

用耐油橡胶隔膜把油和气分开,工作原理与上述两种相同。其优点是容器为球形,重量与体积之比值最小;缺点是容量很小。适用于吸收冲击,广泛用在航空机械中。

4. 气瓶式蓄能器

这是一种油和气在壳体内直接接触的蓄能器。其优点是容量大,惯性小,反应灵敏,轮廓尺寸小,没有摩擦损失;缺点是气体易混入油中,影响系统工作的平稳性,气体消耗量大,需经常补充,附属设备多(空气压缩机、高低位液面计等),仅适用于中、低压大流量液压回路。

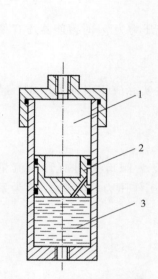

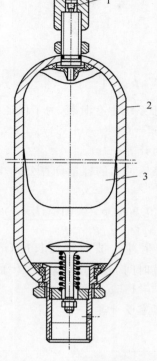

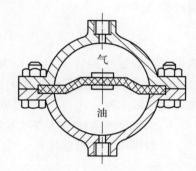

图 5-3　活塞式蓄能器　　　　图 5-4　气囊式蓄能器　　　　图 5-5　隔膜式蓄能器

1— 上气腔；2— 活塞；3— 下腔液压油　　1— 气门；2— 壳体；3— 气囊

三、蓄能器容量计算

选用蓄能器时,应知道它该有多大的容量,而计算蓄能器容量的方法又视其使用情况有所不同。下面以气囊式蓄能器为例,来说明其容量的计算方法。

1. 储存能量时的容量计算方法

蓄能器容量 V_A 和充气压力 p_A 是根据它在工作中将要输送出去的油液体积 V_W,系统最高工作压力 p_1 和所要维持的最低工作压力 p_2 来决定的。由气体定律可知

$$p_A V_A^n = p_1 V_1^n = p_2 V_2^n = 常数 \tag{5-1}$$

式中：V_1 为最高压力下气体的体积；V_2 为最低压力下气体的体积；n 为指数。

当蓄能器用来保持系统压力、补偿泄漏时,它释放能量的速度是缓慢的,可以认为气体在等温下工作,取 $n=1$；当蓄能器用来大量供应油液时,它释放能量的速度是迅速的,可认为气体在绝热条件下工作,取 $n=1.4$。

令 $V_W = V_2 - V_1$,因此,由式(5-1)得

$$V_A = \left(\frac{p_2}{p_A}\right)^{\frac{1}{n}} V_2 = \left(\frac{p_2}{p_A}\right)^{\frac{1}{2}} (V_W + V_1) = \left(\frac{p_2}{p_A}\right)^{\frac{1}{n}} \left[V_W + \left(\frac{p_A}{p_1}\right)^{\frac{1}{n}} V_A\right]$$

整理后,得

$$V_A = \frac{V_W \left(\dfrac{p_2}{p_A}\right)^{\frac{1}{n}}}{1 - \left(\dfrac{p_2}{p_1}\right)^{\frac{1}{n}}}$$

故有

$$V_W = V_A p_A^{\frac{1}{n}} \left[\left(\frac{1}{p_2}\right)^{\frac{1}{n}} - \left(\frac{1}{p_1}\right)^{\frac{1}{n}} \right] \qquad (5-2)$$

p_A 值在理论上可与 p_2 值相等,但由于系统中有泄漏,为了保证系统压力为 p_2 时蓄能器还有可能补偿泄漏,应使 $p_A > p_2$,一般取 $p_2 = (0.8 \sim 0.85) p_A$。

2.吸收液压冲击时蓄能器容量的计算

从理论上虽可导出适用于完全液压冲击的容量计算公式,但在实际应用中常采用如下经验计算公式

$$V_A = \frac{0.004 Q p_2 (0.016\ 4L - t)}{p_2 - p_1} \qquad (5-3)$$

式中:V_A 为蓄能器容量(L);L 为产生冲击波的管道长度(m);Q 为阀口关闭前管内流量(L/min);t 为阀口由开到关闭的持续时间(s);p_1 为阀口关闭前的工作压力(10^5 Pa);p_2 为系统允许的最大冲击压力,一般可取 $p_2 = 1.5 p_1$(10^5 Pa)。

3.吸收液压泵脉动压力时蓄能器容量计算

一般采用下式进行计算

$$V_A = \frac{q^i}{0.6K} \qquad (5-4)$$

式中:q 为液压泵每转排量(L/r);i 为排量变化率 $\dfrac{\Delta q}{q}$,Δq 是超过平均排量的过剩排出量(L);K 为液压泵的压力脉动率,$K = \dfrac{\Delta p}{p_p}$,$\Delta p$ 是压力脉动单侧振幅。

使用时,取蓄能器充气压力 $p_A = 0.6 p_p$。

5-2 滤 油 器

一、对滤油器的要求

在液压系统中保持油的清洁十分重要,因为油液中的杂质会引起相对运动零件划伤、磨损以至卡死,或堵塞节流阀和管道小孔导致液压系统不能正常工作,因此需要对油液进行过滤。一般对过滤器的基本要求是:

(1)具有较好的过滤能力,即能阻挡一定尺寸以上的机械杂质;

(2)通油性能好,即油液全部通过时不致引起过大的压力损失;

(3)过滤材料要有足够的机械强度,在压力油作用下不致损坏;

(4)过滤材料耐腐蚀,在一定温度下工作有足够的耐久性;

(5)容易清洗和便于更换滤芯;

(6)价格便宜。

滤油器的过滤精度按过滤颗粒的大小可分为四级：粗滤油器（滤去杂质直径大于0.1 mm）、普通滤油器（滤去杂质直径为0.1～0.01 mm）、精滤油器（滤去杂质直径为0.01～0.005 mm）、特精滤油器（滤去杂质直径为0.005～0.001 mm）。

二、滤油器的类型

1.网式滤油器

网式滤油器（见图5-6）是一种以铜丝网作为过滤材料构成的过滤器，一般装在液压系统的吸油管路入口处，避免吸入较大的杂质，以保护液压泵。这种滤油器的特点是结构简单，通过性能好，但过滤精度低。也可以用较密的铜丝网或多层铜网做成过滤精度较高的过滤器，装在压油管路中使用，如用于调速阀的入口处等场合。

2.线隙式滤油器

线隙式滤油器（见图5-7）是用铜线或铝线绕在筒形芯架上，利用线间缝隙过滤油液，主要用于压油管路中。若用于液压泵吸油口，则只允许通过它的额定流量的$\frac{2}{3}$～$\frac{1}{2}$，以防泵的吸油口压力损失过大。这种过滤器结构简单，过滤精度较高，但过滤材料强度较低，不易清洗。

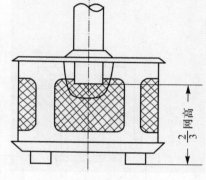

图5-6　网式滤油器

3.片式滤油器

片式滤油器（见图5-8）是由许多薄铜片叠装组成滤芯，利用片与片之间的间隙滤油，间隙在0.08～0.2 mm之间，因此过滤精度低。这种滤油器强度大，通油性好，清洗方便，但铜片价格贵，制造复杂，加上过滤效果差，现在已很少使用。

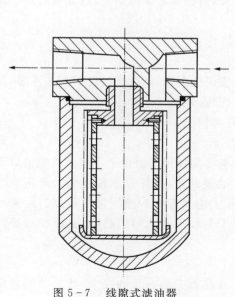

图5-7　线隙式滤油器

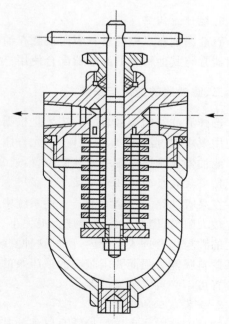

图5-8　片式滤油器

4.金属烧结式滤油器

金属烧结式滤油器(见图5-9)的滤芯是用青铜粉压制后烧结而成,具有杯状、管状、碟状和板状等形状,靠其粉末颗粒间的间隙微孔滤油。选择不同粒度的粉末能得到不同的过滤精度,目前常用的过滤精度一般为0.01～0.1 mm。这种过滤器的强度高,耐腐蚀性好,制造简单,过滤精度高,适用于作精过滤,在液压系统中使用日趋广泛。其缺点主要是清洗较困难,如有颗粒脱落会影响过滤精度,最好与其他滤油器配合使用。

5.纸芯滤油器

这种滤油器的滤芯一般采用机油微孔滤纸制成如图5-10所示的形状。纸芯1做成折叠形是为了增加过滤面积。纸芯绕在带孔的镀锡铁皮骨架2上,以支撑纸芯免于被压力油压破。油液从滤油器外壁沿径向a流过滤芯后,再沿箭头b的方向流出。这种滤油器的过滤精度高达0.005～0.03 mm,是精滤油器。但纸芯耐压强度低,易堵塞,无法清洗,须经常更换。

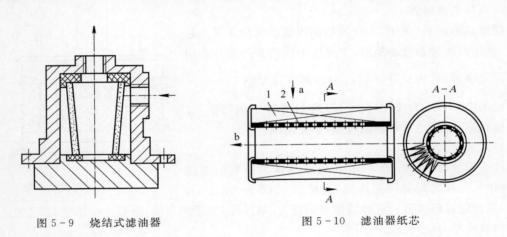

图5-9　烧结式滤油器　　　　　　　图5-10　滤油器纸芯

6.磁性滤油器

磁性滤油器靠磁性材料吸附混悬在油液中的铁屑、铸铁粉之类的杂质,过滤效果好。此种滤油器常与其他种类的滤油器配合使用。

三、滤油器的选用与安装

选择滤油器的型号、规格,主要是根据使用情况提出的要求,结合经济性一起来考虑,具体的使用要求有过滤精度、通过流量、允许压力降和工作压力等。

滤油器在液压系统中安装的位置,通常有以下几种情况:

1.安装在泵的吸油路上

在泵吸油路上安装滤油器可使系统中所有元件都得到保护。但由于一般泵的吸油口不允许有较大阻力,因此只能安装压力损失小、网孔较大的滤油器,这样过滤精度低。液压泵磨损产生的颗粒仍会进入系统内,所以这种安装方式实际上主要起保护液压泵的作用。近来也有在某些自吸能力强而要求较高的液压泵的吸油口处安装较细滤油器的趋势,这样在系统的其他位置可不必再安装滤油器。

2.安装在压油路上

这种安装方式可以保护除泵以外的其他元件。滤油器安装在压油路上,滤芯及壳体应能承受系统工作压力和冲击压力,因而滤油器重量加大。为了防止滤油器堵塞而使液压泵过载或引起滤芯破裂,可与滤油器并联一旁通阀或堵塞指示器,以提高安全性。

3.安装在回油路上

由于回油路压力低,这种安装方式可采用强度较低的滤油器,而且允许滤油器有较大的压力损失。但只能经常清除油液中杂质以间接保护系统,不能保证杂质不进入系统。

4.安装在旁路上

主要是装在溢流阀的回油路上,这时不是所有的油量都通过滤油器,这样可降低滤油器的容量。这种安装方式不会在主油路造成压力损失,滤油器也不承受系统工作压力。但不能保证杂质不进入系统。

5.单独过滤系统

这是用一个液压泵和滤油器单独组成一个独立于液压系统之外的过滤回路,它可以经常清除系统中的杂质。

在液压系统中为获得很好的过滤效果,上述几种安装方法常综合采用。特别是在一些重要元件(如伺服阀、节流阀等)的前面,单独安装一个精滤油器来保证它们的正常工作。

5-3　管道元件

一、油管的种类和选用

机床液压系统中使用的油管有钢管、铜管、尼龙管、橡胶软管和塑料管等多种类型,应根据连接元件的相对位置、使用环境和工作压力对其进行选择。

铜管、钢管和尼龙管属于硬管,用于连接相对位置不变的固定元件。钢管能承受高压,价格便宜,耐油、抗腐蚀和刚性都较好,但在装配中不能任意弯曲,常用于装配方便的压力管道处。紫铜管弯曲比较方便,由于刚度小,在装配时还可有小量变形,故便于装配。但其承压能力低(一般不超过 $65\times10^5 \sim 100\times10^5$ Pa),价格较高,抗震能力弱又易使油液氧化,应尽量少用。黄铜管承压能力较高(达 250×10^5 Pa),但弯曲较难。尼龙管的耐压能力可达 $25\times10^5 \sim 80\times10^5$ Pa。在油中加热到 $160 \sim 170℃$ 就能随意弯曲,实际生产中多用作回油管。

橡胶管、塑料软管常用于两个相对运动元件之间的连接。橡胶管分高压和低压两种。高压橡胶管是在橡胶管中间加一层或几层编织钢丝而成,其承压能力可达 420×10^5 Pa。低压橡胶管则以编织棉、麻线代替编织钢丝,多用于低压回油管道。软管的弯曲半径应大于 9 倍外径,至少应在距接头 6 倍直径处弯曲,因此软管所占空间大。在液压缸和调速阀之间不宜接软管,否则运动部件容易产生爬行。

油管的内径尺寸根据通过流量按第八章中的方法计算。油管外径由强度要求决定。

二、管接头

管接头是油管与油管、油管与液压元件间的可拆式连接件,它应满足装拆方便、连接牢固、密封可靠、外形尺寸小、通油能力大、压降小、工艺性好等要求。

管接头的种类很多,按接头的通路形式可分为直通、角通、三通和四通等形式;按管接头与机体的连接方式分为螺纹式、法兰式等形式;按油管与管接头的连接方式分为焊接式、卡套式、扩口式、快换式等类型。下面对不同连接形式的管接头作简单介绍。

焊接式管接头如图 5-11(a) 所示,它用在钢管连接中。这种管接头结构简单,连接牢固,利用球面密封方便可靠,装拆方便,耐压能力高,是目前应用较多的一种。其缺点是装配时球形头 1 需与油管焊接,因而必须采用厚壁钢管,而且对焊缝质量要求高,高压工作时焊缝往往成为薄弱环节,焊缝的残存焊渣或金属屑因振动脱落管中会影响系统正常工作。

卡套式管接头如图 5-11(b) 所示。它也用在钢管焊接中,利用卡套 2 卡住油管 1 进行密封,轴向尺寸要求不严,装拆简便,不需事先焊接或扩口,但对油管的径向尺寸精度要求较高,要用精度高的冷拔无缝钢管作油管。

扩口式管接头如图 5-11(c) 所示。这种管接头适用于铜管和薄壁钢管,也可来连接尼龙管和塑料管。它利用油管 1 管端的扩口在管套 2 的压紧下进行密封,结构简单,装拆方便,但承压能力较低。

快换式管接头如图 5-11(d) 所示。这种管接头能快速装拆,适用于经常装拆的地方。图中为油路接通时的情况,外套 6 把钢球 8 压入槽底使件 10 和件 2 连接起来。单向阀阀芯 4 和 11 互相挤紧顶开使油路接通。当须拆开时,可用力把外套 6 向左推,同时拉出接头体 10,管路就断开了。与此同时,单向阀阀芯 4 和 11 分别在各自的弹簧 3 和 12 的作用下外伸,顶在件 2 和件 10 的阀底上使两边管子内的油封闭在管中不致流出。

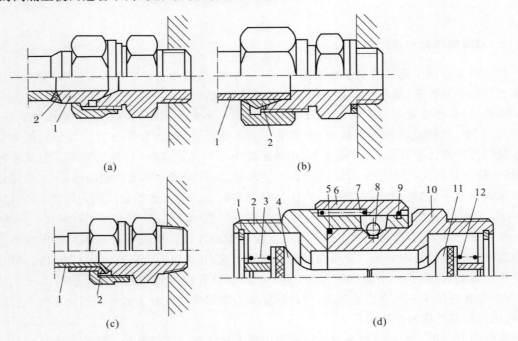

图 5-11　各种管接头

(a):1— 球形头;2— 焊缝;

(b)、(c)1— 油管;2— 卡套;

(d):1— 挡圈;2,10— 接头体;3,7,12— 弹簧;4,11— 单向阀芯;

5,9— 密封圈;6— 外套;8— 钢球

5-4 油箱和热交换器

一、油箱

油箱的作用是保证供给系统充分的工作油液,同时具有沉淀油液中的污物、逸出油中的空气和散热等作用。为此,它需要有一定大小的容积。通常油箱的有效容积取为液压泵每分钟流量的 3～6 倍。液压泵流量大、压力低或允许油温升高时,油箱容积取下限,反之则取上限。如有必要,油箱有效容积应根据散热需要来确定(见第八章中的算法)。

油箱的结构形式有总体式和分离式两种。总体式油箱是利用机床床身的内腔作为油箱,这种油箱结构紧凑,不单独占用地面空间,各处漏油易于回收,但增加了床身结构的复杂性,维护不便,散热不良,由于油温升高引起床身热变形,会降低机床的精度。分离式油箱是设置一个与机床分开的单独油箱,可减少油的温升和电机、液压泵的振动对机床工作精度的影响,精密机床一般都采用这种形式。

图 5-12 为一分离式油箱的结构简图。图中 1 为吸油管,4 为回油管,中间有两个隔板 7 和 9,隔板 7 用来阻挡沉淀杂物进入吸油管,隔板 9 用来阻挡泡沫进入吸油管。沉淀污物可从油阀 8 放出。加油滤油网 2 设在回油管一侧的上部。盖 3 上有通气孔。6 是油面指示器。当彻底清洗油箱时可将上盖板 5 卸开。

进行油箱的结构设计时应注意如下几个问题:

(1)油箱应有足够的刚度和强度。油箱一般用 2.5～4 mm 的钢板焊接而成,尺寸高大的油箱要加焊角板、筋条以增加刚度。油箱上盖板若安装电机传动装置、液压泵和其他液压元件,则盖板不仅要适当加厚,还要采取措施进行局部加强。液压泵和电机直立安装时,振动情况一般比横放安装时要好。

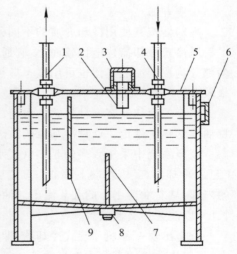

图 5-12　油箱结构简图
1—吸油管;2—加油滤油网;3—加油口盖;
4—回油管;5—油箱上盖板;6—油面指示器;
7,9—隔板;8—油阀

(2)吸油管和回油管之间的距离应尽量远,两管最好用隔板隔开,以增加油液循环流动的距离,提高散热效果,并使油液有足够长的时间放出气泡和沉淀杂质。隔板的高度约为最低油面高度的 2/3。

吸油管离油箱底面的距离应不小于管径的 2 倍,距油箱侧面应不小于管径的 3 倍,以便油流畅通。回油管应插入最低油面以下,以防回油冲入液面使油中混入气泡。回油管管端切成 45°角,以增大排油口面积,排油口应面向箱壁,利于散热。泄油管不应插入油中,以免增大元件泄漏腔处的背压。

(3)要采取措施保护箱内油液清洁。油箱上盖板与油箱四周都应严格密封,盖板上的各种安装孔也都要密封,以防灰尘杂物进入油箱污染油液。加油口要安装滤油器,通气孔上须装空气滤清器。吸油管入口处最好装粗滤油器,它的额定通过流量应为液压泵流量的 2 倍以上。

（4）要便于清洗和维护。为便于排放污油，油箱箱底应做成倾斜形，且与地面保持一定距离。在箱底最低处安装放油阀或放油塞。油箱结构还应考虑能方便地拆装滤油器和清洗内部。油箱侧壁应安装观察油面高低的油面指示器，以便适时补充油液。

（5）油箱内壁应涂覆耐油的防锈涂料，以延长油箱寿命和减少油液污染。

（6）如有必要安装热交换器、温度计等附加装置，则需要合理确定它们的安放位置。

二、热交换器

为了提高液压系统的工作稳定性，应使系统在允许的温度范围内工作并保持热平衡。液压系统的油液工作温度一般应保持在 $30 \sim 50℃$ 范围内，最高不超过 $60℃$，最低不低于 $15℃$。油温过高将使油液变质，加速其污染，同时油的黏性和润滑能力降低，增加油液的泄漏，缩短液压元件的寿命。油温过低，则液压泵启动时吸油困难，系统的压力损失也增大。

如果液压系统单靠自然散热不能使油温控制在允许的范围内，就必须安装冷却器；反之，如果环境温度太低无法使液压泵正常启动，就必须安装加热器。冷却器和加热器统称为热交换器。

1. 冷却器

冷却器按其使用冷却介质的不同分为风冷、水冷和氨冷等多种形式。

风冷式冷却器构造比较简单，它通常由有许多带散热片的管子所组成的油散热器和风扇两部分构成。油散热器也可用汽车散热器来替代。风冷式冷却器可节约用水，但它的冷却效果较差。

水冷式冷却器有多种样式。最简单的是在油箱中安置蛇形水冷管，冷水从蛇形管里通过，将油液的热量带走。这种冷却器的散热效率低，耗水量大，运转费用高。

液压系统中采用较多的是多管式水冷却器，其结构如图 5-13 所示。油液从右端上部油口 c 进入冷却器，经由左端上部油口 b 流出。冷却水从右端盖 4 中央的孔 d 进入，经过多根水管 3 的内部，从左端盖 1 上的孔 a 流出。油液在水管外面流过，三块隔板 2 用来增加油的循环路线长度，以改善热交换效果。

近来出现一种翅片管式冷却器，即在水管外面增加横向或纵向的散热翅片，使传热面积增大，其传热效率比直管式提高数倍。

冷却器一般应安装在回油路或在溢流阀的溢流管路上，图 5-14 所示是其正确的安装位置。液压泵输出的压力油直接进入液压系统，已经发热的回油和溢流阀溢出的热油一起通过冷却器 1 进行冷却后，回到油箱。单向阀 2 用于保护冷却器。当不需要进行冷却时可将截止阀 3 打开，使油直接回到油箱。

2. 加热器

液压系统中的加热器一般都采用电加热器。这种加热器结构简单，使用方便，可根据所需的最高和最低温度进行自动调节。电加热器外形呈长管状，常横装在油箱侧壁上，用法兰盘固定。由于油液是热的不良导体，因此单个加热器的容量不能太大，以免周围油温过高，使油质发生变化。如有需要，可在油箱内安装多个加热器，使加热均匀。

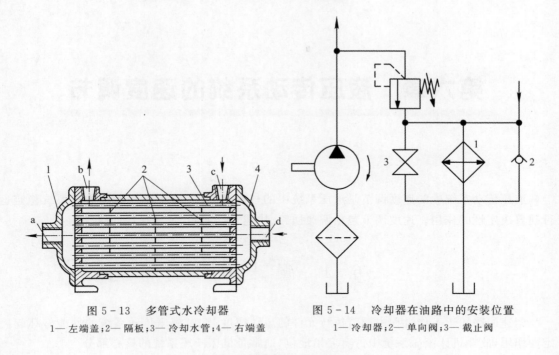

图 5 - 13 多管式水冷却器
1— 左端盖;2— 隔板;3— 冷却水管;4— 右端盖

图 5 - 14 冷却器在油路中的安装位置
1— 冷却器;2— 单向阀;3— 截止阀

思考题和习题

5-1 设蓄能器预充压力为 9 MPa,并在绝对压力 10 ~ 20 MPa 中间工作,若要求供油量为 5 L,试求该蓄能器的尺寸。

5-2 在调整阀和液压伺服阀的入口油路上应安装什么样的滤油器?

5-3 设管道流量 $Q = 25$ L/min,若限制管内流速 $v \leqslant 5$ m/min,问应选用多大内径的油管?

5-4 确定油箱的容积应考虑哪些因素?

第六章　液压传动系统的速度调节

液压传动系统中的速度调节是液压系统中的核心部分,它的工作性能优劣对系统稳定运行起着决定性的作用。速度调节包括调速回路、快速运动回路、速度换接回路等。

6-1　调 速 回 路

调速回路用于工作过程中调节执行元件的运动速度,它对液压传动系统的性能好坏起决定性作用,故在机床液压系统中占有突出地位,通常是机床液压系统的核心部分。

调速回路应满足如下基本要求:

(1) 在规定的调速范围内能灵敏、平稳地实现无级调速,具有良好的调节特性。

(2) 负载变化时,工作部件调定速度的变化要小(在允许范围内),即具有良好的速度刚性(或速度-负载特性)。

(3) 效率高,发热少,具有良好的功率特性。

液压缸的速度 v 与输入流量 Q_1 及缸有效工作面积 A_1 间的关系为

$$v = \frac{Q_1}{A_1}$$

液压马达的转速 n 与输入流量 Q_1 及马达排量 q_m 间的关系为

$$n = \frac{Q_1}{q_m}$$

可见,改变输入执行元件的流量 Q_1,或改变液压缸有效工作面积 A_1 和液压马达每转排量 q_m,都可以达到调速的目的。改变液压缸有效工作面积 A_1 较困难,改变排量 q_m 在变量液压马达上则容易做到,而最易实现和广泛应用的是改变输入流量 Q_1。

目前在机床液压系统的调速回路中,主要有以下三种基本调速形式:

(1) 节流调速。采用定量泵供油,由流量控制阀调节进入执行元件的流量来实现调速。

(2) 容积调速。通过改变变量泵或变量马达的排量来实现调速。

(3) 容积节流调速。采用压力反馈式变量泵供油,配合流量控制阀进行节流以实现调速,又称联合调速。

就油路的循环形式而言,调速回路又有开式与闭式之分。开式回路是液压泵从油箱吸油,执行元件的回油直接通油箱(见图 6-1、图 6-2、图 6-3)。这种回路形式结构简单,油液在油箱中能得到较好冷却和沉淀杂质,故应用最广。但油箱尺寸大,油液与空气接触易使空气混入系统,致使运动不平稳。闭式回路是液压泵的排油腔与执行元件的进油管相连,执行元件的回油管直接与液压泵的吸油腔相通,两者形成封闭的环状回路(见图 6-14、图 6-16、图 6-18)。这种回路形式的油箱尺寸小,结构紧凑,并可减少空气混入系统的机会。为了补偿泄漏和液压泵吸油腔与执行元件排油腔的流量差以及使系统得到冷油补充,常采用另一较小的辅助泵(压力为 $3 \times 10^5 \sim 10 \times 10^5$ Pa,流量约为主泵的 $10\% \sim 15\%$)供油,使吸油路经常保持一定压力,减少空气侵入的可能性。这种回路冷却条件差,温升大,结构复杂,对过滤要求较高。

一、节流调速回路

节流调速回路由定量泵、溢流阀、流量控制阀和定量式执行元件等组成。它通过改变流量控制阀阀口的开度(亦即通流截面积),调节与控制进入执行元件的流量,实现执行元件工作速度的调节。执行元件可以是液压缸,也可以是液压马达。现以液压缸为例进行分析,所得结论也适用于液压马达。

该回路的特点是结构简单,成本低,使用维护方便;能量损失大,效率低,发热大,一般用于功率不大的场合。

根据流量控制阀安装位置的不同,节流调速回路可分为如下三种基本形式:

(1) 进口节流调速。流量控制阀安装在进油路上,即串联在定量泵和执行元件之间(见图 6-1)。

(2) 出口节流调速。流量控制阀安装在回油路上,即串联在执行元件与油箱之间(见图 6-2)。

(3) 旁路节流调速。流量控制阀安装在与执行元件并联的旁支油路上(见图 6-3)。

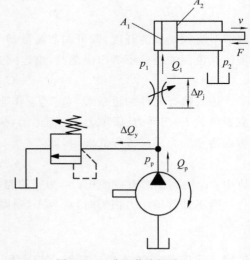

图 6-1　进口节流调速

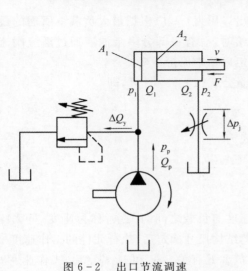

图 6-2　出口节流调速

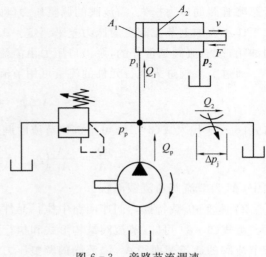

图 6-3　旁路节流调速

此外,还有把流量控制阀同时安装在进、回油路上的复合调速回路。

以下分别对这三种调速回路进行分析。

1. 采用普通节流阀的节流调速回路特性分析

(1) 进口节流调速回路(见图 6-1)。

1) 工作原理和回路参数。执行元件的工作速度 v 由通过节流阀进入执行元件的流量 Q_1 和工作腔有效工作面积 A_1 决定,即

$$v = \frac{Q_1}{A_1} \tag{6-1}$$

调节节流阀阀口的开度,即可调节流量 Q_1,从而调节执行元件的运动速度 v,多余油液 ΔQ_y 经溢流阀流回油箱。不考虑泄漏时,由连续方程可得

$$Q_p = Q_1 + \Delta Q_y \tag{6-2}$$

进入执行元件的流量 Q_1 愈少,工作速度 v 愈低,从溢流阀回油箱的流量 ΔQ_y 就愈多。为克服负载 F(切削力、摩擦力等)而运动,执行元件工作腔的油液必须具有一定工作压力 p_1,其值由活塞受力平衡方程式确定,即

$$p_1 A_1 = F + p_2 A_2 \tag{6-3}$$

式中:A_2 为回油腔有效面积;p_2 为回油腔压力(常称背压)。

当不计管道压力损失时,$p_2 \approx 0$,则得

$$p_1 = \frac{F}{A_1} \tag{6-4}$$

说明工作压力 p_1 随负载 F 而变。液压泵出口压力 p_p 由溢流阀调定,为了保证油液通过节流阀进入执行元件,p_p 必须大于可能出现的最大工作压力 p_1,即节流阀上应有一个压力差,即

$$\Delta p_j = p_p - p_1 = p_p - \frac{F}{A_1} \tag{6-5}$$

或

$$p_p = p_1 + \Delta p_j = \frac{F}{A_1} + \Delta p_j \tag{6-6}$$

若忽略管路的压力损失,溢流阀的调整压力(即泵的出口压力)p_p 应根据最大负载下所需的最大工作压力加上节流阀上的压力差来调定。工作进给时,总有一部分多余油液通过溢流阀流回油箱,故溢流阀是常开的,泵出口压力由溢流阀调定后基本保持不变。

通过节流阀进入执行元件的流量可用节流阀流量公式(4-11)计算,即

$$Q_1 = CA_j \Delta p_j^\varphi = CA_j \left(p_p - \frac{F}{A_1} \right)^\varphi \tag{6-7}$$

将式(6-7)代入式(6-1),可得进口节流的调速公式为

$$v = \frac{Q_1}{A_1} = \frac{CA_j}{A_1} \left(p_p - \frac{F}{A_1} \right)^\varphi = \frac{CA_j (p_p A_1 - F)^\varphi}{A_1^{\varphi+1}} \tag{6-8}$$

式中,A_j 为节流阀通流截面积。

2) 速度-负载特性。调速回路中执行元件工作速度与负载之间的关系,称为速度-负载特性。由式(6-8)可知,节流阀结构形式和执行元件的结构尺寸确定后,执行元件的工作速度 v 与节流阀的通流截面积 A_j、溢流阀的调整压力 p_p 及负载 F 有关。A_j 和 p_p 调定后,工作速度 v 随负载 F 而变。若以工作速度 v 为纵坐标,负载 F 为横坐标,按式(6-8)作图,可得一组速度

-负载特性曲线,如图 6-4 所示,若 $\varphi=\dfrac{1}{2}$,则这是一组以横轴为对称轴的抛物线。当 A_j 和 p_p 一定时,负载 F 增加,工作速度 v 就按抛物线规律下降。负载增加到 $F=p_p A_1$ 时,速度就下降为零,执行元件停止运动。

　　速度-负载特性可用速度刚性这一指标来评定,其定义为曲线上某一点处切线斜率的倒数,即

$$k_v = -\frac{1}{\tan\alpha} = -\frac{\partial F}{\partial v} \qquad (6-9)$$

速度刚性 k_v 表示负载变化时,系统抗阻速度变化的能力。曲线上某点处的斜率越小,速度刚性就越大,速度-负载特性就越硬,调速回路在该点速度受负载的影响就越小,亦即该点处的速度稳定性越好。由于 $\tan\alpha$ 恒为负值,故在式前加一负号,k_v 就成为正值。

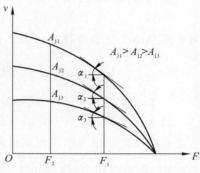

图 6-4　节流阀进口节流调速回路
速度-负载特性曲线

　　进口节流调速回路的速度刚性可由式(6-8)求得

$$k_v = -\frac{\partial F}{\partial v} = \frac{A_1^{\varphi+1}}{\varphi C A_j (p_p A_1 - F)^{\varphi-1}} \qquad (6-10)$$

或

$$k_v = \frac{A_1}{\varphi v}\left(p_p - \frac{F}{A_1}\right) \qquad (6-11)$$

由式(6-10)及图 6-4 可见:① 节流阀进口节流调速回路的速度-负载特性较软,速度刚性较差;② 当节流阀通流截面积 A_j 一定时,小负载下的速度刚性较大负载时好;③ 当负载 F 一定时,同一节流阀通流截面积减小,刚性增大;④ 增大节流阀进出口压力差 Δp_j,减小节流阀指数 φ,可提高回路的速度刚性,通常使 $\dfrac{\Delta p_j}{p_j} \geqslant \dfrac{1}{3}$,取 $\varphi=0.5$ 的薄壁小孔型节流阀;⑤ 增大执行元件有效工作面积 A_1,可有效地提高回路的速度刚性。

　　3)功率特性和回路效率。液压泵的输出功率为

$$P_p = p_p Q_p \qquad (6-12)$$

当不计执行元件的泄漏与摩擦损失时,其有效功率为

$$P_1 = p_1 Q_1 = p_1 A_1 v = Fv \qquad (6-13)$$

当不考虑管路的功率损失时,回路的功率损失为

$$\Delta P = P_p - P_1 = p_p Q_p - p_1 Q_1 = p_p(Q_1 + \Delta Q_y) - (p_p - \Delta p_j)Q_1 =$$
$$p_p \Delta Q_y + \Delta p_j Q_1 = \Delta P_y + \Delta P_j \qquad (6-14)$$

式中:ΔP_y 为溢流量 ΔQ_y 在压力 p_p 下流过溢流阀时造成的功率损失,称溢流损失;ΔP_j 为流量 Q_1 在压差 Δp_j 作用下通过节流阀时产生的功率损失,称节流损失。说明这种回路的功率损失由溢流作用造成的溢流损失和节流作用产生的节流损失两部分组成,它们都转化为热量使系统油温升高。式(6-14)也可写成

$$P_p = P_1 + \Delta P_y + \Delta P_j$$

或

$$P_1 = P_p - \Delta P_y - \Delta P_j$$

　　当作用在执行元件上的负载固定时,工作压力 p_1、液压泵压力 p_p 和节流阀两端压力差 Δp_j 近似不变,调节节流阀的通流面积来改变工作速度,则功率与工作速度间的关系如图 6-5

所示。泵的驱动功率近似看作一个常量,执行元件的有效功率 P_1 和节流损失 ΔP_j 随工作速度增大而线性地增大,而溢流损失 ΔP_y 则线性地减小。

若执行元件上的负载是变化的,泵出口压力 p_p 应根据最大工作压力来调定。泵压力及节流阀通流截面积调定后,工作压力随负载正比变化,流量 Q_1 则随负载的加大而呈抛物线下降。

执行元件的有效功率为

$$P_1 = p_1 Q_1 = CA_j p_1 (p_p - p_1)^\varphi \tag{6-15}$$

对于薄壁小孔型节流阀,$\varphi = 0.5$,故有

$$P_1 = CA_j p_p^{\frac{3}{2}} \left(\frac{p_1}{p_p}\right) \left(1 - \frac{p_1}{p_p}\right)^{\frac{1}{2}} \tag{6-16}$$

当 $p_1 = p_p$ 时,$P_1 = 0$,此时节流阀两端压力差为 0,无流量进入执行元件。

当 $p_1 = 0$ 时,$P_1 = 0$,此时负载为 0,不要求功率输出。

有效功率的极大值出现在这两种极端情况之间。对式(6-16)求极值,不难得到,当 $p_1 = \frac{2}{3} p_p$ 时,即负载压力(执行元件工作压力)等于供油压力的 2/3 时,执行元件将有最大功率输出,其值为

$$P_{1\max} = 0.385 p_p CA_j p_p^{\frac{1}{2}} = 0.385 p_p Q_1' \tag{6-17}$$

这里,$Q_1' = CA_j p_p^{\frac{1}{2}}$,它是 A_j 和 p_p 为某一定值,$p_1 = 0$ 时通过节流阀的流量。

当 $p_1 = \frac{2}{3} p_p$ 时,通过节流阀的流量 Q_1 为

$$Q_1 = CA_j \left(p_p - \frac{2}{3} p_p\right)^{\frac{1}{2}} = 0.577 Q_1' \tag{6-18}$$

其功率与负载间的关系如图 6-6 所示。

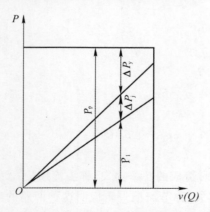

图 6-5　节流阀进口节流调速回路在负载
　　　　恒定时的功率-速度曲线

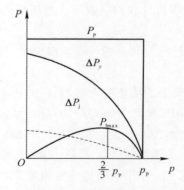

图 6-6　节流阀进口节流调速回路在负载
　　　　变化时的功率-负载曲线

常用回路效率来度量回路功率的利用程度,定义回路的输出功率与输入功率之比为回路效率。假设液压泵的输出功率 P_p 和执行元件的有效功率 P_1 分别作为回路的输入与输出功率,则回路效率可表达为

$$\eta = \frac{P_1}{P_p} = \frac{p_1 Q_1}{p_p Q_p} = \frac{p_1 CA_j (p_p - p_1)^{\varphi}}{p_p Q_p} \tag{6-19}$$

对负载恒定回路,工作速度愈大(Q_1 愈大),效率愈高。

对于工作中负载变化很大的回路,效率和有效功率 P_1 一样,随 p_p 和 A_j 而变,当 $p_1 = \frac{2}{3} p_p$ 时,回路有最佳效率。由式(6-17)和式(6-19)可知

$$\eta \leqslant \frac{0.385 p_p Q_1'}{p_p Q_p} = 0.385 \frac{Q_1'}{Q_p} \tag{6-20}$$

此式表明,$\frac{Q_1'}{Q_p}$ 越小,溢流损失越大,效率越低。因 Q_1' 恒小于 Q_p,故此情况下的回路效率恒低于 0.385。

由以上分析可知,进口节流调速回路是不宜在负载变化大的工作状态下使用的。负载变化大带来执行元件的速度变化大,速度稳定性差,回路效率也低。只有在负载恒定(或变化很小)、调速范围不大的工作情况下,才能获得较好的速度稳定性与回路效率。

(2)出口节流调速回路(见图 6-2)。

1)工作原理与回路参数。节流阀装在执行元件的回油路上,控制从执行元件回油腔流出的流量 Q_2,从而也就控制了进入执行元件工作腔的流量 Q_1,因为这两者有固定的比例关系,即

$$v = \frac{Q_2}{A_2} = \frac{Q_1}{A_1} \tag{6-21}$$

液压泵输出流量除流入执行元件的流量 Q_1 外,其余由溢流阀流回油箱,即

$$Q_p = Q_1 + \Delta Q_y \tag{6-22}$$

当忽略管路压力损失时,由活塞受力平衡方程可得

$$p_1 A_1 = p_p A_1 = F + p_2 A_2$$

或

$$p_2 = \frac{p_p A_1 - F}{A_2} = \Delta p_j \tag{6-23}$$

可见,负载 F 越小,回油腔压力 p_2 越大,当 $A_2 < A_1$,且负载很小时,回油腔压力 p_2 可比工作腔压力大得多,甚至超过泵的供油压力很多,节流阀的两端将承受很大的压力差。

执行元件的运动速度,由通过节流阀从执行元件回油腔排出的流量 Q_2 决定,即

$$v = \frac{Q_2}{A_2} = \frac{CA_j p_2^{\varphi}}{A_2} = \frac{CA_j (p_p A_1 - F)^{\varphi}}{A_2^{\varphi+1}} \tag{6-24}$$

2)速度-负载特性。由式(6-24)可求得出口节流调速回路的速度刚性为

$$k_v = -\frac{\partial F}{\partial v} = \frac{A_2^{\varphi+1}}{\varphi CA_j (p_p A_1 - F)^{\varphi-1}} \tag{6-25}$$

由式(6-24)、可将式(6-25)写成

$$k_v = \frac{A_1}{\varphi v} \left(p_p - \frac{F}{A_1} \right) \tag{6-26}$$

比较式(6-26)和式(6-11),其形式完全相同。在供油压力 p_p、执行元件的运动速度 v 及节流阀的结构形式与液压缸尺寸相同的情况下,出口节流调速回路的速度刚性和进口节流调速回路完全相同,其速度-负载特性曲线与特性分析也完全一样。比较式(6-24)和式(6-8),在其他条件相同的情况下,因为 $A_1 > A_2$,故进口节流调速能获得较低的工作速度。若为双出

杆液压缸，$A_1 = A_2$，则两者的速度范围完全相同。

3）功率特性与回路效率。泵的输出功率为

$$P_p = p_p Q_p$$

执行元件的有效功率为

$$P_1 = Fv = (p_1 A_1 - p_2 A_2)v = p_p Q_1 - p_2 Q_2 \qquad (6-27)$$

功率损失为

$$\Delta P = P_p - P_1 = p_p \Delta Q_y + p_2 Q_2 \qquad (6-28)$$

而

$$p_2 Q_2 = \Delta p_j \Big(\frac{A_2}{A_1} Q_1\Big) = \Delta p_j' Q_1$$

这里 $\Delta p_j'$ 为折算到进油路上的节流阀压力损失，故

$$\Delta P = p_p \Delta Q_y + \Delta p_j' Q_1 \qquad (6-29)$$

说明出口节流调速回路的功率损失和进口节流调速回路相同，也是由溢流损失（$p_p \Delta Q_y$）和节流损失（$\Delta p_j' Q_1$）两部分组成，两者的功率特性和回路效率也相同。

（3）旁路节流调速回路（见图 6-3）。

1）工作原理和回路参数。节流阀装在与执行元件并联的旁支油路上，定量泵输出的流量一部分（Q_1）直接进入执行元件，另一部分（Q_2）通过节流阀流回油箱。不计泄漏时，由连续方程

$$Q_p = Q_1 + Q_2 \qquad (6-30)$$

当不考虑管路的压力损失时，液压泵供油压力等于执行元件的工作压力，亦等于节流阀两端压力差，其大小决定于负载 F 和工作腔有效工作面积 A_1，即

$$p_p = p_1 = \Delta p_j = \frac{F}{A_1} \qquad (6-31)$$

溢流阀调定压力必须大于克服最大负载所需压力，故在工作时溢流阀处于关闭状态，仅回路过载时才打开，起安全保护作用。

调节节流阀通流面积，改变通过节流阀的流量 Q_2，也就改变了进入执行元件的流量 Q_1，从而调节执行元件的工作速度 v，即

$$v = \frac{Q_1}{A_1} = \frac{Q_p - Q_2}{A_1} = \frac{Q_p - CA_j p_1^\varphi}{A_1} = \frac{Q_p - CA_j \Big(\dfrac{F}{A_1}\Big)^\varphi}{A_1} \qquad (6-32)$$

式中，Q_p 是指泵的出口流量，随压力的变化，泵的泄漏量也变化，即

$$Q_p = Q_o - \Delta Q_l$$

其中：Q_o 为泵的理论流量；ΔQ_l 为泵的泄漏量，随压力的增大而增大。

2）速度-负载特性。由式（6-32）可求得旁路节流调速回路的速度刚性为

$$k_v = \frac{A_1^2}{\varphi \, CA_j} \Big(\frac{F}{A_1}\Big)^{1-\varphi} \qquad (6-33)$$

按式（6-32）可得旁路节流调速回路的速度-负载特性曲线，如图 6-7 所示。

由式（6-32）、式（6-33）及图 6-7 可知：① 随着负载的增加，运动速度下降很快，其速度-负载特性比进、出口节流

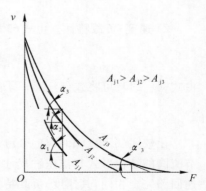

图 6-7　节流阀旁路节流调速回路
速度-负载特性曲线

调速回路更软;② 在节流阀通流截面积一定时,负载愈大,速度刚性愈大;③ 负载一定时,节流阀通流面积愈小(即执行元件运动速度愈高),速度刚性愈好;④ 增大执行元件有效工作面积,减小节流阀指数,可以提高速度刚性;⑤ 执行元件工作速度愈低(即节流阀通流面积愈大),则其能承受的最大负载愈小,即低速时的最大承载能力变小,故节流阀的开度不能太大。这种回路只能在小流量范围内进行调节,调速范围较小。

3) 功率特性和回路效率。液压泵输出功率随负载增大而增大,即

$$P_p = p_p Q_p = p_1 Q_p = \frac{F}{A_1} Q_p \tag{6-34}$$

旁路节流无溢流损失,只有油液通过节流阀时所产生的节流损失和液压泵泄漏损失,即

$$\Delta P_j = p_1 Q_2 = CA_j p_1^{\varphi+1} \tag{6-35}$$

执行元件的有效功率为

$$P_1 = p_1 Q_1 = p_1 (Q_p - CA_j p_1^{\varphi}) = P_p - CA_j p_1^{\varphi+1} \tag{6-36}$$

当负载一定时,有效功率随工作速度增加而线性上升,功率损失则随之线性下降,如图 6-8 所示。

当负载变化时,泵功率随负载的增加而线性上升,有效功率则与进、出口节流调速回路相似,与负载呈曲线变化关系。旁路节流调速回路的效率为

$$\eta = \frac{P_1}{P_p} = \frac{Q_1}{Q_p} = 1 - \frac{CA_j p_1^{\varphi}}{Q_p} \tag{6-37}$$

由于泵的驱动功率随负载的增减而增减,故此种回路的效率比进、出口节流调速回路高,工作速度愈大,效率愈高。

(4) 三种节流调速方式的比较。三种节流阀节流调速回路主要性能的综合比较列于表 6-1。

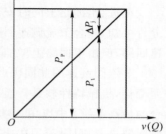

图 6-8　节流阀旁路节流调速回路负载恒定时的功率-速度曲线

表 6-1　三种节流阀节流调速回路性能比较

性能	调　速　方　式		
	进口节流	出口节流	旁路节流
机械特性	机械特性(速度-负载特性)较软,运动平稳性较差	机械特性较软,由于节流阀在回油路上的阻尼作用,运动平稳性较好	机械特性最软,运动平稳性最差
承载特性	能承受的最大负载由溢流阀调定的压力决定,属恒扭矩(恒牵引力)调节		最大负载随节流阀开口增大而减小,低速时承载能力差
调速范围	较大,可达 100 以上	由于低速时的运动平稳性较进口节流好,故可获得更低的运动速度。但在单出杆缸的回路中(工作腔为无杆腔),最低速度大于进口节流	由于低速时稳定性差,承载能力小,故调速范围小

续表

性能	调速方式		
	进口节流	出口节流	旁路节流
功率特性（与效率）	系统功率消耗与负载、速度无关；低速、轻载时效率低，发热大		功率消耗与负载成正比，轻载时效率较高，发热较小
其他	不能在负切削力下工作；停车后启动时（节流阀处于关闭或小开口状态）冲击小	能在负切削力下工作；停车后启动时有冲击	不能在负切削力下工作；停车后启动时冲击大

在进、出油路上同时安装节流阀的复合节流调速回路在生产实际中亦得到应用。由理论分析可知，复合节流调速回路的低速性能、速度刚性及调速范围均优于进口节流或出口节流调速回路，但由于回路上增加了一个节流元件，故功率损失与发热较大。

节流阀调速的共同优点是结构简单，能在较大范围内实现无级调速。速度随负载的变化而变化，机械特性软是普通节流阀调速的共同缺点，故多在负载变化不大的机床（如磨床工作台的传动系统）中应用。功率损耗大，尤其在低速、轻载时效率低，是这种调速方式的另一个共同缺点，故只限于用在功率不大的系统。

2.节流调速系统中的速度稳定性

在节流阀调速回路中，负载的变化引起速度变化的原因在于负载变化引起节流阀两端的压力差变化，因而使通过节流阀进入执行元件的流量发生变化，执行元件的运动速度亦随之变化。要解决这一问题，必须使节流阀两端的压力差与负载的变化无关或关系很小。

（1）采用调速阀（速度稳定器）的节流调速回路。图6-9是调速阀装在进油路上的回路图。该图所示的工作原理与节流阀进口节流调速回路相同。调速阀的工作原理见第4-4节。调速阀中的减压阀a是一种能自动调节开口量，进行压力补偿，保持节流阀b两端的压力差基本不变的定差式减压阀。减压阀阀芯两端的压力分别作用于节流阀b的进出口端，由式（4-18）可知，使节流阀两端的压力差亦基本保持不变，即

$$\Delta p_{j}=p_{g}-p_{1}=\frac{F_{s}}{A_{g}}\approx 常数 \quad (6-38)$$

式中：p_{g}为减压阀后，节流阀入口处压力；p_{1}为节

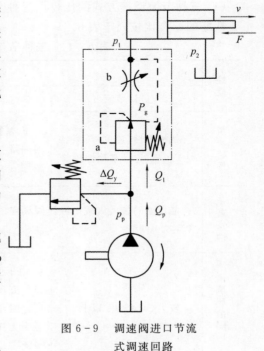

图6-9　调速阀进口节流式调速回路

流阀出口处压力；F_s 为减压阀恢复弹簧的作用力；A_s 为减压阀阀芯顶端面积。

节流阀的开口量一定时，不管负载如何变化，由于 Δp_j 基本不变，故其过流量亦基本保持不变，使执行元件的运动速度保持稳定。实际上由于缸与阀的泄漏、减压阀阀芯弹簧力的微小变动以及液动力的变化等原因，负载的变化会对速度产生一定影响。在全负载下，这种回路的速度波动值一般不会超过 $\pm 4\%$。

图 6-10 是采用调速阀与采用节流阀的进出口节流调速［见图 6-10(a)］与旁路节流调速［见图 6-10(b)］的速度-负载特性曲线比较。曲线 1 为采用调速阀的特性曲线，曲线 2 为采用节流阀的特性曲线。由图可见，采用调速阀的节流调速回路其机械特性要硬得多。

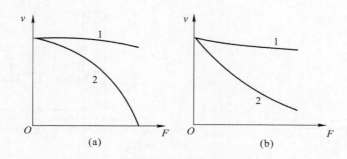

图 6-10　采用调速阀与节流阀的调速回路速度-负载特性曲线比较

(a) 进出口节流调速；　(b) 旁路节流调速

这种调速回路工作时也有节流损失（包括减压阀与节流阀两者的节流损失）与溢流损失，因调速阀的最小压差要比普通节流阀大些，在相同条件下，供油压力也需调得高些，故功率损失也大些。负载恒定时，回路的功率与速度间的关系和节流阀的调速回路相同。当负载变化时，由于调速阀使流量不随负载而改变，有效功率及回路效率只是负载的函数。在调定节流阀通流截面积下，其溢流量保持不变，泵输出功率与溢流损失都是常量，而有效功率随负载增加而线性上升，节流损失则随负载增加而线性下降。其功率-负载关系曲线如图 6-11 所示。因此，在变负载情况下，调速阀进、出口节流调速回路都是利用节流损失的变化来适应有效功率的变化。

如果采用一个普通定值减压阀后面串接一个节流阀装在回油路上，由于定值减压阀出口压力恒定，节流阀两端压力差也能保持不变，同样可以达到稳速的目的。显然这种方法不能用于进口调速回路的速度稳定。

(2) 采用溢流节流阀的节流调速回路。图 6-12 是采用溢流节流阀的进口节流调速回路。由差压式溢流阀 a 和节流阀 b 组成的溢流节流阀也是一种速度稳定器。定量泵输出的流量，一部分(Q_1)经节流阀 b 进入液压缸，其余流量(ΔQ_y)经差压式溢流阀 a 流回油箱，c 是安全阀，用来防止过载。由式(4-23)可知，当负载发生变化时，差压式溢流阀自动调节开口量，保持其阀芯两端的压力差（同时也是节流阀两端的压力差）基本不变，即

$$p_p - p_1 = \Delta p_j = \frac{F_s}{A_y} \approx 常数 \tag{6-39}$$

式中：F_s 为差压式溢流阀中弹簧力；A_y 为差压式溢流阀阀芯截面积。

从而保证了通过节流阀进入液压缸的流量和活塞的运动速度基本不变。当负载增大时，工作压力 p_1 增大，差压式溢流阀内弹簧腔一侧的压力大于无弹簧一侧，使阀芯下移致溢流口关小，泵的供油压力随之增大。反之，当 p_1 减小时，p_p 亦随之减小，使节流阀两端的压力差基本不变。这种回路在全负载下的速度波动值也不大于 ±4%。

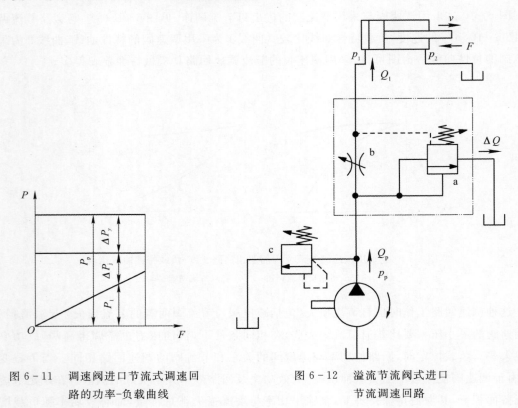

图 6-11　调速阀进口节流式调速回
　　　　　路的功率-负载曲线

图 6-12　溢流节流阀式进口
　　　　　节流调速回路

由于供油压力随负载的增减而增减，故功率损耗较小，效率较采用普通节流阀或调速阀的节流调速回路高。但这种溢流节流阀只能在进油路上使用，适用于对运动平稳性要求较高、功率较大的系统。

节流调速系统，无论是采用节流阀或调速阀，其功率损失较大，效率较低是一个共同的缺点，尤其是调速范围较大时，能量的利用率很低，发热很大。为了提高效率，可采用多泵供油、分级调速的方法，即采用两个或三个不同流量的液压泵组成供油系统。工作时根据速度（即所需流量）的大小，分别由一个、两个或三个泵供油，不供油的泵进行卸荷，同时采用节流阀或调速阀进行无级调速。

图 6-13 为双泵分级节流调速回路。换向阀的四种不同工作位置，对应于泵1供油、泵2供油、双泵供油和双泵供油加差动连接四种回路工作状态，可使液压缸获得四种不同的运动速度，再利用装在旁油路上的调速阀，就可在四种速度之间获得无级调速。但这种回路的换向阀结构复杂，泵的数量也较多，一般仅用于调速范围较大的中等功率液压系统。

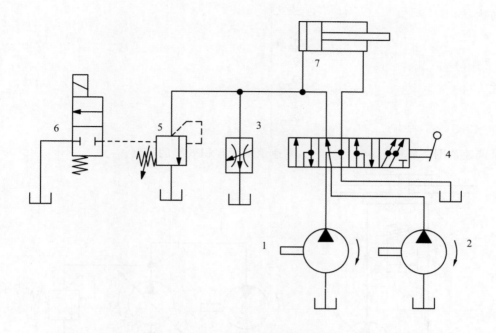

图 6-13　双泵分级节流调速回路

1,2— 泵；3— 调速阀；4— 四位五通换向阀；5— 溢流阀；6— 二位二通换向阀；7— 液压缸

二、容积调速回路

容积调速回路由变量泵或变量马达及安全阀等元件组成，它通过改变变量泵的输油量或变量马达的每转排量来实现运动速度的调节。

这种调速回路仅有泵和马达的泄漏损失，没有节流元件或溢流元件，故没有节流损失和溢流损失，效率高，发热小，一般用于功率较大或对发热要求严格的系统。但变量泵与变量马达的结构比较复杂，成本较高。

根据调节对象的不同，容积调速方法有三种：① 变量泵和定量执行元件（定量液压马达或液压缸）组成的容积调速回路；② 定量泵和变量液压马达组成的容积调速回路；③ 变量泵和变量液压马达组成的容积调速回路。

1. 变量泵和定量执行元件组成的调速回路

图 6-14 依靠改变变量泵 1 的输出流量来调节定量液压缸 2 或液压马达 2 的运动速度。3 是安全阀，只在系统过载时才打开。回路为闭式并通过单向阀 4 从副油箱补油。

在这种调速回路中，变量泵的流量是根据执行元件的运动速度要求来调节的，需要多少流量就供给多少流量，没有多余流量从溢流阀溢走。当不考虑管路损失时，液压泵的供油压力等于执行元件的工作压力并由负载决定，随负载的增减而增减，允许最大工作压力由安全阀调定。

这种调速回路具有如下特性：

（1）当不计漏损时，液压马达或液压缸的最高与最低运动速度取决于变量泵的最大与最小流量 Q_{max} 和 Q_{min}，即

液压马达
$$n_{max} = \frac{Q_{max}}{q_m}$$

$$n_{min} = \frac{Q_{min}}{q_m}$$

液压缸
$$v_{max} = \frac{Q_{max}}{A_1}$$
$$(6-40)$$

$$v_{min} = \frac{Q_{min}}{A_1}$$

变量泵调速范围一般可达 40。实际上,调速范围受容积效率的限制。

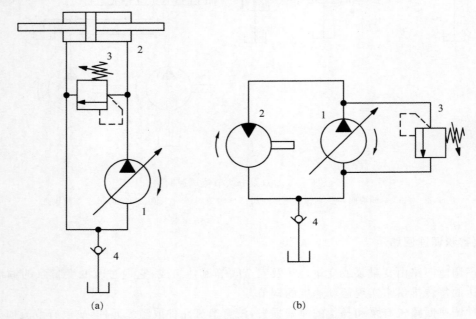

图 6-14　变量泵-定量执行元件式容积调速回路

1— 变量泵;2—(a) 液压缸、(b) 液压马达;3— 安全阀;4— 单向阀

(a) 液压缸;　(b) 液压马达

（2）在各种速度下,液压马达能产生的转矩和液压缸能产生的推力分别为

$$T_m = \frac{p_1 q_m}{2\pi}$$
$$F = p_1 A_1$$
$$(6-41)$$

式中:p_1 为液压马达或液压缸的工作压力,大小由负载决定,最大工作压力由安全阀调定;q_m 为液压马达每转排量;A_1 为液压缸有效工作面积。

当负载转矩或负载力一定时,在整个调速范围内,液压马达的输出转矩或液压缸产生的推力不变;由于安全阀的调定压力一定,故其最大输出转矩或最大推力亦不变。因此,这种调速方式称为恒扭矩或恒推力调速。

（3）忽略系统的损失,液压马达或液压缸的有效功率等于泵的输出功率。当负载一定时,执行元件的功率随液压泵输油量呈线性变化。这种调速回路的输出特性如图 6-15 所示。

（4）液压泵和执行元件的容积效率随负载的增加而下降,泄漏增加,因而执行元件的速度将随之下降,故这种回路也有速度随负载增加而下降的特性,速度低时,负载增加,转速容易变成零。影响这一特性的主要因素是泵和执行元件的质量。加大执行元件的有效工作面积,减少元件的泄漏,可以提高回路的速度刚性。

2.定量泵和变量液压马达组成的调速回路

图 6-16 定量泵 1 输油量不变,改变变量液压马达 2 的排量 q_m 就可改变液压马达的转速。3 是溢流阀,4 是辅助泵,用于向系统补油。5 为辅助泵的溢流阀,其压力调得较低,使主泵吸油腔保持一定的压力,防止空气侵入,以改善吸油特性。

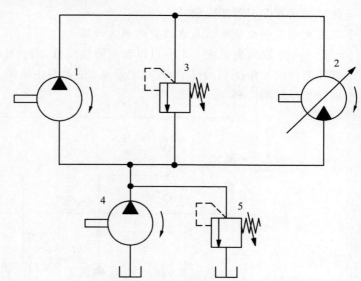

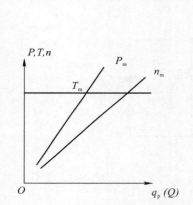

图 6-15 变量泵-定量执行元件式
调速回路的输出特性

图 6-16 定量泵-变量液压
马达式容积调速回路

1— 定量泵;2— 变量液压马达;3,5— 溢流阀;4— 辅助泵

这种调速回路有如下特性:

(1)液压马达的最高转速与最低转速,相应于其最小排量与最大排量,可表示为

$$n_{max} = \frac{Q_p}{q_{m\ min}} \atop n_{min} = \frac{Q_p}{q_{m\ max}} \right\} \tag{6-42}$$

由 $T_m = \dfrac{p q_m}{2\pi}$,故液压马达的最小排量 $q_{m\ min}$ 不能调得太小,否则输出转矩太小,带不动负载,所以调速范围较小(约为 4)。

(2)在各种转速下,泵的供油量不变,且其最大工作压力由安全阀调定,故泵的最大输出功率恒定。如不考虑系统效率,则液压马达的输出功率在整个调速范围内亦恒定,故称恒功率调速。当外负载所要求的工作压力低于调定的最大工作压力时,液压马达的输出功率与输出转矩亦低于其可能输出的最大功率与最大转矩。减少排量,转速提高,输出转矩下降。图 6-17 为这种回路在其安全

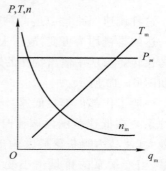

图 6-17 定量泵-变量液压
马达式容积调速
回路的输出特性

阀允许的最大工作压力下的输出特性曲线。

（3）不宜采用双向液压马达在运转中实现换向，因为换向时，双向液压马达的偏心量（或倾斜角）必须要经历一个"变小 → 为零 → 反向增大"的过程，也就是马达的排量"变小 → 为零 → 变大"的过程。输出转矩就要经历"转速变高 → 输出转矩太小带不动负载转矩而使转速为零 → 反向高转速"的过程。调节很不方便，甚至会因转速太高（飞车）而造成事故，故不宜采用这种换向方式。

（4）液压泵和液压马达随负载的增加而容积效率降低，使泄漏增加，故这种回路也存在随负载增加而速度下降的现象。

3. 变量泵和变量液压马达组成的调速回路

图 6-18 双向变量泵 1 不仅可以改变输出流量，而且可以改变输油方向，以实现变量马达的调速与换向。由于双向供油，故在定量泵 3 的油路中增加了单向阀 6 和 8，在溢流阀 4 的油路中增加了单向阀 7 和 9。

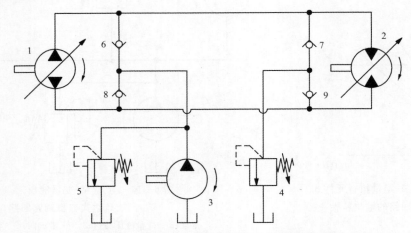

图 6-18   变量泵-变量液压马达式容积调速回路

1— 双向变量泵；2— 双向变量马达；3— 定量泵；4,5— 溢流阀；6,7,8,9— 单向阀

这种调速回路是上述两种调速回路的组合，由于泵和马达的排量均为可变，故扩大了调速范围，并扩大了液压马达转矩与功率输出特性的选择余地。其输出特性曲线如图 6-19 所示。

一般工作部件都在低速时要求有较大的转矩，因此，这种系统在低速范围内调速时，先将液压马达的排量调为最大（使马达能获得最大输出转矩），然后改变泵的输油量，当变量泵的排量由小变大，直至达到最大输油量时，液压马达转速亦随之升高，输出功率随之线性增加；若要进一步加大液压马达转速，则可将变量马达的排量由大变小，此时输出转矩随之降低，而泵则处于最大功率输出状态不变，故液压马达亦处于恒功率输出状态。

这种回路和上两种调速回路相同，亦有随负载增大

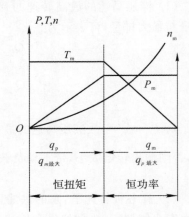

图 6-19   变量泵-变量液压马达式容积调速回路的输出特性

而泄漏增加、转速下降的特性。

三、容积节流调速回路

这种调速回路采用变量泵和节流阀（或调速阀）相配合进行调速，是容积式与节流式调速的联合，故称联合调速。液压泵的供油量与执行元件所需流量相适应，回路中没有溢流损失，故效率比节流调速方式高；变量泵的泄漏由于压力反馈作用而得到补偿，进入执行元件的流量由调速阀控制，故速度稳定性比容积式调速好。因此该调速方式在调速范围大、中等功率的机床液压系统中常被采用。

机床上常用的容积节流调速方法有限压式变量泵和调速阀的联合调速；差压式变量泵和节流阀的联合调速。

1.限压式变量泵和调速阀式容积节流调速回路

图6-20(a)系统由限压式变量泵供油，压力油经调速阀进入液压缸工作腔，回油经背压阀流回油箱。调节调速阀的开口大小，即可改变进入液压缸的流量Q_1，从而调节活塞的运动速度。设泵的流量为Q_p，从图可见，稳态工作时，$Q_p = Q_1$。可是在关小调速阀的一瞬间，Q_1减小，而液压泵的每转排量还未来得及改变，流量Q_p没有变，于是出现了$Q_p > Q_1$，因泵的出口没有溢流阀，多余油液使泵和调速阀间的油路压力升高，也即使泵的出口压力升高，从而使限压式变量泵输出流量自动减小，直至$Q_p = Q_1$为止。反之，开大调速阀的一瞬间，将出现$Q_p < Q_1$，就会使限压式变量泵出口压力降低，输出流量自动增加。调速阀在这里不仅保证进入液压缸的流量稳定，而且可使泵的供油量自动地和液压缸所需油量适应。液压泵的流量总是和负载流量相匹配，故这种回路又称流量匹配回路。调速阀亦可装在回油路上。

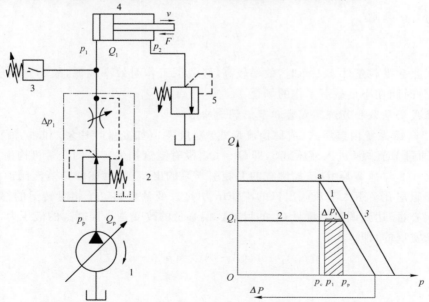

图6-20　限压式变量泵-调速阀式联合调速回路

(a)回路图；(b)特性曲线

1—变量泵；2—调速阀；3—压力继电器；4—液压缸；5—溢流阀

图 6-20(b)是这种回路的特性曲线。曲线 1 是限压式变量泵的压力-流量特性曲线，p_c 为限压式变量泵的调定压力，大于此压力，流量会显著减少。曲线 2 是某一开度下调速阀的压差-流量特性曲线。两条曲线的交点 b 是回路的工作点(此时泵的供油压力为 p_p，流量为 Q_1)，改变调速阀的开口度，使曲线 2 上下移动，回路的工作状态便相应改变。为了保证调速阀的正常工作(调速阀中的减压阀具有压力补偿机能，当负载变化时，通过调速阀的流量不变)所需的最小压力降 $\Delta p_{t\,min}$(一般为 5×10^5 Pa 左右)，限压式变量泵的供油压力应调节为

$$p_p \geqslant p_1 + \Delta p_{t\,min} \tag{6-43}$$

系统最大工作压力应为

$$p_{1\,max} \leqslant p_p - \Delta p_{t\,min} \tag{6-44}$$

同时，应使 p_c 大于快速移动时所需压力。此时，便可保证当负载变化时，执行元件工作速度不随负载而变。如采用"死挡铁停留"发信号时，为保证压力继电器可靠地工作，则泵的供油压力还应调得更高些(使泵按曲线 3 工作)。当然，泵的供油压力也不能调得过高，以免功耗过多，发热增加。

由于限压式变量泵一经调定其压力-流量曲线即可确定，因此当负载 F 变化引起 p_1 发生变化时，调速阀的自动调节作用，使调速阀内节流阀上的压差 Δp 保持不变，流过此节流阀的流量 Q_1 也不变，从而使泵的输出压力 p_p 和流量 Q_p 也就不变，回路就能保持在原工作状态下工作，速度稳定性好，速度-负载特性较硬。

若不考虑泵、缸和管路的损失，回路效率为

$$\eta = \frac{\left(p_1 - p_2\dfrac{A_2}{A_1}\right)Q_1}{p_p Q_1} = \frac{p_1 - p_2\left(\dfrac{A_2}{A_1}\right)}{p_p} \tag{6-45}$$

若无背压，$p_2 \approx 0$，则

$$\eta = \frac{p_1}{p_p} = 1 - \frac{\Delta p_t}{p_p} \tag{6-46}$$

这种回路在重载条件下工作时，效率较高，轻载下工作时效率较低，故不宜用于负载变化大，且大部分时间在小负载下工作的场合。

2. 差压式变量泵和节流阀式容积节流调速回路

图 6-21(a)系统由差压式(或称稳流量式)变量泵 3(如变量叶片泵)供油，液压泵输出流量 Q_p 全部通过节流阀 4 进入液压缸 5，即 $Q_p = Q_1$，没有溢流损失。泵的变量机构由定子 3 两侧的控制缸 1 和 2 与弹簧等组成，控制缸的左腔引入泵的出口压力，亦即是节流阀前的压力 p_p，而右腔则经阻尼孔 7 引入节流阀出口的工作压力 p_1。变量泵的定子相对转子的移动，改变二者之间的偏心量，达到调节泵流量 Q_p 的目的。偏心量的改变是靠控制缸的液压力之差与弹簧力的平衡来实现的，即

$$p_p A_1 + p_p(A - A_1) = p_1 A + F_s$$

可得

$$p_p - p_1 = \Delta p_j = \frac{F_s}{A} \tag{6-47}$$

式中：F_s 为弹簧压紧力；Δp_j 为节流阀前后压差，也是液压泵控制缸左、右腔的压力差。

泵的输出流量与压差的关系如图 6-21(b)中的 abcd 曲线所示，类似限压式变量叶片泵(见图 2-23)。改变压差即可改变输出流量。图 6-21(a)中的阻尼孔 7 用以增加变量泵定子

移动的阻尼,避免发生振荡。8 为安全阀限制工作压力 p_1 的最大值。

调节节流阀通流截面积 A_j 即可改变 Δp_j 从而调节泵的输出流量 Q_p。从节流阀的流量公式(4－11)有

$$Q_p = Q_1 = C_j A_j \Delta p_j^{\varphi} \qquad (6-48)$$

式中,A_j 为节流阀的开口面积。

由式(6－48)可以绘出不同开口 $A_j(A_{j1}, A_{j2}, A_{j3}, \cdots)$ 的节流阀流量-压差曲线族,如图 6－21(b) 所示。既然节流阀的压差和流量就是变量泵的控制缸压差与泵输出流量,则节流阀的流量-压差曲线族与变量泵的流量-压差曲线的交点就是系统的工作点。从图 6－21(b) 可知调节节流阀的开口 A_j 即可调节流量 $Q_p(Q_1)$,达到调节液压缸运动速度的目的。节流阀开口调定后,负载 p_1 变化时,p_p 也跟随变化,从而使其压差并没有改变[从式(6－47)亦可看出],因而流量及速度也就稳定不变。

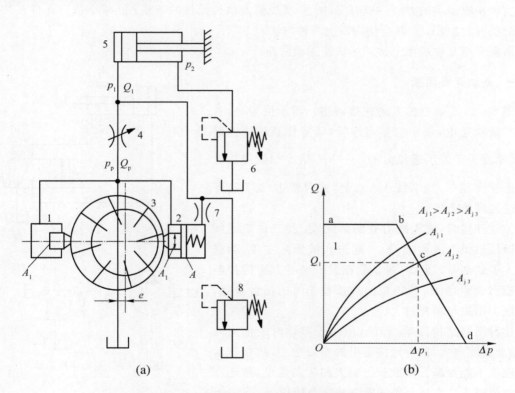

图 6－21　差压式变量泵-节流阀式联合调速回路

(a) 回路图;(b) 特性曲线

1,2— 控制缸;3— 定子;4— 节流阀;5— 液压缸;6,8— 溢流阀;7— 节流阀

在 p_p 跟随 p_1 而增加的瞬间,泵的泄漏也有所增加,使输出流量 Q_p 也瞬间有所下降,由式(6－48)可知节流阀的压差 Δp_j 也因此而减小,通过泵的控制缸而使定子左移,偏心加大,从而使泵的输出流量 Q_p 有所回升,弥补泄漏的增大,直到流量重新回到原来的大小。反之,p_p 减小时,将逆向变化上述过程。由此可见泵的输出流量不会因负载的变化而改变,达到稳定速度的目的。

综上所述,此调速系统的速度-负载特性硬,速度稳定性好。为了保证可靠地控制变量泵

定子相对转子的偏心量,压力差 Δp_j 不可过小,一般须保持 $\Delta p_j \approx (3 \sim 4) \times 10^5$ Pa,即泵的控制缸弹簧选择为 $F_s \approx A(3 \sim 4) \times 10^5$ N。

这种调速回路没有溢流损失,故回路效率较高。由于泵的供油压力随工作压力的增减而增减,故在轻载条件下工作时,其效率较高的特点尤为显著。

6-2 快速运动回路

为了缩短辅助时间提高生产率,合理利用功率,一般都希望机床在空行程时做快速运动,故机床液压系统中常常同时设置工作行程时的调速回路和空行程时的快速运动回路。两者相互联系,快速运动回路的选择必须使调速回路工作时的能量损耗尽可能小。

实现快速运动的方法一般有三种:① 增加输入执行元件的流量;② 减小执行元件在快速运动时的有效面积;③ 联合使用以上两种方法。

下面介绍几种机床上常见的快速运动回路。

一、差动连接回路

图 6-22 为典型的差动连接回路。图示位置时,若二位三通阀通电,液压缸差动连接,活塞便获得快速运动,其速度为非差动连接时的 $\dfrac{A_1}{A_1 - A_2}$ 倍。如欲使快进与快退速度相等,则需使 $A_1 = 2A_2$,此时快进(退)速度为工进速度的 2 倍。

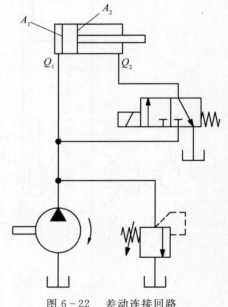

差动连接时,液压缸右腔的回油 Q_2 经二位三通阀后与液压泵供给的油液 Q_1 一起进入液压缸左腔,相当于增大了供油量。此时,进油管路及安装在其上的控制阀的通过流量增大,其规格必须按差动时的流量选择,以免压力损失与功耗过大。

这种回路结构简单、经济,但由于差动时的推力减小,差动速度愈大,执行元件输出的推力愈小,故快速运动的速度不能太高。如欲获得较大的运动速度,常与双泵供油或限压式变量泵供油等方法联合使用。

图 6-22　差动连接回路

二、双泵供油回路

图 6-23 为采用双泵供油实现快速运动的回路。1 是小流量泵,2 是大流量泵。快速运动时,系统压力小于卸荷阀 3(起卸荷作用的液控顺序阀)的调整压力,阀 3 关闭,两泵同时向系统供油。工作进给时,系统压力升高,阀 3 打开,泵 2 卸荷,单向阀 4 关闭,系统由小泵 1 单独供油,系统最大工作压力由溢流阀 5 调节。

这种方法与单泵供油方式相比,效率较高,功率损失较小,故得到广泛应用。但须设置两个油泵或采用双联泵,泵站结构较为复杂。

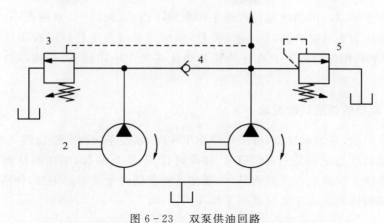

图 6-23　双泵供油回路

1,2— 定量泵；3— 液控顺序阀；4— 单向阀；5— 溢流阀

三、采用增速缸与限压式变量泵组合的快速运动回路

图 6-24，快速运动时（轻载），顺序阀 2 关闭，限压式变量泵 1 供给的低压油经固定在缸体上的柱塞 4 中心孔而进入活塞 5 内的增速腔 Ⅱ。由于增速腔 Ⅱ 的有效工作面积较小，且系统压力较低，变量泵处于最大输油量状态，故活塞 5 获快速向右运动，左腔 Ⅰ 通过液控单向阀 3 从油箱补油。当进入工作行程时，系统压力升高，限压式变量泵输油量减少，同时顺序阀 2 打开，压力油同时进入油腔 Ⅰ 与 Ⅱ，活塞获得低速工作运动。快速退回时，液压泵供油进入液压缸右腔 Ⅲ，同时打开液控单向阀，使左腔 Ⅰ 的油液流回油箱 6。

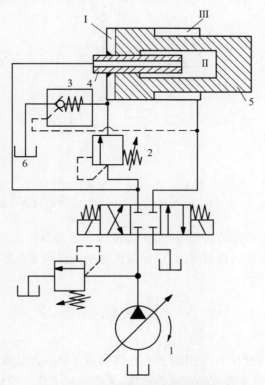

图 6-24　增速缸-限压式变量泵式快速运动回路

1— 限压式变量泵；2— 顺序阀；3— 液控单向阀；4— 柱塞；5— 活塞；6— 油箱

这种回路由于增速缸内的增速腔有效工作面积可以做得远比活塞面积小,加上限压式变量泵又能在系统压力上升时自动减小输出流量,故可使系统在空行程时获得远比工作速度高的快速运动,功率利用较合理。它在压力机的液压系统中应用较多,但液压缸结构与油路较复杂。

四、采用蓄能器的快速运动回路

如图 6-25 所示,在图示位置,液压缸停止工作时,泵经单向阀向蓄能器充液,使蓄能器储存能量。当蓄能器压力达到某一调定值时,卸荷阀打开,使泵卸荷,单向阀使蓄能器保压。当电磁换向阀通电使左位或右位接通回路时,泵和蓄能器同时给液压缸供油,使活塞获得快速运动。卸荷阀的调整压力应高于系统最高工作压力。

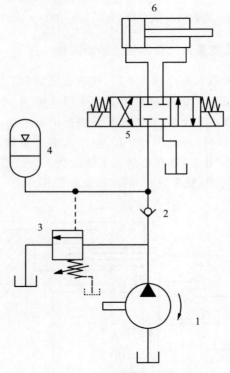

图 6-25 蓄能器增速回路

1—泵;2—单向阀;3—卸荷阀;4—蓄能器;5—换向阀;6—液压缸

这种回路可采用较小流量的液压泵,而在短时间内能获得较大的快速运动速度。但系统在整个工作循环内需有足够的停歇时间,以使液压泵能完成对蓄能器的充液工作。

6-3　速度换接回路

机床在做自动循环的过程中,工作部件往往需要有不同的运动速度,经常进行不同速度之间的切换,如快速趋近工件变换到慢进工作速度,从第一种工作进给速度切换到第二种工作进给速度,等等。这就需要系统具有速度换接回路。对于加工精度要求高的机床,在速度换接过程中(特别是在两种工作进给速度的切换过程中)要求换接平稳,不允许出现前冲现象(速度换接时速度突然增大使工作部件出现跳跃式前冲)。

一、快速运动和工作进给运动的换接回路

1.利用电磁阀或行程阀实现快速运动和工作进给运动换接的回路

图6-26在图示位置,泵输出的压力油经二位四通阀进入液压缸左腔,右腔回油经二位二通电磁阀(或行程阀),再经二位四通阀流回油箱,获快速运动。在活塞杆上挡块压住行程开关X,控制二位二通电磁阀通电,使通道切断(或直接压下二位二通行程阀,把通道切断)后,回油必须经调速阀流回油箱,实现慢速工作进给运动。二位四通换向阀切换后,压力油经单向阀进入液压缸右腔,实现快速退回。

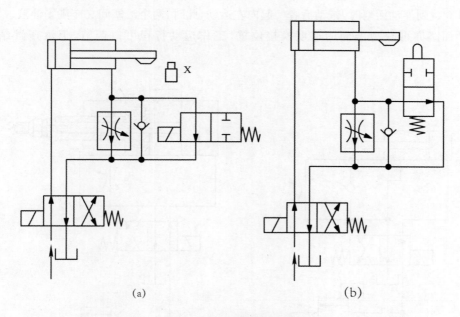

(a) (b)

图6-26 速度换接回路

(a) 电磁阀式;(b) 行程阀式

采用电磁阀的速度换接回路,安装比较方便,除行程开关须装在床身上外,其他液压元件均可集中安装在靠近液压泵的液压柜中,但速度换接时平稳性较差。采用行程阀的换接回路,由于行程阀通道的关闭与切换是逐渐进行的,故换接时速度平稳,但行程阀必须安装在床身上,管道的连接较长,较不方便。

调节活塞杆上挡块与行程开关(或行程阀)间的距离及挡块的长度,便可调节快速运动行程及工作进给行程的长度,调整比较方便,结构也比较简单。

2.利用液压缸本身结构实现快慢速度换接

图6-27是一种利用特殊结构的液压缸速度换接回路。在图示位置,缸右腔回油经油路1

和二位四通换向阀流回油箱,活塞获快速运动。当活塞移动到封盖住油路1的通口处时,右腔回油必须经节流阀3,然后经换向阀流回油箱,活塞转变为工作进给。二位四通换向阀切换后,压力油经单向阀2进入缸右腔,使活塞快速退回。

这种回路结构简单,速度换接位置准确,但不能调节。工作行程长度由活塞宽度决定,是固定的,故行程一般不宜太长。此外,由于油路1的存在,活塞上不能使用密封件,只能采用间隙密封,故这种回路只宜用于压力不高、工作进给行程不长、工作状况固定的场合。

图 6-28 是采用另一种特殊结构的双活塞液压缸速度换接回路。在活塞杆上浮动的活塞7与主活塞9之间的最大距离 l_1 可以通过螺母6加以调节。在图示位置,压力油经换向阀进入缸左腔,两个活塞(其间充满油液并保持 l_1 距离)一起向右做快速运动,右腔油液经油路5和换向阀流回油箱。当浮动活塞7越过油口 a 到达端点时,两活塞之间的油液从油口 a 经节流阀4和换向阀流回油箱,主活塞及活塞杆便以慢速向右继续运动,直至碰到浮动活塞时为止。当换向阀换向时,压力油进入缸右腔,先通过浮动活塞上的单向阀8,使主活塞连同活塞杆向左快速退回。直至螺母6碰到浮动活塞时,带动后者一起向左运动,此时,两个活塞间又充满了油液。

这种回路亦可获得准确的速度换接位置,工作运动行程可以调节,但液压缸结构比较复杂。

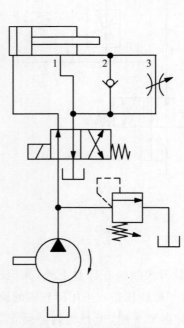

图 6-27　特殊结构的液压缸
速度换接回路

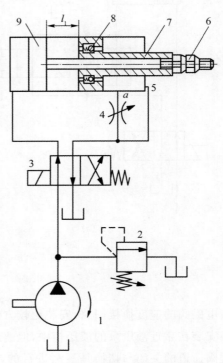

图 6-28　特殊结构的双活塞液压
缸速度换接回路
1—定量泵;2—溢流阀;3—二位二通换向阀;
4— 节流阀;5— 回油;6— 螺母;
7— 浮动活塞;8— 单向阀;9— 主活塞

二、两种工作速度换接的回路

1. 两个调速阀并联式速度换接回路

图6-29为两个调速阀并联实现两种工作进给速度换接的回路。在图示位置，液压泵输出的压力油经调速阀3和换向阀5左位进入液压缸，当需要第二种工作速度时，换向阀5通电切换到右位，使调速阀4接入回路，压力油经调速阀4和换向阀5右位进入液压缸。这种回路，当一个调速阀停止工作没有油流通过时，它的减压阀处于完全打开的位置。当它被突然接入回路时，会使工作部件出现突然前冲的现象，这在某种工作场合下是不允许的。

图6-30为另一种调速阀并联的两种工进速度换接回路。这里，两个调速阀始终处于工作状态，故一种工作速度转换为另一种工作速度时，不会出现执行部件突然前冲现象。但系统在工作时，总有一部分油液通过其中一个不起调速作用的调速阀流回油箱，造成能量损耗。故对于工作速度较大（调速阀开口大，能量损耗亦大）的系统，不宜采用这种回路。

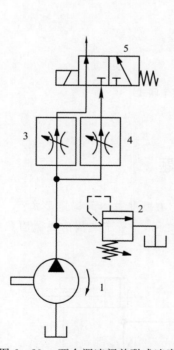

图6-29　两个调速阀并联式速度
换接回路（一）

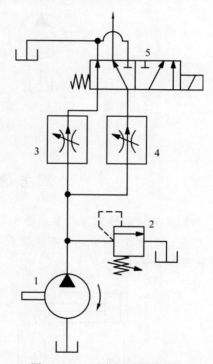

图6-30　两个调速阀并联式
速度换接回路（二）

2. 两个调速阀串联式速度换接回路

图6-31为两个调速阀串联的速度换接回路。在图示位置，压力油经调速阀3和换向阀5左位进入液压缸，工作部件的运动速度由调速阀3控制。当换向阀5通电切换到右位时，调速阀4接入回路，压力油经调速阀3和4进入液压缸，工作部件的运动速度由调速阀4控制。调速阀4的开口量应调得比阀3小，否则将不起作用。这种回路的能量损失比图6-29的大，但比图6-30的小。由于速度换接的瞬间，调速阀3仍在工作，可限制通过调速阀4的流量突然增

加,故其换接平稳性亦比图 6-29 的回路好。

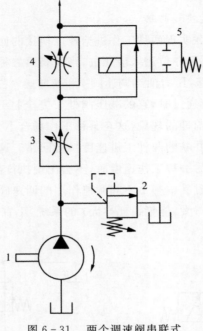

图 6-31　两个调速阀串联式
速度换接回路

思考题和习题

6-1　对机床液压调速回路的基本要求是什么？有哪些基本的调速形式？

6-2　图 6-32 油路中,节流阀都串联在泵和缸之间,调节节流阀的通流面积能否改变液压缸的运动速度？为什么？

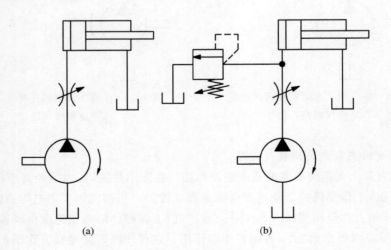

(a)　　　　　　　　　(b)

图 6-32　题 6-2 图

6－3　试分析比较进口、出口及旁路节流调速回路的速度-负载特性、功率特性和回路效率。

6－4　容积调速回路与节流调速回路相比的优点是什么？他们分别适用于什么场合？

6－5　节流调速系统的功率损失大、效率低的原因是什么？

6－6　何谓速度刚性系数？它与哪些因素有关？

6－7　试分析、比较图6－33两种稳速方法的原理、特点及各控制阀在油路中的作用。在图6－33(b)原理中有了溢流阀2为何还要设置安全阀3？安全阀3的输入端为何不与液压泵出口相连而与节流阀出口相连？

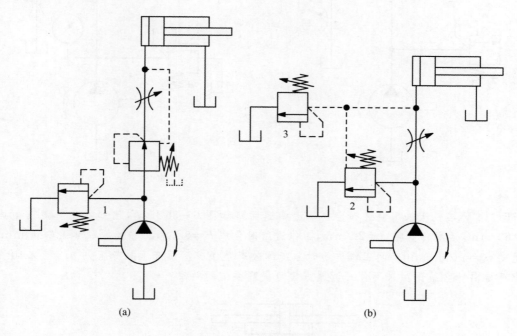

图6－33　题6－7图

6－8　试分析图6－14、图6－16、图6－18三种容积调速回路的调速原理、输出特性及应用场合。在图6－18回路中,为何在低速范围内调速时,采用调泵的排量,而在高速范围内调速时,采用调液压马达的排量？

6－9　在容积调速回路中,负载变化引起速度变化的根本原因是什么？为什么容积调速回路效率比节流调速回路效率高？

6－10　试分析图6－20和图6－21两种容积节流调速回路的调速、稳速原理及回路效率。

6－11　试比较节流调速、容积调速及容积节流调速三种方法的优、缺点及应用场合。

6－12　在图6－34回路中,已知 $A=70$ cm²; $B=50$ cm²;溢流阀调定压力 $p_p=3$ MPa;当负载 $F=20$ kN 时,用节流阀调定的速度 $v=30$ cm/min。问负载 $F=0$ 时, p_2 比 p_1 高多少？液压缸速度增加多少(cm/min)？

6－13　在图6－35回路中,已知缸径 $D=100$ mm,活塞杆直径 $d=70$ mm,负载 $F=25$ kN。试问：

(1)欲使节流阀前、后压差为 $3×10^5$ Pa,溢流阀的压力 p_p 应调到多少？

(2)上述调定压力不变,当负载 F 降为 15 kN 时,节流阀前后的压差为何值？

（3）当节流阀的最小稳定流量为 50×10^{-3} L/min 时,缸的最低稳定速度是多少?

（4）若把节流阀装在进油路上,当缸的有杆腔接油箱时,活塞的最低稳定速度是多少? 与（3）的最低稳定速度相比较能说明什么问题?

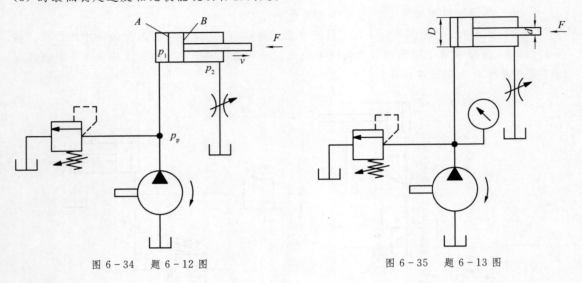

图 6-34　题 6-12 图　　　　　　　　　　图 6-35　题 6-13 图

6-14　某机床采用调速阀出口节流调速回路如图 6-36 所示,已知双出杆液压缸内径 $D = 60$ mm,活塞杆直径 $d = 20$ mm,工作进给时负载 $F = 5$ kN,工作速度 $v_1 = 0.6$ m/min,快进速度 $v_2 = 10$ m/min。问工作进给时系统的效率是多少? 设液压缸背压力 $p_2 = 5 \times 10^5$ Pa,由此可得出什么结论? 采用什么调速方案可提高系统的效率?

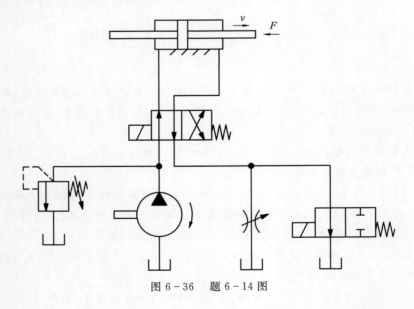

图 6-36　题 6-14 图

6-15　图 6-37,采用先节流后减压的压力补偿原理,能否保持节流阀两端压差不变,从而使液压缸运动速度不受负载变化的影响? 试分析其工作原理。

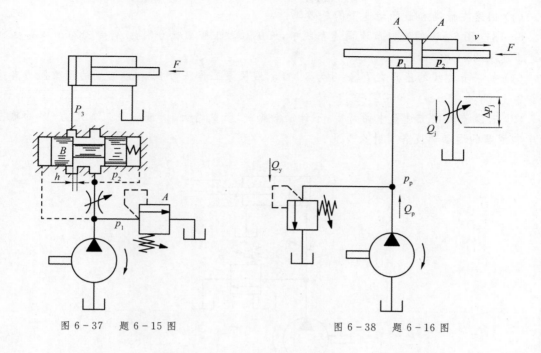

图 6-37 题 6-15 图　　　　　　　　图 6-38 题 6-16 图

6-16　图 6-38 的节流阀出口节流调速回路中,已知节流阀的流量特性 $Q_j = 4\sqrt{\Delta p_j}$(单位:Q_j 为 L/min,Δp_j 为 10^5 Pa),定量泵的流量 $Q_p = 10$ L/min,溢流阀调定压力 $p_p = 9 \times 10^5$ Pa,双出杆左、右腔有效面积均为 $A = 40$ cm^2。试求摩擦负载阻力 F 分别为 0.2 kN 及 4 kN 时,泵出口压力 p_p,缸的右腔压力 p_2,通过节流阀的流量 Q_j,活塞移动速度 v 以及通过溢流阀的流量 Q_y,并将答案填入表内(计算时略去管道压力损失)。

F/N	0	2 000	4 000
$p_p/(10^5\,Pa)$			
$p_2/(10^5\,Pa)$			
$Q_j/(L/min)$			
$v/(m/min)$			
$Q_y/(L/min)$			

6-17　由变量泵和定量液压马达组成调速回路,变量泵排量可在 2～50 cm^2/r 范围内改变。泵转速为 1 000 r/min,马达排量为 50 cm^3/r,在压力为 10 MPa 时,泵和马达的机械效率都是 0.85,泵和马达的泄漏量随工作压力的提高而线性增加,在压力为 10 MPa 时,泄漏量均为 1 L/min。当工作压力为 10 MPa 时,计算:

(1) 液压马达最高和最低转速;

(2) 液压马达的最大输出扭矩;

(3) 液压马达最大输出功率;

(4) 回路在最高和最低转速下的总效率。

6-18 图6-39的进口节流调速系统中,液压缸大小腔面积分别为 $A_1 = 100$ cm^2,$A_2 = 50$ cm^2,$F_{max} = 25\ 000$ N,问:

(1) 如果节流阀的压降在 F_{max} 时为 3 MPa,液压泵工作压力 p_p 和溢流阀的调整压力各为多少?

(2) 若溢流阀按上述要求调好后,不计泄漏损失,负载增大时,液压泵工作压力、泵的输出功率和活塞的运动速度各有什么变化?

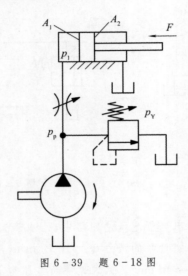

图 6-39 题 6-18 图

6-19 图6-26利用电磁阀或行程阀实现快速运动和工作进给的换接。如将图示的单向阀取消,两回路所完成的动作将各产生怎样的变化?

6-20 两个调速阀并联式和串联式速度换接回路(图6-29、图6-30、图6-31)各有何优、缺点?

第七章 典型液压系统

机床液压系统是根据机床的工作要求,选用合适的基本回路构成的。本章通过对典型机床液压系统的学习和分析,进一步加深对各液压元件和回路综合应用的认识,并学会机床液压系统的分析方法,为机床液压系统的调整、使用、维修或设计打下基础。典型液压系统图采用职能符号或结构式符号绘制,它表示系统内所有液压元件及其连接或控制方式,其工作原理则通过机床的工作循环图和系统的动作循环表以及文字叙述或油液流动路线来说明。

7-1 组合机床动力滑台液压系统

组合机床是由通用部件和部分专用部件所组成的高效率专用机床,动力滑台是组合机床上实现进给运动的一种通用部件,配上动力头和主轴箱后便可以完成各种孔加工、端面加工等工序。液压动力滑台由液压缸驱动,在电气和机械装置的配合下可以完成各种自动工作循环。

图7-1和表7-1分别表示YT4543型动力滑台的液压系统图和系统的动作循环表。由图可见,该系统在机械和电气的配合下,能够实现"快进→工进→停留→快退→停止"的自动工作循环,其工作情况如下:

1. 动力滑台快进

按下启动按钮,电磁铁1DT通电,电液换向阀左位接入系统,顺序阀因系统压力不高仍处于关闭状态。这时液压缸作差动连接,限压式变量泵输出最大流量。系统中油液流动方向为:

进油路:变量泵→单向阀I_1→换向阀(左位)→行程阀(右位)→液压缸左腔;

回油路:液压缸右腔→换向阀(左位)→单向阀I_2→行程阀(右位)→液压缸左腔。

2. 第一次工作进给

当滑台快速前进到预定位置时,挡块压下行程阀。这时系统压力升高,顺序阀打开;变量泵自动减小其输出流量,以便与一工进调速阀的开口相适应。系统中油液流动方向为:

进油路:变量泵→单向阀I_1→换向阀(左位)→一工进调速阀→电磁阀(右位)→液压缸左腔;

回油路:液压缸右腔→换向阀(左位)→顺序阀→背压阀→油箱。

3. 第二次工作进给

当第一次工作进给结束时,挡块压下行程开关,电磁铁3DT通电。顺序阀仍打开,变量泵输出流量与二工进调速阀的开口相适应。系统中油液流动方向为:

进油路:变量泵→单向阀 I_1 →换向阀(左位)→一工进调速阀→二工进调速阀→液压缸左腔;

回油路:液压缸右腔→换向阀(左位)→顺序阀→背压阀→油箱。

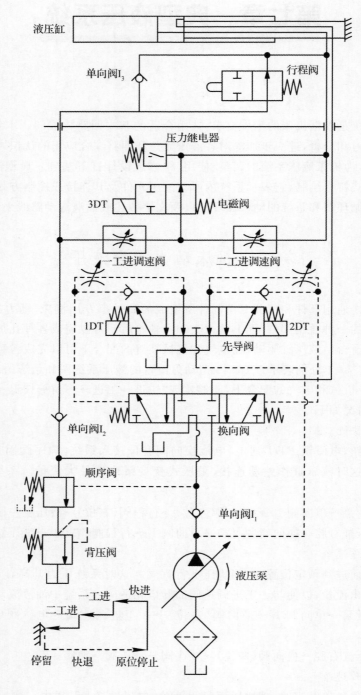

图 7-1 YT4543 型动力滑台液压系统图

4.死挡块停留及动力滑台快退

在动力滑台第二次工作进给碰到死挡块后停止前进,液压系统的压力进一步升高,压力继电器发出动力滑台快速退回的信号,电磁铁 1 DT 断电,2 DT 通电,这时系统压力下降,变量泵流量又自动增大。系统中油液的流动方向为:

进油路:变量泵→单向阀 I_1→换向阀(右位)→液压缸右腔;

回油路:液压缸左腔→单向阀 I_3→换向阀(右位)→油箱。

表 7－1　YT4543 型动力滑台液压系统的动作循环表

动作名称	信　号　来　源	液压元件工作状态				
		顺序阀	先导阀	换向阀	电磁阀	行程阀
快　进	启动,1 DT 通电,2DT 断电	关　闭			右　位	右　位
一工进	挡块压下行程阀	打　开	左　位	左　位		左　位
二工进	挡块压下行程开关,3 DT 通电					
停　留	滑台靠在死挡块上				左　位	
快　退	压力继电器发出信号,1 DT 断电,2 DT 通电	关　闭	右　位	右　位		右　位
停　止	挡块压下终点开关,2 DT 和 3 DT 都断电		中　位	中　位	右　位	

5.动力滑台原位停止

当动力滑台快速退回到原位时,挡块压下行程开关,使电磁铁 1 DT,2 DT,3 DT 断电,这时换向阀处于中位,液压缸两腔封闭,滑台停止运动。系统中油液的流动方向为:

卸荷油路:变量泵→单向阀 I_1→换向阀(中位)→油箱。

由上述可知,YT4543 型动力滑台的液压系统主要由下列一些回路组成:

(1)由限压式变量叶片泵、调速阀、背压阀组成的容积节流调速回路;

(2)差动连接式快速运动回路;

(3)电液换向阀式换向回路;

(4)行程阀和电磁阀式速度换接回路;

(5)三位换向阀式卸荷回路。

系统具有以下特点:

(1)系统采用了"限压式变量叶片泵-调速阀-背压阀"式调速回路,能保证稳定的低速运动(进给速度最小可达 6.6 mm/min)、较好的速度刚性和较大的调速范围($R\approx100$)。

(2)系统采用了限压式变量泵和差动连接式液压缸来实现快进,能量利用比较合理。滑台停止运动时,换向阀使液压泵在低压下卸荷,减少能量损耗。

(3)系统采用了行程阀和顺序阀实现快进与工进换接,不仅简化了油路,而且使动作可靠,换接精度亦比电气控制式高。至于两个工进之间的换接则由于两者速度都较低,采用电磁阀完全能保证换接精度。

从上面介绍的组合机床动力滑台液压系统工作原理可以看出,动力滑台的行程范围及有关加工尺寸等主要靠行程挡块来保证和调节,加工过程中滑台在指定位置上的停留时间可用定时器(或延时元件)来设定。目前普遍采用可编程逻辑控制器(Programmable Logic Controller,PLC)来实现上述功能。

可编程控制器是一种以微型计算机为基础的工业控制器,其控制特点是以开关量为主,带有定时、计数等指令功能,可完成顺序动作的逻辑控制操作。可编程控制器的可靠性高,逻辑关系易于修改,体积小,因此,它比现有的继电器控制线路有更大的优越性,在类似的组合机床机电控制设备上已经得到了广泛应用。读者若有兴趣,可查阅有关可编程逻辑控制器原理及应用方面的教材。

7-2 M1432A型万能外圆磨床的液压系统

M1432A型万能外圆磨床主要用于磨削内外圆柱、圆锥以及阶梯形表面等场合,这是一种典型的换向频繁而平稳且换向精度要求高的系统。工作台的往复运动和抖动、手动和机动的互锁、砂轮架的间歇进给和快速运动、尾架的松开等都是通过液压系统来实现的。图7-2为M1432A型万能外圆磨床的液压系统图。

一、液压系统的工作原理

1. 工作台的往复运动

在图7-2状态下,开停阀、先导阀和换向阀都处于右端位置,工作台向右运动,主油路中的油液流动方向为:

进油路:液压泵→换向阀(右位)→工作台液压缸右腔。

回油路:工作台液压缸左腔→换向阀(右位)→先导阀(右位)→开停阀(右位)→节流阀→油箱。

当工作台向右移动到预定位置时,工作台上的左挡块拨动先导阀,并使它最终处于左端位置。这时操纵油路上 a_2 点接通高压油,a_1 点接通油箱,使换向阀亦处于其左端位置,于是主油路中油液流动方向就变为:

进油路:液压泵→换向阀(左位)→工作台液压缸左腔;

回油路:工作台液压缸右腔→换向阀(左位)→先导阀(左位)→开停阀(右位)→节流阀→油箱。

工作台向左运动,并在其右挡块碰上拨杆后发生与上述情况相反的变换,使工作台又改变方向向右运动,如此不停地反复进行下去,直到开停阀拨向左位时才使运动停下来。

工作台换向过程:工作台换向时,先导阀先受到挡块的操纵而移动,接着又受到抖动缸的操纵而产生快跳。这样就使工作台的换向经历了迅速制动、停留和迅速反向启动三个阶段。具体情况如下:

当先导阀(见图7-2)被拨杆推着向左移动时,先导阀中段的右制动锥逐渐将通向节流阀的通道关小,使工作台逐渐减速,实现预制动。当工作台挡块推动先导阀直到先导阀阀芯右部环形槽使 a_2 点接通高压油,左部环形槽使 a_1 点接通油箱时,控制油路被切换。这时左、右抖动缸便推动先导阀向左快跳,因为这里的油液流动方向是:

进油路:液压泵→精滤油器→先导阀(左位)→左抖动缸;

回油路:右抖动缸→先导阀(左位)→油箱。

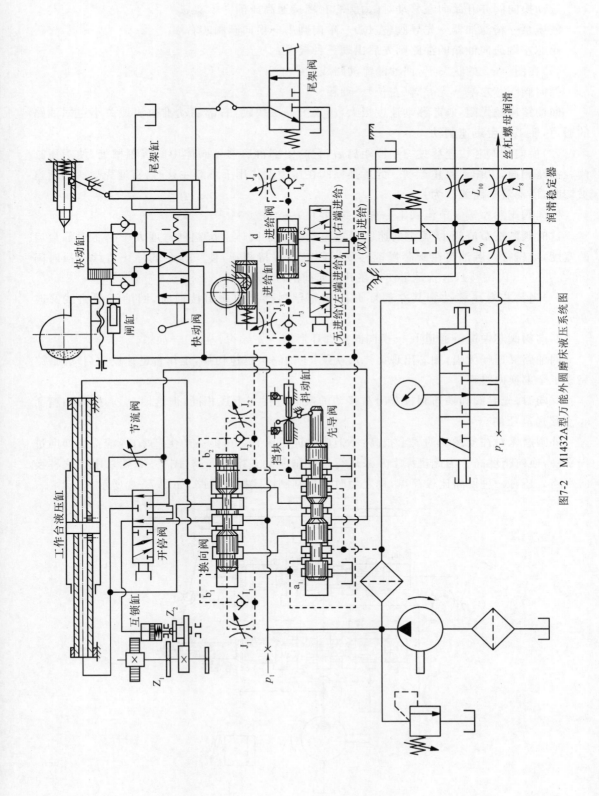

图7-2　M1432A型万能外圆磨床液压系统图

液动换向阀亦开始向左移动,因为阀芯右端接通高压油。

液压泵→精滤油器→先导阀(左位)→单向阀 I_2→换向阀阀芯右端。

阀芯左端通向油箱的油路则先后出现三种接法:

(1)在图 7-2 的状态下,回油的流动路线为:

换向阀阀芯左端→先导阀(左位)→油箱。

回油路通畅无阻,阀芯移动速度很大,出现第一次快跳,右部制动锥很快地关小主回油路的通道,使工作台迅速制动。

(2)换向阀阀芯快速移过一小段距离后,它的中部台肩移到阀体中间沉割槽处,使液压缸两腔油路相通,工作台停止运动。此后换向阀在压力油作用下继续左移时,直通先导阀的通道被切断,回油流动路线改为:

换向阀阀芯左端→节流阀 J_1→先导阀(左位)→油箱。

这时阀芯按节流阀 J_1 调定的速度慢速移动。由于阀体上沉割槽宽度大于阀芯中部台肩的宽度,液压缸两腔油路在阀芯慢速移动期间继续保持相通,使工作台的停止持续一段时间(可在 0~5 s 内调整),这就是工作台在其反向前的端点停留。

(3)当阀芯慢速移动到其左部环形槽和先导阀相接的通道接通时,回油流动路线又改变成:

换向阀阀芯左端→通道 b_1→换向阀左部环形槽→先导阀(左位)→油箱。

回油路又通畅无阻,阀芯出现第二次快跳,主油路被迅速切换,工作台迅速反向启动,最终完成了全部换向过程。

反向时,先导阀和换向阀自左向右移动的换向过程与上述相同,但这时 a_2 点接通油箱而 a_1 点接通高压油。

外圆磨床对往复运动的要求很高,不但应保证机床有尽可能高的生产率,还应保证换向过程平稳,换向精度高。为此机床上常采用行程控制制动式换向回路,图 7-2 就采用了这种换向回路。还有一种回路比较简单,称之为时间控制制动式换向回路,如图 7-3 所示。

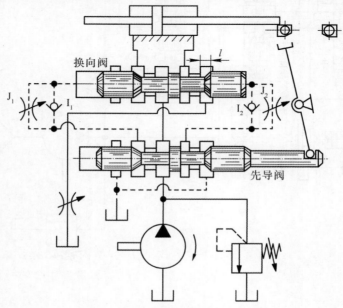

图 7-3 时间控制制动式换向回路

该回路的主油路只受换向阀控制。在节流阀 J_1 和 J_2 的开口大小调定之后,换向阀阀芯移过距离 l 所需的时间(使活塞制动所经历的时间)就确定不变,因此,这种制动方式称为时间控制制动。时间制动式换向回路的主要优点是它的制动时间可以根据机床部件运动速度的快慢、惯性的大小,通过节流阀 J_1 和 J_2 的开口量得到调节,以便控制换向冲击,提高工作效率;其主要缺点是换向过程中的冲出量受运动部件的速度和其他一些因素的影响,换向精度不高。所以这种换向回路主要用于工作部件运动速度较高但换向精度要求不高的场合,例如,平面磨床的液压系统。

2. 砂轮架的快进、快退运动

该运动由快动阀操纵快动缸来实现。在图 7-2 所示的状态下,快动阀右位接入系统,砂轮架快速前进到其最前端位置,快进的终点位置是靠活塞与缸盖的接触来保证的。为了防止砂轮架在快速运动终点处引起冲击和提高快进运动的重复位置精度,快动缸的两端设有缓冲装置,并设有抵住砂轮架的闸缸,用以消除丝杆和螺母间的间隙。快动阀左位接入系统时,砂轮架快速后退到其最后端位置。

3. 砂轮架的周期进给运动

该运动由进给阀操纵,由砂轮架进给缸通过其活塞上的拨爪棘轮、齿轮、丝杆螺母等传动副来实现。砂轮架的周期进给运动可以在工件左端停留时进行,可以在工件右端停留时进行,可以在工件两端停留时进行,也可以不进行,这些都由选择阀的位置决定。在图 7-2 所示的状态下,选择阀选定的是“双向进给”,进给阀在操纵油路的 a_1 和 a_2 点每次相互变换压力时,向左或向右移动一次(因为通道 d 与通道 c_1 和 c_2 各接通一次),砂轮架便做一次间歇进给。进给量大小由拨爪棘轮机构调整,进给快慢及平稳性则通过调整节流阀 J_3 和 J_4 来保证。

4. 工作台液动手动的互锁

该动作是由互锁缸来实现的。当开停阀处于图 7-2 所示位置时,互锁缸内通入压力油,推动活塞使齿轮 z_1 和 z_2 脱开,工作台运动时就不会带动手轮转动。当开停阀左位接入系统时,互锁缸接通油箱,活塞在弹簧作用下移动,使 z_1 和 z_2 啮合,工作台就可以通过摇动手轮来移动,以调整工件。

5. 尾架顶尖的退出

该动作是由一个脚踏式的尾架阀操纵,由尾架缸来实现。尾架顶尖只在砂轮架快速退出时才能后退以确保安全,因为这时系统中的压力油需在快动阀左位接入时才能通向尾架阀处。

二、磨床液压系统的特点

(1)系统采用了活塞杆固定式双杆液压缸,保证左、右两向运动速度一致,并使机床的占地面积较小。

(2)系统采用了简单节流阀式调速回路,功率损失小,这对调速范围不需很大、负载较小且基本恒定的磨床来说较适宜。此外,出口节流的形式在液压缸回油腔中造成的背压力有助于工作稳定,有助于加速工作台的制动,也有助于防止系统中渗入空气。

(3)系统采用了 HYY21/3 P—25T 型快跳式操纵箱,结构紧凑,操纵方便,换向精度和换向平稳性都较高。此外,该种操纵箱还能使工件台高频抖动(即在很短的行程内实现快速往复运动),有利于提高切入磨削时的加工质量。

7-3 液压机的液压系统

液压机是利用液压传动技术进行压力加工的设备,可用于完成各种锻压及加压成形工艺。例如钢材的锻压,金属结构件的成型,塑料制品和橡胶制品的压制等。液压机是最早应用液压传动的机械之一,目前液压传动已成为压力加工机械的主要传动形式。在重型机械制造业、航空工业、塑料及有色金属加工工业中,液压机已成为重要设备。

一、工况特点及对液压系统的要求

液压机的液压传动系统是以压力变换为主,系统压力高,流量大,功率大。因此,应特别注意提高原动机功率利用率和防止泄压时产生冲击和振动,保证安全可靠。

液压机根据压制工艺要求主缸能完成快速下行→减速压制→保压延时→泄压回程→停止(任意位置)的基本工作循环(见图7-4),而且压力、速度和保压时间需能调节。顶出液压缸主要用来顶出工件,要求能实现顶出、退回、停止的动作。在薄板拉伸时,还要求有顶出液压缸上升、停止和压力回程等辅助动作。有时还需用压力缸将坯料压紧,以防止周边起皱。

液压机以主运动中主要执行机构(主缸)可能输出的最大压力(吨位)作为液压机主要规格,并已系列化。顶料缸的吨位常为主缸吨位的20%～50%。挤压机的顶出缸可采用主缸吨位的10%左右。双动拉伸液压机的压力缸吨位,一般采用拉伸缸吨位的60%左右。

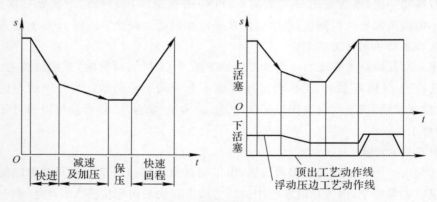

图7-4 YA32—200四柱式万能液压机的工作循环图

根据压力加工工艺需要来确定主缸的速度,在由泵直接供油的液压系统中,其工作行程速度一般不超过50 mm/s,快进速度不超过300 mm/s,快退速度与快进速度相等。

二、液压系统的工作原理

现在介绍图7-5的YA32—200四柱式万能液压机的液压系统,用以概括地说明液压机的液压系统工作原理。

YA32—200四柱式万能液压机的工作循环图如图7-4所示。该液压机的液压系统由主油路、辅助油路和低压控制油路三部分组成。主油路和辅助油路能源为大流量的恒功率变量泵3,控制油路的能源是低压泵1。主缸工作压力由远程调压阀9来调整。运动速度由改变泵

3 的流量来调节。利用液控单向阀 14(充液阀)来实现快慢速度转换。主缸的上下和保压以及顶出缸的顶出和顶退,都由相应的阀来控制。

表 7-2 为 YA32—200 四柱式万通液压机的电磁铁及阀的动作表。下面分别说明各部分液压系统的工作原理。

1. 主缸的运动

(1)快速下行。在主缸快速下行的起始阶段,尚未触及工件时,主缸活塞在自重作用下迅速下行。这时泵 3 的流量不足以补充主缸上腔空出的体积,因而上腔形成真空。处于液压机顶部的充液筒 18 在大气压作用下,打开液控单向阀 14 向主缸上腔加油,使之充满油液,以便主缸活塞下行到接触工件时,能立即进行加压。

进油:

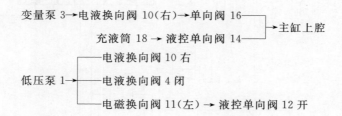

回油:

```
主缸下腔→液控单向阀 12→电液换向阀 10(右)→电液换向阀 4→油箱
电液换向阀 10 左─────┐
                    ├→油箱
电液换向阀 4 左右─────┘
```

(2)减速加压。主缸活塞接触工件后,阻力增加,上腔油压升高,关闭液控单向阀 14。这时只有泵 3 继续向主缸上腔供高压油,推动活塞慢速下行,对工件加压。主缸下腔排油将液控单向阀 12 封闭,经背压阀 13 回油箱。这样,当快速行程转为工作行程时,速度减低,从而避免了液压冲击。

表 7-2 YA32—200 四柱式万能液压机的电磁铁及阀的动作表

动作名称	信号来源	电磁铁					电液换向阀 4	电液换向阀 10	电磁换向阀 11
		1 DT	2 DT	3 DT	4 DT	5 DT			
快速下行	按下启动按钮 A₁	+	-	-	-	+	中	右	左
减速及压制	主缸挡铁压行程开关 XK₂	+	-	-	-	-	中	右	左
保压延时	压力继电器 1YJ	-	-	-	-	-	中	中	左
泄压回程	时间继电器 JS(或 A₂)	-	+	-	-	-	中	左	左
回程停止	主缸挡铁压行程开关 XK₁	-	-	-	-	-	中	中	左
顶　出	按下按钮 A₃	-	-	+	-	-	左	中	左
顶　退	按下按钮 A₄	-	-	-	+	-	右	中	左
停　止	按下按钮 A₅	-	-	-	-	-	中	中	左
压　边	按下按钮 A₆	+	-	(±)	-	-	(左中)	右	左

注:(±)表示通电后立即又断电;(左中)表示阀的工作位置先左后立即回中位。

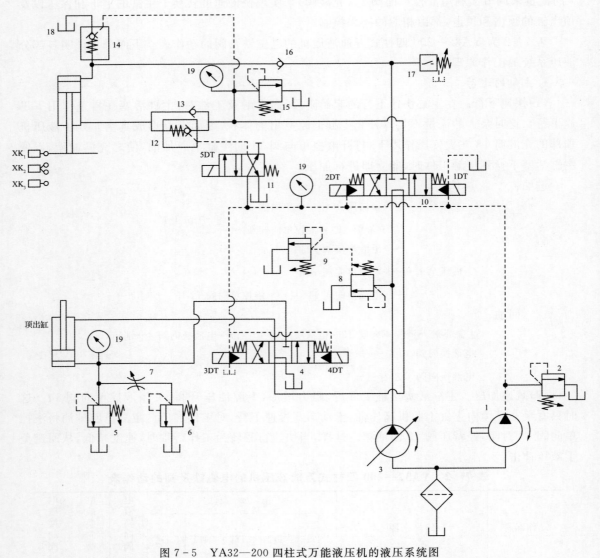

图 7-5　YA32—200 四柱式万能液压机的液压系统图

1—低压泵;2,6—液流阀;3—变量泵;4,10—电液换向阀;5,8—安全阀;7—固定节流器;9—远程调压阀;

11—电磁换向阀;12—液控单向阀;13—背压阀;14—液控单向阀;15—泄压阀;

16—单向阀;17—压力继电器;18—充油筒;19—压力表;XK₁,XK₂,XK₃—行程开关

系统中的远程调压阀 9 可使液压机在不同的压力下工作;安全阀 8 用于防止系统超载。

进油:

变量泵 3→电液换向阀 10(右)→单向阀 16→主缸上腔

低压泵 1→┌── 电液换向阀 10 右

　　　　　├── 电液换向阀 4 闭

　　　　　└── 电磁换向阀 11 闭

回油：

主缸下腔→背压阀 13→电液换向阀 10（右）→电液换向阀 4→油箱

电液换向阀 10 左
　　　　　　　　　　　　→油箱
电液换向阀 4 左右

（3）保压延时。当主缸上腔的油压达到要求的数值时，由压力继电器 17 发信号，使电液换向阀 10 回复中位，将主缸上、下腔油路封闭。这时泵 3 也卸荷，而单向阀 16 被高压油自动关闭，主缸上腔进入保压状态。但这种实现保压的方法要求主缸活塞、单向阀（保压阀）及其间的管道具有很高的密封性能，若泄漏较大，压力会迅速下降，无法实现保压。在保压过程中变量泵 3 的压力油经换向阀 10 和 4 流回油箱，使泵卸荷。

进油：

　　　　　　　　　电液换向阀 10 闭
低压泵 1　　　　　电液换向阀 4 闭
　　　　　　　　　电磁换向阀 11 闭

回油：

变量泵 3→电液换向阀 10（中）→电液换向阀 4→油箱

电液换向阀 10 左右
　　　　　　　　　　　　→油箱
电液换向阀 4　左右

（4）泄压回程。保压时主缸上腔油液的压缩和管道膨胀储存了能量，而使其上腔的油压很高，再加上主缸为差动油缸，所以当电液换向阀 10 很快切换到回程位置时，会使回程开始的短时间内泵 3 及主缸下腔的油压升得很高，比保压时主油路的压力还要高得多，以致引起冲击和振动。所以保压后必须先逐渐泄压然后再回程，以防冲击和振动发生。该液压系统保压完毕，压力继电器 17 控制时间继电器 TS 发信号（定程成形时，由挡铁压行程开关 XK_3 发信号），使各阀处于回程位置，回程开始。主缸上腔高压油打开泄压阀 15，并且液控单向阀 14 也被打开，使泵 3 来的油经泄压阀 15 中的阻尼孔（形成一定阻力）流回油箱，泵 3 成为低负荷运转。这时主缸活塞并不马上回程，待上腔压力降低，泄压阀被关闭后，泵 3 的油才能进入主缸下腔开始回程。

主油路：

　　　　　　进油：变量泵 3→电液换向阀 10（左）→液控单向阀 14 开
　　先泄压　回油：变量泵 3→电液换向阀 10（左）→泄压阀 15→油箱
　　　　　　　　　主缸上腔→液控单向阀 14（左）→充液筒 18（少量）

　　　　　　进油：变量泵 3→电液换向阀 10→液控单向阀 12→主缸下腔
　　后回程　回油：主缸上腔→液控单向阀 14→充液筒 18（大量）

控制油路：

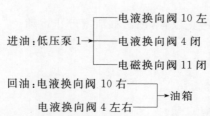

　　　　　　　　　　　　电液换向阀 10 左
　　进油：低压泵 1　　　电液换向阀 4 闭
　　　　　　　　　　　　电磁换向阀 11 闭

回油：电液换向阀 10 右
　　　　　　　　　　　　　→油箱
电液换向阀 4 左右

（5）回程停止。当主缸挡铁压行程开关 XK_1 时，使各阀处于停止位置，主缸活塞回程停止。变量泵 3 经电液换向阀 10 和 4 卸荷。

进油：

低压泵 1 → 电液换向阀 10 闭
低压泵 1 → 电液换向阀 4 闭
低压泵 1 → 电磁换向阀 11 闭

回油：

变量泵 3 → 电液换向阀 10 → 电液换向阀 4 → 油箱

电液换向阀 10 左右 → 油箱
电液换向阀 4 左右 → 油箱

2. 顶出缸的运动

顶出缸的动作在主缸停止时才能进行,因为进入顶出缸的压力油,经过主缸油路的电液换向阀 10 后,才通入顶出缸油路的电液换向阀 4。电液换向阀 10 处在中间位置即主缸停止运动时,才能实现顶出和顶退运动,以避免误动作。

(1)顶出。按下按钮 A_3,使电液换向阀 4 在左位工作,从泵 3 来的压力油进入顶出缸下腔,顶出缸的活塞上升将工件顶出。

进油：

变量泵 3 → 电液换向阀 10(中) → 电液换向阀 4((左)) → 顶出缸下腔

低压泵 1 → 电磁换向阀 11 闭
低压泵 1 → 电液换向阀 10 闭
低压泵 1 → 电液换向阀 4 左

回油：

顶出缸上腔 → 电液换向阀 4 → 油箱
电液换向阀 4 右 → 油箱

(2)顶退。按下按钮 A_4,使电液换向阀 4 在右位工作,从泵 3 来的压力油进入顶出缸上腔,顶出缸的活塞向下退回。

进油：

变量泵 3 → 电液换向阀 10(中) → 电液换向阀 4(中) → 顶出缸上腔

低压泵 1 → 电磁换向阀 11 闭
低压泵 1 → 电液换向阀 10 闭
低压泵 1 → 电液换向阀 4 右

回油：

顶出缸下腔 → 电液换向阀 4 → 油箱
电液换向阀 4 左 → 油箱

(3)停止。按下按钮 A_5,使各阀处于停止位置,顶出缸活塞停止运动。

进油：

低压泵 1 → 电液换向阀 10 闭
低压泵 1 → 电液换向阀 4 闭
低压泵 1 → 电磁换向阀 11 闭

回油：

     变量泵 3→电液换向阀 10→电液换向阀 4→油箱

     顶出缸上腔→电液换向阀 4→油箱

     顶出缸下腔→电液换向阀 4 闭

    电液换向阀 10 左右 ┐

          ├─→油箱

    电液换向阀 4 左右 ┘

（4）压边。作薄板拉深时的压边动作，顶出缸停止在顶出位置。这时顶出缸下腔油液被电液换向阀 4 封闭，所以当主缸活塞下压时，顶出缸活塞被迫随之下行（此时阀 4 中位，泵 3 卸荷），顶出缸下腔的油液只能经固定节流器 7 和溢流阀 6 缓慢流回油箱，从而建立起所需的压边力。固定节流器 7 和溢流阀 6 用来调节压边压力；安全阀 5 是当固定节流器 7 阻塞时起安全作用。

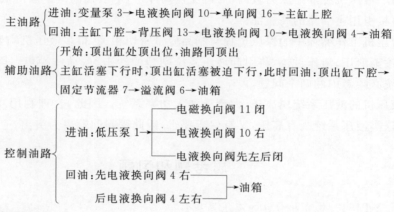

主油路 ┤ 进油：变量泵 3→电液换向阀 10→单向阀 16→主缸上腔

     回油：主缸下腔→背压阀 13→电液换向阀 10→电液换向阀 4→油箱

辅助油路 ┤ 开始：顶出缸处顶出位，油路同顶出

     主缸活塞下行时，顶出缸活塞被迫下行，此时回油：顶出缸下腔→

     固定节流器 7→溢流阀 6→油箱

控制油路 ┤ 进油：低压泵 1 ┤ 电磁换向阀 11 闭

           电液换向阀 10 右

           电液换向阀先左后闭

     回油：先电液换向阀 4 右 ┐

            ├─→油箱

     后电液换向阀 4 左右 ┘

3. 静止时下滑问题

液压机主缸活塞及其所带的滑块往往很重，为防止活塞回程停止后，因泄漏或其他原因（如泵电机突然掉电）而自动下滑，回路中装有液控单向阀 12 和背压阀 13 来封闭主缸下腔的油液，起支撑平衡作用，保证主缸活塞可靠地停留在任何位置。但为防止因阀 12 失灵（不通）使主缸下腔产生超高压事故，背压阀 13 起安全作用。其背压所产生的抗力，足以支持活塞及其所带动的滑块的自重，即光靠自重无法顶开背压阀 13，所以活塞不会自动下落。

4. 液压机工作缸的换向及其低压控制

主液压缸和顶出液压缸的换向都由电液换向阀实现。为使两缸动作协调，两个电液换向阀 4 和 10 的配置应满足，主缸油路的回油要经过顶出缸油路的电液换向阀 4 才能回油箱，从而保证了顶出缸停止动作时，主缸才能运动。而且顶出缸的进油要经过控制主缸油路的阀 10，这就保证了主缸处于停止时，顶出缸才能运动。

当液压机系统压力高时，为避免换向冲击，电液换向阀由外控供油，必须有低压控制油路，不宜直接引用主油路的高压油。该系统采用单独的小流量辅助液压泵作为能源的低压控制油路，控制压力为 $(10\sim15)\times10^3$ Pa，压力稳定，工作可靠。

三、液压系统的分析

（1）液压机工作循环中，压力、行程速度和流量变化较大，泵的输出功率也较大。如何既能满足液压机工作循环要求,又能使能量消耗最小,是液压机液压系统设计中要考虑的问题。

液压机液压系统通常有两种供油方案:一种是采用高低压泵组,用一个高压小流量柱塞泵和一个低压大流量齿轮泵组合起来向系统供油;另一种是采用恒功率变量柱塞泵向系统供油,以满足低压快速行程和高压慢速行程的要求。

(2)在不增加主油泵功率的前提下提高快速行程速度以提高生产率,其基本方法是增加低压供油的流量或减小活塞面积,可采用自重充液、蓄能器强制充液、快速缸、辅助缸或差动回路来提高低压快速行程的速度。当快速行程转为慢速工作行程时,为了避免冲击,可通过减速回路减速。

(3)立式液压机为使滑块可靠地停留在任何位置,须采用平衡回路,可根据具体要求选用各种基本回路来组合。

(4)由于液压机主油路压力较高,为避免换向冲击,电液换向阀一般由低压、外控油路来控制,不宜直接引用主油路的高压油。

(5)液压机工作循环中的保压过程与制品质量密切相关,很多液压机均要求保压性能。保压后必须逐渐泄压,泄压过快,将引起液压系统剧烈的冲击、振动和噪声。因此保压和泄压是液压机系统必须考虑的两个问题。

(6)液压机的液压系统属高压、大流量和大功率系统。因此,合理利用功率以降低温升非常重要。这类液压系统既有高压,又有保压要求,因此密封问题更为突出,应予以特别注意。

思考题和习题

7-1 YT4543型动力滑台的液压系统:

(1)液压缸快进时如何实现差动连接?

(2)如何实现液压缸的快慢速运动换接和进给速度的调节?

7-2 M1432A型万能外圆磨床的液压系统:

(1)时间控制换向回路及行程控制换向回路的工作原理是怎样的? 各适用于何种情况?

(2)换向阀实现第一次快跳、慢移和第二次快跳时,三种不同的回油通道是怎样的? 各起什么作用?

(3)抖动缸起何作用?

(4)尾顶针与砂轮架为何要互锁? 油路如何实现?

(5)闸缸起什么作用?

7-3 列出图7-6油路中电磁铁动作状态表(电磁铁通电用"十"表示)。

7-4 YA32—200四柱式万能液压机的液压系统:

(1)如何实现主缸的快速下行、减速加压、保压延时、泄压回程及回程停止?

(2)如何实现顶出缸的顶出、顶退、停止及压边?

(3)如何解决静止时的下滑问题?

(4)如何解决主缸和顶出缸的动作协调问题?

(5)电液换向阀由外控供油,为什么不宜直接引用主油路的高压油?

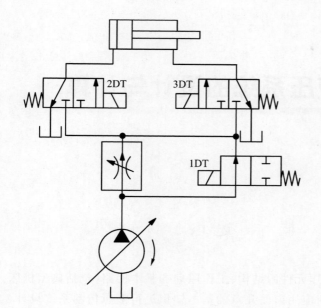

动作	电磁铁		
	1 DT	2 DT	3 DT
快进			
工进			
快退			
停止			

(a)

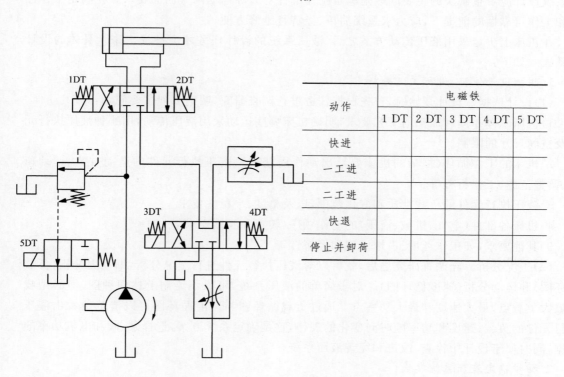

动作	电磁铁				
	1 DT	2 DT	3 DT	4 DT	5 DT
快进					
一工进					
二工进					
快退					
停止并卸荷					

(b)

图 7 - 6 题 7 - 3 图

第八章　机床液压系统的设计与计算

8-1　概　　述

前述几章对液压传动的基本原理,液压元件的结构、工作原理和基本回路(包括典型机床的液压系统)等进行了分析,本章主要探讨应用前面几章的基本知识进行液压传动系统设计、计算的步骤和方法。液压系统的设计必须重视调查研究,注意借鉴别人的经验。一般来说,液压系统设计应着重解决的主要问题是满足工作部件对力和运动两方面的要求。在满足工作性能和工作可靠性的前提下,应力求系统简单、经济且维修方便。

在机床上决定采用液压传动方案之后,液压系统的设计任务才会被提出来。具体的设计步骤大致如下:

1.明确设计依据,进行工况分析

(1)设计依据。设计开始时,首先根据任务进行调查研究,明确下列主要问题:

1)机床总体布局和加工的工艺要求,明确机床哪些运动采用液压传动,用哪种液压执行元件及空间尺寸的限制。

2)机床的工作循环(复杂的机床要给出动作周期表),液压执行元件的运动方式、运动速度、调整范围、工作行程等。

3)液压执行元件的负载性质和变化范围,以及精度、平稳性要求。

4)机床各部件(电气、机械、液压)的动作顺序、转换和互锁要求等。

5)其他要求,如工作环境、占地面积和经济性等。

(2)工况分析。经调查研究之后,就可以对液压执行元件进行工况分析,即动力分析(负载循环图)和运动分析(速度循环图)。对于简单的液压系统,可以不绘制上述两种图,但必须找出最大负载点、最大速度和最大功率点。通过负载循环图和速度循环图可以清楚地看出液压执行元件的负载、速度和功率随时间变化的规律,这是确定系统方案,选择泵、阀和电机功率的依据,同时便于设计中检查、改进和完善液压系统。

2.初步确定液压系统参数

压力与流量是液压系统最主要的两个参数。当液压回路尚未确定时,其系统压力损失和泄漏都无法估算。这里所讲的确定系统主要参数,实际上是确定液压执行元件的主要参数。

3.拟定液压系统图

拟定液压系统图是整个设计过程中的重要步骤之一,它以简图的形式全面、具体地体现设计任务中提出的动作要求和性能。这一步骤涉及面广,需要综合运用前面各章,特别是第四、六章中的知识,亦即要拟定一个比较完善的液压系统,必须对各种基本回路、典型液压系统有全面深刻的了解。

4. 计算、选择或设计液压元件

对泵和阀类元件主要通过计算来确定其主要参数(包括压力和流量)。这两个参数是选择泵、电机、阀及辅助元件的依据。选择元件时应尽量选用标准元件,在有特殊要求时才设计专用元件。

5. 液压系统的性能验算和绘制工作图、编写技术文件

性能验算包括系统压力损失验算和液压系统的发热与温升验算。

正式工作图一般包括正式的液压系统工作原理图、系统管路装配图和各种非标准液压元件的装配图和零件图。

正式的液压系统原理图,是对初步拟定的系统图经过反复修改完善,选定了液压元件之后所绘制的液压系统图。图中应列出明细、规格和调整值;对复杂系统应按各执行元件的动作程序绘制工作循环图和电气控制程序状态表。一般按停车状态绘制液压系统原理图。然后绘制系统的管路装配图(或管路布置示意图),在管路装配图上应表示出各液压部件和元件在机床或工作地的位置和固定方式,油管的规格和分布位置,各种管接头的形式和规格等。

对于自行设计的非标准液压件如液压缸、油源站等,必须画出部件装配图和专用零件图。

当绘制装配图时,应考虑安装、使用、调整和维修方便,管道应尽量短,弯头和接头尽量少。

编写的技术文件一般包括设计任务书、计算书和使用维修说明书;零、部件目录表,标准件,通用件和外购件总表等。

应该指出,在实际设计过程中,根据所设计机床的用途和掌握的资料情况,上述步骤有的可以省略,有的可以合并。同时,各设计步骤是相互联系、相互影响的,设计中往往是互相穿插,交叉进行的,有时还要经过多次反复才能完成。

8-2　液压系统设计与计算举例

某厂拟自制一台卧式钻、镗组合机床的动力滑台,其工况要求为:

(1)工作性能和动作循环。动力滑台用于加工铸铁箱体零件的孔系,要求孔的加工精度为二级,表面粗糙度为 $R_a1.6$(精镗)或 $R_a6.3$(粗镗)。工作循环为快进、工进、快退、原位停止。

(2)动力和运动参数。轴向最大切削力 12 000 N,动力滑台自重 20 000 N,工作进给速度要求在 $0.33\times10^{-3}\sim20\times10^{-3}$ m/s 范围内无级调节,快进和快退的速度均为 $v_1=0.1$ m/s。导轨形式为平导轨,静、动摩擦系数分别为:$f_s=0.2,f_d=0.1$。往返运动的加速、减速时间均为 0.2 s,快进行程 L_1 为 0.1 m,工进行程 L_2 为 0.1 m。

(3)自动化程度。采用液压与电气配合,实现工作自动循环。

根据上述工况要求和动力滑台的结构安排,应采用液压缸为执行元件,由液压缸筒与滑台固结完成工作循环,活塞杆固定在床身上。由于要求快进与快退的速度相等,为减少液压泵的

供油量,决定采用差动型液压缸,取液压缸前、后腔的有效工作面积为2∶1,活塞杆较粗,结构上允许油管通过,进、出油管穿过活塞杆,直接使用硬管与液压装置或液压泵连接。避免由于较长软管的弹性变形引起动力滑台在转向中产生"前冲""后坐"现象。液压缸无杆腔为高压工作腔,这样能得到较大的输出动力,并可得到较低的稳定工作速度,以便满足精加工的要求。

下面按设计步骤进行计算。

一、计算外负载

动力滑台受力情况如图8-1所示。当机床上的液压缸做直线往复运动时,液压缸必须克服的外载 F 为

$$F = F_t + F_f + F_m + F_g + F_b \qquad (8-1)$$

式中:F_t 为工作负载;F_f 为摩擦负载;F_m 为惯性负载;F_g 为重力负载;F_b 为背压阻力。

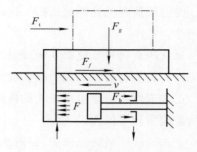

图 8-1　动力滑台受力分析简图

1. 工作负载

工作负载与机床的工作性质有关,它可能是定值,也可能是变值。一般工作负载是时间的函数,即 $F_t = f(t)$,需根据具体情况分析确定。对于机床进给系统,其工作负载就是沿进给方向的切削分力。若负载方向与进给方向相反,如钻、镗、扩、攻丝时沿进给方向的切削力(亦称切削阻力)称正值负载;负载方向与进给方向相同,如顺铣的切削阻力称负值负载。切削阻力值的大小由实验测出或按切削力公式进行估算。

本例切削阻力为已知,即

$$F_t = 12\ 000\ \text{N}$$

2. 摩擦力

液压缸驱动工作部件工作时要克服机床导轨处的摩擦阻力,它与导轨形状、安放位置及工作台的运动状态有关。

图8-2所示为机床上常见的两种导轨形式,其摩擦阻力的估算公式如下:

平导轨

$$F_f = f(F_g + F_n) \qquad (8-2)$$

V形导轨

$$F_f = f \frac{F_g + F_n}{\sin \frac{\alpha}{2}} \qquad (8-3)$$

式中:F_n 为切削力垂直于导轨上的正压力;α 为V形导轨的夹角;f 为导轨摩擦系数,启动时按静摩擦系数 f_s 计算,其余按动摩擦系数 f_d 计算,参考表8-1。

工作部件倾斜 β 角放置时如图8-3所示,将 $(F_g + F_n)$ 变为 $(F_g \cos\beta + F_n)$ 后代入式(8-2)或式(8-3)中。

详细计算各种导轨上的摩擦阻力见机床设计有关部分,计算中如颠覆力矩数值较小可以忽略不计。

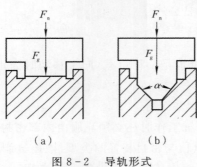

图 8-2　导轨形式

(a) 平导轨；(b) V 形导轨

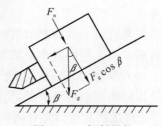

图 8-3　倾斜导轨

表 8-1　导轨摩擦系数

导轨种类	导轨材料	工作状态	摩擦系数
滑动导轨	铸铁对铸铁	启动时 低速($v < 0.16$ m/s) 时 高速($v > 0.16$ m/s) 或 润滑良好时	$f_s = 0.15 \sim 0.20$ $f_d = 0.10 \sim 0.12$ $f_d = 0.05 \sim 0.08$
滚动导轨	铸铁导轨对滚柱(珠)	启动或运动时	$f_s = f_d = 0.02 \sim 0.05$
静压导轨	铸铁对铸铁	启动或运动时	$f_s = f_d = 0.005$

本例导轨摩擦阻力由动力滑台和颠覆力矩产生,若忽略颠覆力矩的影响,则

静摩擦阻力

$$F_{fs} = f_s F_g = 0.2 \times 20\,000 = 4\,000 \text{ N}$$

动摩擦力

$$F_{fd} = f_d F_g = 0.1 \times 20\,000 = 2\,000 \text{ N}$$

3. 惯性负载

工作部件在启动和制动过程中产生惯性力,可按牛顿第二定律求出,即

$$F_m = ma = \frac{F_g}{g} \frac{\Delta v}{\Delta t} \tag{8-4}$$

式中:g 为重力加速度;Δv 为加(减)速时速度的变化量;Δt 为启动或制动时间,一般机床的主运动取 $0.2 \sim 0.5$ s,进给运动取 $0.1 \sim 0.5$ s,磨床取 $0.01 \sim 0.05$ s,工作部件较轻或运动速度较低时取小值。

本例惯性阻力包括以下两部分:

(1) 动力滑台快进时惯性阻力 F_m。动力滑台启动加速、反向启动加速和快退减速制动的加速度相等,$\Delta v = 0.1$ m/s,$\Delta t = 0.2$ s,故惯性阻力为

$$F_m = \frac{F_g}{g} \frac{\Delta v}{\Delta t} = \frac{20\,000}{9.8} \times \frac{0.1}{0.2} \approx 1\,020 \text{ N}$$

(2) 动力滑台工进到制动时惯性阻力 F'_m。动力滑台由工进转换到制动是减速,取 $\Delta v = 20 \times 10^{-3}$ m/s(工进最大速度),$\Delta t = 0.2$ s,故惯性阻力为

$$F'_\mathrm{m}=\frac{F_g}{g}\frac{\Delta v}{\Delta t}=\frac{20\ 000}{9.8}\times\frac{20\times10^{-3}}{0.2}\approx204\ \mathrm{N}$$

4.重力负载

当工作部件垂直运动或倾斜放置时,它的自重也是一种负载,向上移动时为正负载,向下运动时为负负载。当工作部件水平放置时,$F_g=0$。

本例由于动力滑台为卧式放置,所以不考虑重力负载。

以上为液压缸所克服的外负载,实际上,液压缸工作时还必须克服由内部密封装置所产生的摩擦阻力 F_s,包括活塞与活塞杆间的摩擦力,其值与密封装置的类型、液压缸制造质量和油液工作压力有关,计算比较繁琐,详细计算可查阅液压传动手册中的有关内容,一般将其计入液压缸的机械效率中。

此外,液压缸还必须克服回油路上的阻力,称为背压阻力 F_b,其值为

$$F_b=p_bA \tag{8-5}$$

式中:A 为回油腔有效工作面积。p_b 为液压缸背压,在系统方案、结构尚未确定之前,一般按经验数据取一个估算值,如进油节流调速时取 $p_b=(2\sim5)\times10^5\ \mathrm{Pa}$;回油路上有背压阀或调速阀时取 $p_b=(5\sim15)\times10^5\ \mathrm{Pa}$;对于闭式回路 $p_b=(8\sim15)\times10^5\ \mathrm{Pa}$。

根据以上分析,计算各工况负载列表 8-2。本机床动力滑台所受负载亦为液压缸所受负载。

表 8-2　液压缸在各动作阶段的负载

工　　况	计算公式	液压缸负载 F / N	液压缸驱动力 $F_0=\dfrac{F}{\eta_j}$ / N
启　　动	$F=f_sF_g$	4 000	4 444
加　　速	$F=f_dF_g+F_m$	3 020	3 356
快　　进	$F=f_dF_g$	2 000	2 222
工　　进	$F=F_t+f_dF_g$	14 000	15 556
制　　动	$F=f_dF_g-F'_m$	1 796	1 996
快　　退	$F=f_dF_g$	2 000	2 222
制　　动	$F=f_dF_g-F_m$	980	1 089

注:液压缸机械效率取 $\eta_j=0.9$。

二、绘制负载图和速度图

根据已给的快进、快退、工进的行程和速度,配合表8-2中相应负载的数值,可绘制液压缸的 $F\text{-}l$ 与 $v\text{-}l$ 图,或通过近似计算快进、工进、快退的时间绘制 $F\text{-}t$ 与 $v\text{-}t$ 图。快进、工进、快退时间近似计算如下:

1.快进

$$t_1=\frac{l_1}{v_1}=\frac{0.1}{0.1}=1\ \mathrm{s}$$

2.工进

工进所需最长时间 $t_{2\,max}$ 为

$$t_{2\,max} = \frac{l_2}{v_{2\,min}} = \frac{0.1}{0.33 \times 10^{-3}} = 303 \text{ s}$$

工进所需最短时间 $t_{2\,min}$ 为

$$t_{2\,min} = \frac{l_2}{v_{2\,max}} = \frac{0.1}{20 \times 10^{-3}} = 5 \text{ s}$$

3.快退

$$t_3 = \frac{l_3}{v_3} = \frac{0.2}{0.1} = 2 \text{ s}$$

配合表8-2中不同工况对应负载的数值,绘制 $F-t$ 和 $v-t$ 图,如图8-4所示。

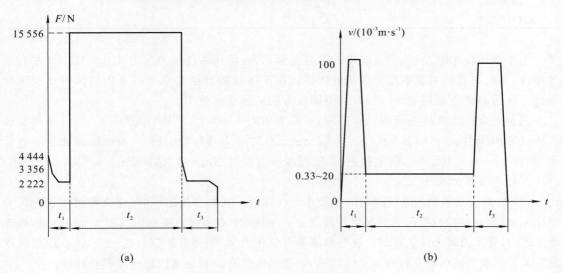

图 8-4　液压缸负载图和速度图

(a)$F-t$ 图；　(b)$v-t$ 图

图8-4表明了液压缸在运动循环内负载随时间的变化规律。图中最大负载值是初选液压缸工作压力和确定液压缸结构尺寸的依据。

三、确定液压系统参数

1.初选液压缸的工作压力

液压缸工作压力的选择是否合理将直接影响整个液压系统设计的合理性,确定液压缸工作压力时不能只考虑满足负载要求,应全面考虑液压装置的性能要求和经济性。如果液压缸的工作压力选得较高,则泵、缸、阀和管道尺寸可选得小些,这样结构较为紧凑、轻巧,加速时惯性负载也小,易于实现高速运动的要求。但工作压力太高,对系统的密封性能要求也相应提高了,制造较困难,同时会缩短液压装置的使用寿命。此外,高压会使构件弹性变形的影响增大,运动部件容易产生振动。

对于应用于各类机床的液压系统,由于各自特点和使用场合不同,其液压缸的工作压力亦

不相同,一般常用类比法,参考表 8-3 或表 8-4 进行选择。

表 8-3　按负载选择液压缸工作压力

负载 F/N	$< 5\ 000$	$5\ 000 \sim 10\ 000$	$10\ 000 \sim 20\ 000$	$20\ 000 \sim 30\ 000$	$30\ 000 \sim 50\ 000$	$> 50\ 000$
液压缸工作压力 $p/(10^5\ \mathrm{Pa})$	$< 8 \sim 10$	$15 \sim 20$	$25 \sim 30$	$30 \sim 40$	$40 \sim 50$	$\geqslant 50 \sim 70$

表 8-4　按机床类型选择工作压力

机床类型	磨床	车镗铣床	珩磨机	组合机床	齿轮加工机床	拉床、龙门刨床
工作压力 $p/(10^5\ \mathrm{Pa})$	$\leqslant 20$	$20 \sim 40$	$20 \sim 50$	$30 \sim 50$	< 63	> 100

　　由于液压技术的发展,当前国内外学者普遍认为,液压系统压力取为 $350 \times 10^5\ \mathrm{Pa}$ 左右最为经济,并有研究结果表明低压系统的价格比高压系统的价格高 $0.5 \sim 2$ 倍。国内外液压行业也正在研制高压系列的泵、阀,以供不同压力的液压系统使用。

　　关于组合机床液压系统的工作压力,一般为 $(30 \sim 50) \times 10^5\ \mathrm{Pa}$(参照表 8-4)。本例初选液压缸工作压力 $p_1 = 35 \times 10^5\ \mathrm{Pa}$。为防止钻通孔时动力滑台发生前冲,液压缸回油腔应有背压,背压 $p_2 = 6 \times 10^5\ \mathrm{Pa}$。假定快进、快退回油压力损失 $\Delta p_2 = 5 \times 10^5\ \mathrm{Pa}$。

　　2.计算液压缸尺寸

　　(1)按最大负载初定液压缸的结构尺寸。计算液压缸的有效面积时,还要考虑往返行程的速比 λ_v,活塞杆受拉或受压的情况以及背压力 p_b 的数值(在系统方案尚未拟定,回油路结构尚未确定之前,背压力是无法估算的。这里只能参考背压力 p_b 的经验数据暂选一个)。利用第三章的有关公式求出液压缸左右有效工作面积 A_1 及 A_2、直径 D 和活塞杆直径 d 等参数值。

　　(2)按液压缸最低运动速度验算其有效工作面积。有效工作面积取决于负载和速度两个因素。用负载和初选压力计算出来的有效工作面积,还须按下式进行检验:

$$A \geqslant \frac{Q_{\min}}{v_{\min}} \tag{8-6}$$

式中:$v_{\min}$ 为液压缸的最低工进速度;A 为液压缸的有效工作面积;$Q_{\min}$ 为液压缸最小的稳定流量。

　　在节流调速系统中,$Q_{\min}$ 取决于调速阀或节流阀的最小稳定流量,其值可在产品性能表上查到。在容积调速系统中,液压缸的最小稳定流量取决于变量泵的最小稳定流量。

　　如果有效工作面积 A 不能满足式(8-6),则应适当加大液压缸直径。将确定的液压缸直径和活塞杆直径圆整化为规定的标准值(见表 8-5 和表 8-6),以便采用标准的密封件和标准的工艺装备。

　　本例由于取液压缸前、后腔有效面积之比为 2∶1,因此得液压缸无杆腔有效工作面积 A_1 为

$$A_1 = \frac{F_0}{\left(p_1 - \frac{1}{2}p_2\right)} = \frac{15\ 556}{\left(35 - \frac{6}{2}\right) \times 10^5} \approx 48.6 \times 10^{-4}\ \mathrm{m}^2$$

取

$$A_1 = 49 \times 10^{-4} \text{ m}^2$$

故液压缸内径 D 为

$$D = \sqrt{\frac{4A_1}{\pi}} = \sqrt{\frac{4 \times 49 \times 10^{-4}}{\pi}} \approx 7.9 \times 10^{-2} \text{ m}$$

表 8-5　液压缸内径系列(GB/T 2348—2018)　　单位：mm

8	10	12	16	20	25	32	40	50	60
63	80	90	100	(110)	125	140	160	(180)	200
220	250	280	320	(360)	400	(450)	500		

注：圆括号内为非优选用值。未列上数值可按照 GB/T321 中优选数系列扩展(数值小于 100 按 R10 系列扩展，大于100 按 R20 系列扩展。

表 8-6　活塞杆外径系列(GB/T2348—2018)　　单位：mm

4	5	6	8	10	12	14	16	18	20
22	25	28	(30)	32	36	40	45	50	56
(60)	63	70	80	90	100	110	(120)	125	140
160	180	200	220	250	280	320	360	400	450

注：圆括号内为非优选用值。未列出值可按照 GB/T321 中 R20 优选系列扩展。

按表 8-5 取标准值

$$D = 8 \times 10^{-2} \text{ m}$$

按式(3-10)计算活塞杆直径

$$d = 0.7D \approx 5.6 \times 10^{-2} \text{ m(标准直径)}$$

液压缸尺寸取标准值之后的有效工作面积：

无杆腔面积

$$A_1 = \frac{\pi D^2}{4} = \frac{3.14 \times (8 \times 10^{-2})^2}{4} \approx 50.2 \times 10^{-4} \text{ m}^2$$

有杆腔面积

$$A_2 = \frac{\pi}{4}(D^2 - d^2) = \frac{3.14}{4}(8^2 - 5.6^2) \times 10^{-4} \approx 25.6 \times 10^{-4} \text{ m}^2$$

活塞杆面积

$$A_3 = A_1 - A_2 = 24.6 \times 10^{-4} \text{ m}^2$$

3.计算液压缸在工作循环中各阶段所需的压力、流量和功率

根据表 8-7 计算，表中 F_0 为液压缸的驱动力，由表 8-2 查得。

4.绘制液压缸的工况图

根据表 8-7，即可绘制液压缸的流量图、压力图和功率图，如图 8-5 所示。

工况图的作用是：

(1)通过工况图可找出最大压力、最大流量点和最大功率点，分析各工作阶段中压力、流量变化的规律，作为选择液压泵和控制阀的依据。

表 8 - 7　各工况所需压力、流量和功率

工　况		计算公式	$\dfrac{F_0}{N}$	液　压　缸			
				$\dfrac{p_2}{10^5\ Pa}$	$\dfrac{p_1}{10^5\ Pa}$	$\dfrac{Q}{10^{-3}\ m^3/s}$	$\dfrac{P}{10^3\ W}$
快进	启动	$p_1 = \dfrac{F_0}{A_3} + \Delta p_2$	4 444	$\Delta p_2 = 0$	18.1		
	加速	$Q = A_3 v_1$	3 356	$\Delta p_2 = 5$	18.6	0.25	0.35
	快进	$P = p_1 Q$	2 222	$\Delta p_2 = 5$	14.0	(15 L/min)	
工　进		$p_1 = \dfrac{F_0}{A_1} + \dfrac{p_2}{2}$ $Q = A_1 v_2$ $P = p_1 Q$	15 556	$p_2 = 6$	33.9	0.1 (6 L/min)	0.34
快退	启动	$p_1 = \dfrac{F_0}{A_2} + 2p_2$	4 444	$p_2 = 0$	17.3		
	加速		3 356		23.1	0.26	0.49
	快退	$Q = A_2 v_1$	2 222	$p_2 = 6$	18.7	(15.6 L/min)	
	制动	$P = p_1 Q$	1 089		14.3		

注:取工进时的最大速度 $v_2 = 20 \times 10^{-3}$ m/s。

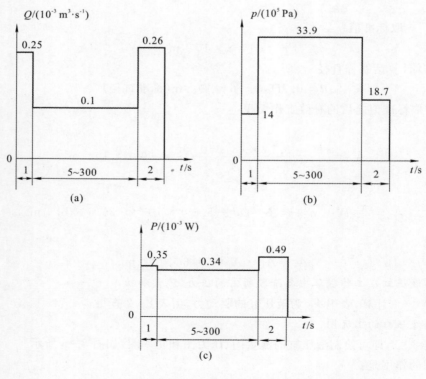

图 8 - 5　液压缸工况图

(a) 流量图；(b) 压力图；(c) 功率图

（2）验算各工作阶段所确定参数的合理性。例如,当功率图上各阶段的功率相差太大时,可在工艺情况允许的条件下,调整有关阶段的速度,以减小系统需用的功率。当系统有多个液压缸工作时,应把各液压缸的功率图按循环要求叠加后进行分析,若最大功率点相互重合,功率分布很不均衡,则同样应在工艺条件允许情况下,适当调整参数,避开或削减功率"高峰",增加功率利用的合理性,以提高系统的效率。

（3）通过对工况图的分析,可以合理地选择系统主要回路、油源形式和油路循环形式等,如果在一个循环内流量变化很大,则不适宜采用单定量泵,也不宜采用蓄能器,而适宜采用"大小泵"的双泵供油回路或限压式变量泵的供油回路。

以上分析、计算和调整,有利于拟定出较为合理、完善的液压系统方案。

四、拟定液压系统原理图

1. 调整方式的选择

钻、镗组合机床工作时,要求低速运动平稳性好,速度负载特性好。由图8-5可知,液压缸快进和工进时功率都较小,负载变化也较小,因此采用调速阀的进油节流调速回路。为防止工作负载突然消失（钻通孔）引起前冲现象,在回油路上加背压阀。

2. 快速回路和速度换接方式的选择

本例已选用差动型液压缸（$A_1 = 2A_2$）实现"快、慢、快"的回路,即采用快进和快退速度相等的差动回路作为快速回路。由于快进转为工进时有平稳性要求,故决定采用行程阀来实现快速换接,而工进转快退则利用压力继电器来实现。

综上所述,本系统的主要液压回路为进油节流调速回路与差动回路。为实现这两种回路的要求,可以有多种不同形式的进油节流调速回路与差动回路的组合。下面对图8-6的(a)(b)(c)和(d)四种回路进行分析比较。

图8-6中,(a)回路是利用两个二位三通电磁换向阀代替(b)回路和(c)回路中的一个三位五通电磁换向阀。二位换向阀通道简单,压力损失小,而且(a)回路比(b)回路和(c)回路少用一个液压顺序阀。(b)回路与(c)回路两种换向阀的中位机能分别为V形和O形。前者中位时液压缸两腔可以卸荷,换向冲击较小。后者换向阀在中间位置时液压缸前后两腔封闭,应用于立式机床较合适。本系统换向精度要求不高,为减小换向冲击,可选(b)回路。(d)回路也有应用,因O形三位四通电磁换向阀在液压系统中应用较为普遍,一般工厂常有备件,故也有用(d)回路方案,其性能与(c)回路方案基本相同。

综合上述,(a)回路是利用两个二位三通电磁换向阀代替(b)回路中的三位五通电磁换向阀和液控顺序阀,从回路性能上看两者是完全相似的,而且价格也接近,因此,两种方案均可采用。但目前在设计"进油节流一次进给液压系统"时,习惯采用(b)回路作为调速回路,因为利用标准图纸采用(b)回路较为方便。

3. 油源的选择

图8-5表明,该系统在快速运动时低压大流量时间短,工进时高压小流量时间长。显然选用单定量液压泵效率低,系统发热量大,故应采用双联叶片泵或限压式变量泵,两者比较见表8-8。本机床要求系统压力平稳,工作可靠,为此采用双联叶片泵。

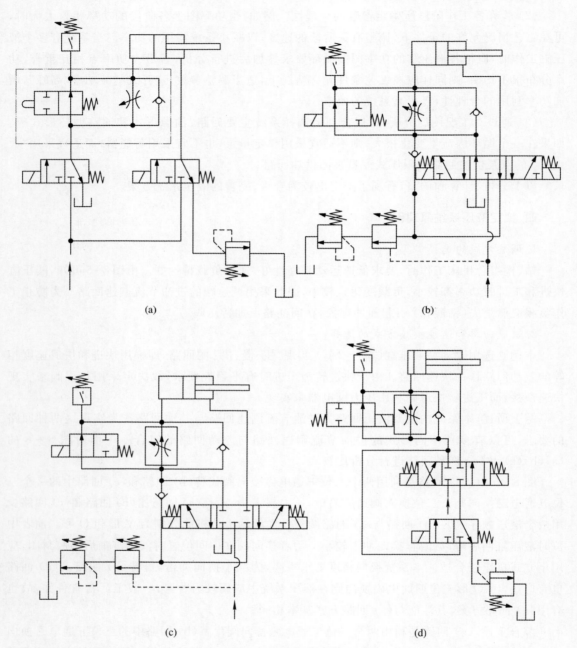

(a)　　　　　　　　　　　　(b)

(c)　　　　　　　　　　　　(d)

图 8-6　液压回路图

表 8-8　定、变量叶片泵的比较

双联定量叶片泵	限压式变量叶片泵
1.流量突变时,液压冲击取决于溢流阀的性能,一般冲击较小	1.流量突变时,定子反应滞后,液压冲击较大

续表

双联定量叶片泵	限压式变量叶片泵
2.内部径向力平衡,压力平衡,噪声小,工作性能好	2.内部径向力不平衡,轴承负载较大,压力波动及噪声较大,工作平稳性差
3.须配有溢流阀-卸荷阀组,系统较复杂	3.系统较简单
4.有溢流损失,系统效率较低,温升较高	4.无溢流损失,系统效率较高,温升较小

4.液压系统的组合

在所选择基本回路的基础上,再综合考虑其他因素的影响和要求,便可组成完整的系统图。在图8-7中为了使液压缸(滑台)快进时实现差动连接,而在工作进给时使进油路与回油隔离,在系统中增设一个单向阀11及液控顺序阀8;在液压泵1和电磁换向阀3的出口处,分别增设单向阀9和12,以免当液压系统较长时间不工作时,在"油柱"的压力下油液流回油箱,形成局部真空,由于系统不可能绝对密封,使空气渗入系统,影响系统工作平稳性。单向阀9的另一个作用是防止液压系统在电机停转时反转。为了过载保护或行程终了利用压力控制来实现切换油路,在系统中还装有压力继电器13。为观察和调整系统压力,应在图8-7所示四处设置测压点,为减少压力表,设置一个多点压力表开关14。

初步拟定出液压系统图后,应检查其动作循环,并制定出系统工作循环表,见表8-9。

表 8-9　系统工作循环表

动作循环	电磁铁			
	1DT	2DT	行程阀	压力继电器
快　　进	+	—		—
工作进给	+	—	压力	+(工进终了)
快　　退	—	+		—
停止(或中途停止)	—	—		—

5.选择液压元件的配置形式

在确定液压系统图之后,应进一步确定液压元件的配置形式。目前主要是采用集成式配置,详细内容见有关设计手册。

五、选择液压元件

1.选择液压泵和电机

(1)确定液压泵的工作压力。液压泵的最大工作压力与执行元件的工作性质有关。若执行元件在工作行程终点停止运动时才需要最大压力,如液压机的压制、成形、校准,机床的定位夹紧等,液压泵的最大工作压力等于执行元件的最大工作压力。

对于执行元件运动过程中需要最大压力,如铣床和组合机床等。液压缸的工作压力为

$$p_p = p_1 + \sum \Delta p \tag{8-7}$$

式中，p_1 为执行元件在稳定工况下的最高工作压力；$\sum \Delta p$ 为进油路沿程的局部损失。初算时按经验数据选取，如管路简单的节流调速系统取 $\sum \Delta p = (2 \sim 5) \times 10^5$ Pa；管路复杂，进油路采用调速阀系统，取 $\sum \Delta p = (5 \sim 15) \times 10^5$ Pa。亦可参考同类系统选取。

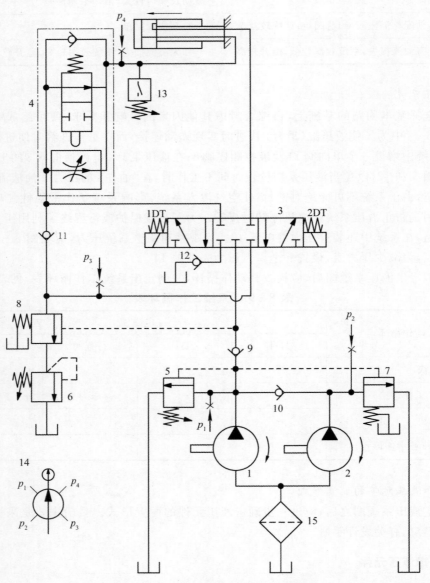

图 8-7　钻、镗组合机床液压系统图

1,2— 泵；3— 三位五通电磁换向阀；4— 阀组；5— 溢流阀；6— 背压阀；7,8— 顺序阀；
9,10,11,12— 单向阀；13— 压力开关；14— 多点压力表；15— 滤油器

由图 8-5 和表 8-7 可知，液压缸在整个工作循环中的最大工作压力为 33.9×10^5 Pa。本系统采用调速阀进口节流调速，选取进油管路压力损失为 8×10^5 Pa，由于采用压力继电器，溢流阀的调整压力一般应比系统最高压力大 5×10^5 Pa，故泵的最高工作压力为

$$p_{p1} = (33.9 + 8 + 5) \times 10^5 = 46.9 \times 10^5 \text{ Pa}$$

这是小流量泵的最高工作压力(稳态),即溢流阀的调整工作压力。

前面计算的液压泵压力 p_p 是系统的稳态压力。系统工作时还存在动态超调压力,其值总是超过稳态压力,所以选择液压泵规格时,其公称压力应比计算的最大压力高 $25\% \sim 60\%$,液压泵的公称工作压力 p_n 为

$$p_n = 1.25 p_{p1} = 1.25 \times 46.9 \times 10^5 \approx 60 \times 10^5 \text{ Pa}$$

大流量泵只在快速时向液压缸输油,由图 8-5(b)可知,液压缸快退时的工作压力比快进时大,这时压力油不通过调速阀,进油路较简单,但流经管道和阀的油流量较大,取进油路压力损失为 5×10^5 Pa,故快退时,泵的最高工作压力为

$$p_{p2} = (18.7 + 5) \times 10^5 = 23.7 \times 10^5 \text{ Pa}$$

这是大流量泵的最高工作压力,此值是液控顺序阀 7 和 8(见图 8-7)调整时的参考数据。

(2)液压泵的流量。单液压泵供给多个执行元件同时工作时,泵的流量要大于液压执行元件所需最大流量的总和,并考虑系统泄漏和液压泵磨损后容积效率下降等因素,即

$$Q_p \geqslant K(\sum Q)_{\max} \tag{8-8}$$

式中:K 为考虑系统泄漏的修正系数,一般取 $1.1 \sim 1.3$,大流量取小值,小流量取大值;$(\sum Q)_{\max}$ 为多个执行元件同时工作时系统所需最大流量。对动作复杂的系统,将同时工作的执行元件的流量循环图组合在一起(见图 8-8),从中求 $(\sum Q)_{\max}$,图中 ΔQ 为系统总泄漏量。

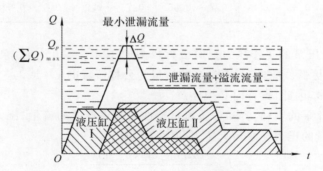

图 8-8　液压缸 Ⅰ 和 Ⅱ 总流量循环图的组合

对于工作过程中采用节流调速的系统,确定液压泵的流量时,还需要加溢流阀稳定工作所需的最小溢流量 $Q_{\min}$,即

$$Q_p \geqslant K(\sum Q)_{\max} + Q_{\min} \tag{8-9}$$

采用差动连接液压缸时,液压泵流量为

$$Q_p \geqslant K(A_1 - A_2)v_{\max} \tag{8-10}$$

式中:A_1,A_2 为分别为液压缸无杆腔和有杆腔的有效工作面积;$v_{\max}$ 为活塞或液压缸的最大移动速度。

当系统采用蓄能器储存压力油时,液压泵的流量按系统在一个周期中的平均流量选择

$$Q_p \geqslant K \sum_{i=1}^{n} \frac{V_i}{T} \tag{8-11}$$

式中：T 为主机工作周期；V_i 为各执行元件在工作周期内总的耗油量；n 为执行元件的个数。

泵的公称流量与系统计算的 Q_p 相当。

由图 8-5(a) 可知，最大流量在快退时，其值为 0.26×10^{-3} m³/s(15.6 L/min)。按式 (8-8) 计算液压泵的最大流量，取 $K=1.15$，得

$$Q_p = 1.15 \times 0.26 \times 10^{-3} = 0.299 \times 10^{-3} \text{ m}^3/\text{s}(17.9 \text{ L/min})$$

最小流量在工进时，其值为 0.1×10^{-3} m³/s(6 L/min)，为保证工进时系统压力较稳定，应考虑溢流阀有一定的最小溢流量，取最小溢流量为 0.017×10^{-3} m³/s(约 1 L/min)，故小流量泵应取 0.117×10^{-3} m³/s(约 7 L/min)。

根据以上计算数值，选用公称流量分别为 0.2×10^{-3} m³/s，0.15×10^{-3} m³/s，公称压力为 60×10^5 Pa 的双联叶片泵。

(3) 选择电动机。在工作循环中，当泵的压力和功率比较恒定时，驱动泵的电机功率 P_p 为

$$P_p = \frac{p_p Q_p}{\eta_p} \tag{8-12}$$

式中：p_p 为液压泵的最高工作压力；Q_p 为液压泵的流量；η_p 为液压泵的总效率。

各种泵在公称压力下的总效率可参考表 8-10，液压泵规格大时取大值，小时取小值。

表 8-10　　各种泵在公称压力下的总效率

液压泵名称	齿轮泵	螺杆泵	叶片泵	径向柱塞泵	轴向柱塞泵
总效率 η_p	0.65～0.8	0.7～0.85	0.75～0.9	0.8～0.92	0.85～0.95

应该指出，当液压泵的工作压力只有公称压力的 $10\% \sim 15\%$ 时，泵的总效率将显著下降，有时只达 0.5 或更低。此外，当变量泵的流量为公称流量的 1/4 或 1/3 以下时，容积效率和总效率都要下降很多，因此，设计时必须注意。

限压式变量叶片泵的驱动功率，可按流量特性曲线拐点处的流量、压力值计算，如图 8-9 所示。一般拐点流量的压力在泵最大压力 80% 处，即

$$P_p = \frac{p_p Q_p}{\eta_p} = \frac{0.8 p_{max} Q_{pn}}{\eta_p} \tag{8-13}$$

式中：Q_{pn} 为泵的公称流量。

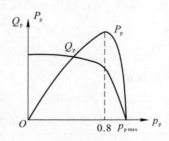

图 8-9　　限压式变量叶片泵特性曲线

通常，限压式变量泵在工作时，当流量很小时，效率很低。可按下式粗略估算驱动功率：

$$P_p = p_p Q_p + \Delta P \tag{8-14}$$

式中:p_p,Q_p 为泵的实际工作压力和流量;ΔP 为一般机床常用的限压式变量泵在压力 p_p 下的功率损耗,可按表 8-11 选取。

表 8-11　限压式变量叶片泵功率损耗

液压泵压力 p_p 10^5Pa	7	10	15	20	25	30	35	40	45	50	55	60	65	70
功率损耗 ΔP 10^3 W	0.14	0.15	0.17	0.21	0.24	0.30	0.35	0.40	0.44	0.48	0.55	0.58	0.77	0.79

在工作循环过程中,液压泵的工作压力和流量变化较大时,液压泵的驱动功率应按各工作阶段的功率进行计算,然后取平均值 P_{av},即

$$P_{av} = \sqrt{\frac{P_1^2 t_1 + P_2^2 t_2 + \cdots + P_n^2 t_n}{t_1 + t_2 + \cdots + t_n}} \qquad (8-15)$$

式中:t_1,t_2,$\cdots$,t_n 为在整个工作循环中各阶段对应的时间;P_1,P_2,$\cdots$,P_n 为在整个工作循环中各阶段所需功率。

根据式(8-15)算得的功率和液压泵要求的工作转速,可以从产品样本中选取标准电动机,然后必须检查每一阶段电动机的超载量是否都在允许范围内。一般规定电动机在短时间内可超载 25%,否则就按最大功率选取电动机。

由图 8-5(c)可知,最大功率出现在快退阶段,其数值按式(8-12)计算,即

$$P_p = \frac{p_{p2}(Q_1 + Q_2)}{\eta_p} = \frac{23.7 \times 10^5 \times (0.2 + 0.15) \times 10^{-3}}{0.75} = 1\,106 \text{ W}$$

式中:Q_1 为大泵流量,$Q_1 = 0.2 \times 10^{-3}$ m/s(12 L/min);Q_2 为小泵流量,$Q_2 = 0.15 \times 10^{-3}$ m/s(9 L/min);η_p 为液压泵总效率,取 $\eta_p = 0.75$。

根据快退阶段所需功率 1 106 W 及双联叶片泵要求的转速,选用功率为 1.5×10^3 W 的标准型号电机。

2.元、辅件的选择

(1)阀的选择依据。主要依据是该阀在系统工作的最大工作压力和通过该阀的实际流量,其他还需考虑阀的动作方式、安装固定方式、压力损失数值、工作性能参数和工作寿命等条件来选择标准阀类的规格。

(2)选择控制阀应注意以下几个问题:

1)应尽量选择标准定型产品,要求非标准元件尽量少,必要时才自行设计制造专用阀或其他液压元件。

2)选择溢流阀时,按泵的最大流量选取,使泵的全部流量能回油箱,选择节流阀和调速阀时,要考虑其最小稳定流量满足机床执行机构低速性能的要求。

3)一般选择控制阀的公称流量比管路系统实际通过的流量大一些。必要时允许通过阀的流量超过公称流量的 20%。

4)应注意差动液压缸由于面积差形成不同回油量对控制阀的影响。

关于滤油器、蓄能器等辅助元件的选择详见有关手册的辅助元件部分。

根据液压泵的工作压力和通过阀的实际流量,选择各种液压元件和辅助元件的规格。本例中只列出系统所用元件的名称和技术数据,型号从略(见表 8-12)。

表 8 - 12　所选液压元件的说明

编号	元件名称	技术数据	$p/(10^5\,\text{Pa})$ $Q/\left[\dfrac{10^{-3}}{60}(\text{m}^3 \cdot \text{s}^{-1})\right]$	调整压力 $p/(10^5\,\text{Pa})$
1	叶片泵	双联;$p = 60$;$Q = 9$		$p = 46.9$
2	叶片泵	双联;$p = 60$;$Q = 12$		$p = 23.7$
3	三位五通电磁换向阀	$p = 63$;$Q = 25$		
4	单向行程调速阀	$p = 63$;$Q = 25$;$Q_{\min} = 0.03$;$\Delta p = 2 \sim 3$		
5	溢流阀	$p = 63$;$p_{\min} \leqslant 4$;$Q = 10$;卸荷压力 $p < 1.5$		
6	背压阀	$p = 63$;$Q = 10$;背压压力 $p = 5 \sim 6$; 实际通过流量 $Q \approx 3$		
7	液动顺序阀	$p = 3 \sim 63$;$Q = 25$;卸荷压力 $p < 1.5$; 实际通过流量 $Q = 12$(作卸荷阀用)		$p = 23.7$
8	液动顺序阀	$p = 3 \sim 63$;$Q = 25$;卸荷压力 $p < 1.5$; 实际通过流量 $Q \approx 4.62$		$p = 23.7 +$ $(5 \sim 8)$
9	单向阀	$p = 63$;$Q = 25$;$\Delta p \leqslant 2$; 最大实际通过流量 $Q = 21$		
10	单向阀	$p = 63$;$Q = 10$;$\Delta p \leqslant 2$;实际通过流量 $Q = 12$		
11	单向阀	$p = 63$;$Q = 25$;$\Delta p \leqslant 2$;实际通过流量 $Q \approx 21$		
12	单向阀	$p = 63$;$Q = 25$;$\Delta p \leqslant 2$;实际通过流量 $Q \approx 42$		
13	压力继电器	$p = 10 \sim 63$;反向区间压力调整范围为 $5 \sim 8$		
14	压力表开关	$p = 63$;测量 6 点压力值;实测 4 点压力值		
15	滤油器	WU—25×180 J 型	公称通径 15×10^{-3} m; 公称流量 $0.42(\approx 25\,\text{L/min})$	

注:以上元件除液压泵、滤油器外,均为板式连接。

3. 确定管道尺寸

　　油箱尺寸一般可根据选定元件的连接口尺寸来确定。如需要计算,则先按通过管路的最大流量和管内允许的流速选择油管内径,然后按工作压力确定油管的壁厚或外径。

　　当通过管路的油液流量 Q 一定时,油管内径 d 取决于管中油流的平均流速 v,即

$$d = \sqrt{\frac{4Q}{\pi v}} \tag{8-16}$$

式中:Q 为通过油管的最大流量;v 为管内允许流速,其值按表 8-13 选取。

表 8 − 13 允许流速推荐值

油液流经的管路名称及规格		允许流速 $v/(\mathrm{m \cdot s^{-1}})$
装有过滤器的吸油管		$0.5 \sim 1.5$
无过滤器的吸油管		$1.5 \sim 3$
回油管		$2 \sim 3$
压油管	25×10^5 Pa	3
	50×10^5 Pa	4
	100×10^5 Pa	5
	$> 150 \times 10^5$ Pa	7
	短管及局部收缩处	$4.5 \sim 10$

由于本系统液压缸差动连接时,油管内通油量较大,其实际流量 $Q \approx 0.5 \times 10^{-3}$ m³/s (30 L/min),取允许流速 $v = 5$ m/s,因此主压力油管 d 用式(8 − 16)计算,即

$$d = \sqrt{\frac{4Q}{\pi v}} = 1.13\sqrt{\frac{Q}{v}} = 1.13\sqrt{\frac{0.5 \times 10^{-3}}{5}} = 11.3 \times 10^{-3}\mathrm{m}(11.3\mathrm{mm})$$

圆整化取 $d = 12$ mm。

油管壁厚一般不需计算,根据选用的管材和管内径查液压传动手册的有关表格得管的壁厚 δ。

选用 14×12 mm,10 号冷拔无缝钢管。

其他进油管、回油管和吸油管,按元件连接口尺寸决定油管尺寸,测压管选用 4×3 mm 紫铜管或铝管。管接头选用卡套式管接头,其规格按油管通径选取。

4. 确定油箱容积

中压系统油箱的容积,一般取液压泵公称流量 Q_n 的 $5 \sim 7$ 倍,故油箱容积

$$V = 7Q_\mathrm{n} = 7 \times 21 \times 10^{-3} = 147 \times 10^{-3} \mathrm{m}^3(147 \text{ L})$$

六、管路系统压力损失的验算

由于有同类型液压系统的压力损失值可以参考,故一般不必验算压力损失值。下面以工进时的管路压力损失为例计算如下。

已知:进油管、回油管长均为 $l = 1.5$ m,油管内径 $d = 12 \times 10^{-3}$ m,通过流量 $Q = 0.1 \times 10^{-3}$ m³/s,选用 20 号机械油,考虑最低工作温度为 15℃,$\nu = 1.5$ cm²/s。

1. 判断油流类型

利用式(1 − 19),经单位换算为

$$Re = \frac{vd}{\nu} \times 10^4 = \frac{1.273\, 2Q}{d\nu} \times 10^4 \qquad (8 − 17)$$

式中:v 为平均流速(m/s);d 为油管内径(m);ν 为油的运动黏度(cm²/s);Q 为通过流量(m³/s)。

$$Re = \frac{1.273 \times 0.1 \times 10^{-3}}{12 \times 10^{-3} \times 1.5} \times 10^4 \approx 71 < 2\,000$$

故为层流。

2. 沿程压力损失 $\sum \Delta p_1$

$$\Delta p_1 \approx 4.3 \times 10^{12} \frac{\nu l Q}{d^4} \tag{8-18}$$

式中：Δp_1 为油管的沿程压力损失(Pa)；ν 为油的运动黏度(cm²/s)；Q 为通过流量(m³/s)；l 为油管长度(m)；d 为油管内径(mm)。

当系统中油流为紊流时，可利用式(1-45)，但其阻力系数 λ 按紊流时的数值选取。利用式(8-18)分别算出进、回油压力损失，然后相加即得到总的沿程压力损失。

在进油路上

$$\Delta p_1 = 4.3 \times 10^{12} \frac{\nu l Q}{d^4} = 4.3 \times 10^{12} \frac{1.5 \times 1.5 \times 0.1 \times 10^{-3}}{12^4} \approx 0.5 \times 10^5 \text{ Pa}$$

在回油路上，其流量 $Q = 0.05 \times 10^{-3}$ m³/s(差动液压缸 $A_1 \approx 2A_2$)，压力损失

$$\Delta p_1 = 4.3 \times 10^{12} \frac{\nu l Q}{d^4} = 4.3 \times 10^{12} \frac{1.5 \times 1.5 \times 0.05 \times 10^{-3}}{12^4} \approx 0.26 \times 10^5 \text{ Pa}$$

由于是差动液压缸，且 $A_1 \approx 2A_2$，故回油路的压力损失只有一半折合到进油腔。所以工进时总的沿程压力损失为

$$\sum \Delta p_1 = (0.5 + 0.5 \times 0.26) \times 10^5 = 0.63 \times 10^5 \text{ Pa}$$

3. 局部压力损失 $\sum \Delta p_2$

由于采用集成块式的液压装置，故只考虑阀类元件和集成块内油路的压力损失。油流流经集成块时的压力损失可查标准集成块油路资料。在公称流量 Q_n 下通过液压元件的压力损失 Δp_n 可由产品样本中查到。但应注意，某些液压元件，如换向阀、顺序阀和滤油器等的实际压力损失 Δp_2 与通过该元件的实际流量 Q 有关，即

$$\Delta p_2 = \Delta p_n \left(\frac{Q}{Q_n}\right)^2 \tag{8-19}$$

此外，对于流经节流阀、调速阀的实际流量与在系统中应保证的最小压力降基本无关。背压阀的压力损失也与实际流量基本无关。

为计算方便，将工进时油流通过各种阀的流量和压力损失列于表8-14。

表 8-14　阀的流量和压力损失

编号	名　称		实际通过流量 Q $\frac{10^{-3}}{60}$(m³·s⁻¹)	公称流量 Q_n $\frac{10^{-3}}{60}$(m³·s⁻¹)	公称压力损失 Δp_n 10^5 Pa
1	单向阀	9	6	25	2
2	三位五通电磁换向阀	3	6	25	2
3	单向行程调速阀	4	6	25	5
4	液动顺序阀	8	3	25	1.5(卸荷时压力损失)
5	背压阀	6	3	10	6

利用式(8-19),计算各阀局部压力损失之和 $\sum \Delta p_{\mathrm{V}}$ 如下:

$$\sum \Delta p_{\mathrm{V}} = 2 \times 10^5 \times \left(\frac{6}{25}\right)^2 + 2 \times 10^5 \times \left(\frac{6}{25}\right)^2 + 5 \times 10^5 \times \left(\frac{6}{25}\right)^2 +$$

$$\frac{1}{2} \times 1.5 \times 10^5 \times \left(\frac{3}{25}\right)^2 + \frac{1}{2} \times 6 \times 10^5 \times \left(\frac{3}{10}\right)^2 =$$

$$0.57 \times 10^5 \ \mathrm{Pa}$$

取油流通过集成块时的压力损失为

$$\Delta p_{\mathrm{J}} = 0.3 \times 10^5 \ \mathrm{Pa}$$

故工进时总的局部压力损失为

$$\sum \Delta p_2 = (0.57 + 0.3) \times 10^5 = 0.87 \times 10^5 \ \mathrm{Pa}$$

所以　　　　　　　　$\sum \Delta p = (0.5 + 0.87) \times 10^5 = 1.37 \times 10^5 \ \mathrm{Pa}$

这个数值加上液压缸的工作压力(由外负载决定的压力)和压力继电器要求系统调高的压力(取其值为 $5 \times 10^5 \ \mathrm{Pa}$),可作为溢流阀调整压力的参考数据。其压力调整值 p 为

$$p = \sum \Delta p + p_1 + 5 \times 10^5 \ \mathrm{Pa}$$

式中,p_1 为液压缸工进时克服外负载所需压力,

$$p_1 = F_{\mathrm{o}} / A_1 = 15\ 556 / (50.2 \times 10^{-4}) = 30.9 \times 10^5 \ \mathrm{Pa}$$

所以　　　　　　　　$p = (30.9 + 1.37 + 5) \times 10^5 = 32.27 \times 10^5 \ \mathrm{Pa}$

这个值比估算的溢流阀调整压力值 $46.9 \times 10^5 \ \mathrm{Pa}$ 小。因此,主油路上的元件和油管直径均可不变。

应该指出,本系统液压缸快退时,由于流量大和液压缸前后腔压力折算的影响,此时管路系统总的压力损失比工进时要大。若工进时外负载较小,则其溢流阀的调整压力就有可能要按快退时所需压力调定。

七、液压系统的发热与温升验算

从图 8-4 知,本机床的工作时间主要是工进工况。为简化计算,主要考虑工进时的发热,故按工进工况验算系统温升。

1. 液压泵的输入功率

工进时小流量泵的压力 $p_{\mathrm{p1}} = 46.9 \times 10^5 \ \mathrm{Pa}$,流量 $Q_{\mathrm{p1}} = 0.15 \times 10^{-3} \ \mathrm{m^3/s}$,小流量泵功率为

$$P_1 = \frac{p_{\mathrm{p1}} Q_{\mathrm{p1}}}{\eta_{\mathrm{p}}} = \frac{46.9 \times 0.15 \times 10^2}{0.75} = 938 \ \mathrm{W}$$

式中,η_{p} 为液压泵的总效率。

工进时大流量泵卸荷,顺序阀的压力损失 $\Delta p = 1.5 \times 10^5 \ \mathrm{Pa}$,即大流量泵的工作压力 $p_{\mathrm{p2}} = 1.5 \times 10^5 \ \mathrm{Pa}$,流量 $Q_{\mathrm{p2}} = 0.2 \times 10^{-3} \ \mathrm{m^3/s}$,大流量泵功率

$$P_2 = \frac{p_{\mathrm{p2}} Q_{\mathrm{p2}}}{\eta_{\mathrm{p}}} = \frac{1.5 \times 0.2 \times 10^2}{0.75} = 40 \ \mathrm{W}$$

故双联泵的合计输入功率

$$P_{\mathrm{i}} = P_1 + P_2 = 938 + 40 = 978 \ \mathrm{W}$$

2.有效功率

工进时，液压缸的负载 $F = 14\ 000$ N(见表 8-2)，取工进速度 $v = 1.67 \times 10^{-3}$ m/s (0.1 m/min)，输出功率 P_o 为

$$P_o = fv = 14\ 000 \times 0.001\ 67 = 23.4\ \text{W}$$

3.系统发热功率 P_h

系统总的发热功率 P_h 为

$$P_h = P_i - P_o \approx 955\ \text{W}$$

4.散热面积

油箱容积 $\quad\quad\quad\quad\quad\quad V = 105\ \text{L} = 105 \times 10^{-3}\ \text{m}^3$

油箱近似散热面积 A 为

$$A = 0.065 \sqrt[3]{V^2} = 0.065 \sqrt[3]{105^2} = 1.447\ \text{m}^2$$

5.油液温升 ΔT

假定采用风冷，取油箱的散热系数 $C_T = 23$ W/(m²·℃)，利用下式可得油液温升为

$$\Delta T = \frac{P_h}{\sum C_T A} = \frac{955}{23 \times 1.447} \approx 28.7℃ \tag{8-20}$$

设夏天的室温为 30℃，则油温为 $30 + 28.7 = 58.7$℃，没有超过最高允许油温(50~70℃)。

思考题和习题

8-1 试按图 8-10 压力机的液压系统，对其系统主要工作参数进行计算。已知：

(1) 工作循环为快速下降 → 压制工件 → 快速退回 → 原位停止(或再快速下降)；

(2) 液压缸无杆腔面积 $A_1 = 1\ 000$ cm²，有杆腔有效面积 $A_2 = 50$ cm²，移动部件自重 $F_g = 5\ 000$ N；

(3) 快速下降时的外负载 $F_1 = 10\ 000$ N，速度 $v_1 = 6$ m/min；

(4) 压制工件时的外负载 $F_2 = 50\ 000$ N，速度 $v_2 = 0.2$ m/min；

(5) 快速回程时的外负载 $F_3 = 10\ 000$ N，速度 $v_3 = 12$ m/min；

管路压力损失、泄漏损失、液压缸的密封摩擦力以及惯性力等均忽略不计。

试求：

(1) 液压泵的最大工作压力及流量。

(2) 阀 3，4，6 各起什么作用？它们的调整压力各为多少？

8-2 某组合机床的动力滑台，其液压系统如图 8-11 所示，其工作循环为快进 → 工进 → 快退 → 原位停止。

已知：液压缸直径 $D = 63$ mm，活塞杆直径 $d = 45$ mm，工作负载 $F = 16\ 000$ N，液压缸的效率 $\eta_m = 0.95$，不计惯性力和导轨摩擦力，快速运动 $v_1 = 7$ m/min，工作进给速度 $v_2 = 53$ mm/min，系统总的压力损失折合到进油路上 $\sum \Delta p = 5 \times 10^5$ Pa。

试求：

(1) 该系统实现工作循环时电磁铁、行程阀、压力继电器的动作顺序表。

(2) 计算并选择系统所需元件，并在图上标明各元件型号。

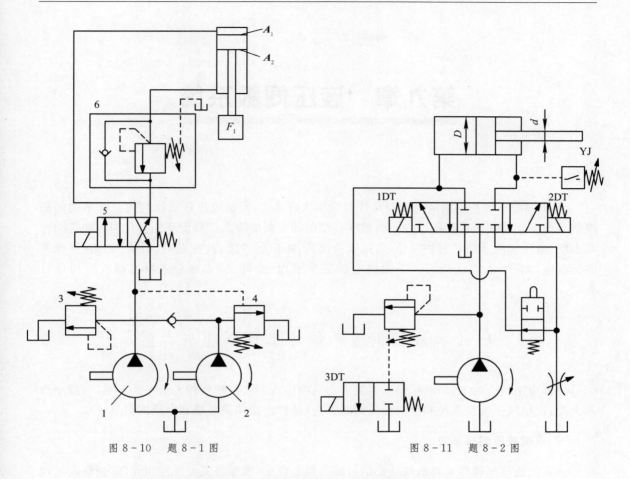

图 8 - 10　题 8 - 1 图　　　　　　　　图 8 - 11　题 8 - 2 图

8 - 3　试按下列技术条件设计一台拉床的液压系统并对系统进行计算。

(1) 最大切削力 $F = 100\,000$ N；

(2) 工作进给速度 v_1 为 $0.5 \sim 4$ m/min；

(3) 快速退回速度 v_2 为 $10 \sim 20$ m/min；

(4) 运动循环为：工进 → 停（或不停） → 快退 → 停（或再工进）；

(5) 工作行程 s 不小于 1.2 m；

(6) 加工时要运动平稳。

以下条件供设计时参考：

(1) 可按容积调速系统设计；

(2) 用一台 ZBSV40 轴向柱塞式手调变量泵，可用电机直接连接，取转速 $n = 1\,460$ r/min，液压泵总效率 $\eta = 0.9$；

(3) 设本拉床进油管长 $L_1 = 4$ m，回油管长 $L_2 = 3$ m，活塞杆直径 $d = 55$ mm，滑鞍重 3 000 N；

(4) 活塞杆密封为 V 形密封，活塞密封用活塞环。

第九章 液压伺服系统

液压伺服系统是采用液压控制元件和液压执行元件,根据液压传动原理建立起来的伺服控制系统。它能使执行元件以一定的精度自动跟随微弱的输入信号而动作。作为一种自动控制系统,液压伺服系统具有快速性好、伺服精度高、体积小等优点,在航空、机床、船舶、能源等各行各业均获得了广泛应用。下面就它的工作原理、类型、动态和静态特性以及应用进行介绍。

9-1 液压伺服系统的工作原理与类型

根据应用场合的不同,液压伺服系统有不同的组成形式。按照输入信号的不同,可以分为两大类:机械液压伺服系统和电气液压伺服系统(简称机液伺服系统和电液伺服系统)。

一、机械液压伺服系统

该系统通过机械传动将机械运动信号输入到系统中,操纵有关液压控制元件,控制液压执行元件跟随输入信号而动作。这类伺服系统几乎都是专门用来进行位置控制的,即控制液压执行元件运动的位置。下面通过几个具体实例来说明其工作原理。

图9-1为一种车床上常用的液压仿形刀架工作原理图。整个仿形刀架安装在车床纵拖板上,由液压缸2、随动阀3、刀架1以及恒压油源所组成。当刀架随纵拖板沿车床床身导轨做等速纵向运动 s_0 时,仿形销5在弹簧7的作用下,压在固定不动的样板6的工作面上,并在其上滑动。在样板的作用下,仿形销绕固定在液压缸上的支点4做上下摆动 $x_r(t)$。通过杠杆将这个运动传给随动阀阀芯3,使其在随动阀阀套中前、后移动 x_v,图中可见,随动阀阀芯利用中间的两个凸肩棱边与阀套相对应的两个凹槽棱边组成两个节流口 δ_1 和 δ_2。当阀芯在阀套内移动时,将改变这两个节流口的通流截面尺寸。刀架1除了随纵拖板一起获得纵向送进运动 s_0 以外,还由伺服液压缸2驱动获得前、后方向的仿形送进运动 $x_c(t)$。液压缸有效面积小的一腔直接与恒压油源相连,其压力不变,即 $p_1 = p_p$。压力油经节流口 δ_1 流到液压缸有效面积大的另一腔,由于节流口 δ_1 的作用,其压力由 p_p 下降为 p_2。压力油经节流口 δ_2 流回油箱,其压力由 p_2 下降为大气压。显然,液压缸大腔的压力 p_2 取决于节流口 δ_1 和 δ_2 的大小。当仿形销5沿样板上平行于纵向的直线段滑动时,仿形销将无摆动,即 $x_r(t)=0$,随动阀阀芯3也无前后移动,此时阀芯3处于中间平衡位置。在这个位置上,由节流口 δ_1 和 δ_2 决定的液压缸大腔的压力 p_2 与液压缸小腔中的恒压力 p_1 对液压缸的总作用力是相对平衡的,于是液压缸静止不

动,刀架将无前后方向的仿形送进运动,即 $x_c(t)=0$,只有纵向送进运动 s_0,此时车削出的表面为圆柱面。当仿形销在样板作用下绕支点向上摆动了 $x_r(t)$ 距离时,通过杠杆使随动阀阀芯相对阀套向上移动,其结果是使节流口 δ_1 开大,δ_2 关小。由液压原理可知,液压缸大腔的压力 p_2 加大,打破原来的平衡状态,则液压缸在油压的作用下连同随动阀阀套和杠杆支点 4 一起向上运动,使刀架获得向上的仿形送进运动 $x_c(t)$。液压缸向上运动的结果将使 δ_1 重新关小,而 δ_2 重新开大。一旦液压缸运动到使 δ_1 和 δ_2 恢复原来尺寸,使 p_2 回到原来平衡状态的数值,液压缸两腔总作用力重新回到平衡时,运动终止。不难看出,此时液压缸向上移动的距离 $x_c(t)$ 将与仿形销的位移距离 $x_r(t)$ 一样。如果仿形销在样板的作用下再继续向上移动,则将再次打破平衡,重复上述过程,使刀架再次跟随向上移动,而刀架运动的结果又促使系统再回到平衡。只要仿形销连续移动,则将连续不断地重复平衡 — 不平衡 — 再平衡的变化过程,于是刀架就可获得与仿形销移动一致的连续向上的仿形送进运动 $x_c(t)$,因而加工出与样板形状一致的工件。

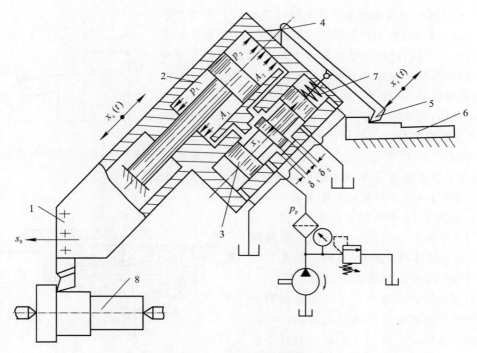

图 9-1　液压仿形刀架原理

1— 刀架;2— 液压缸;3— 随动阀;4— 铰链;5— 仿形销;6— 样板;7— 弹簧;8— 工件

　当仿形销在样板作用下向下运动时,整个过程与上述相似,将使 δ_1 减小,δ_2 加大,因此使 p_2 下降,打破了液压缸上、下作用力的平衡,于是液压缸连同刀架将向下运动,直至 δ_1 和 δ_2 重新恢复原来大小,系统回到平衡状态。由上述工作原理可以看出:

　(1)液压伺服系统是一个具有负反馈的闭环自动控制系统,其框图如图 9-2 所示。正是系统的输入信号 $x_r(t)$(仿形销的机械运动)与输出信号 $x_c(t)$(刀架的仿形送进运动)的不一致,即出现了位置误差 $e(t)=x_r(t)-x_c(t)$,将引起随动阀阀芯相对阀套产生偏移 $x_v(t)$,改变了节流口 δ_1 和 δ_2 的尺寸,改变了进入液压缸的压力油的压力与流量,从而产生液压缸的运动

$x_c(t)$，运动将持续到输入与输出信号之间的误差 $e(t)$ 消除为止。

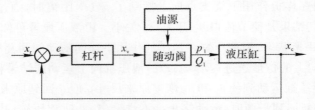

图 9-2　液压仿形刀架方框图

（2）液压伺服系统是一个功率放大装置，推动仿形销的力很小，一般不超过 $5 \sim 10$ N，而液压缸产生的力很大，达几千牛顿甚至几万牛顿。系统中作为功率放大的关键环节是随动阀，它根据输入的微弱机械运动信号，输出相应的具有很大功率的压力油（液压信号：p_1，Q_1）去驱动液压缸。所以随动阀又称为液压放大器。

（3）上述液压伺服系统主要依靠液压放大器上的两个节流口 δ_1 和 δ_2 的通流截面积的改变（即液阻的改变）来控制液压缸的运动。所以，这样的系统实质上是一个自动的节流调速系统，因此具有节流调速的基本特点：系统结构简单，工作可靠，但效率很低，不宜用于大功率的地方。

必须说明，在车床仿形刀架上加工图 9-3 所示零件时，车刀沿工件表面的切向送进运动 s 实际上是由纵向送进 s_0 与仿形送进运动 x_c 合成的。在加工中，s_0 一般是一个等速运动，因此为了获得垂直于车床主轴的合成送进运动，以便加工轴类的端面，刀架必须相对车床主轴方向倾斜成 $45° \sim 60°$。

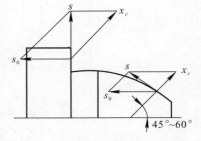

图 9-3　车床仿形刀架的送进运动

在上述例子中，系统的输入信号（仿形销的移动）x_r 与输出信号（液压缸和刀架的移动）x_c 都是直线移动。图 9-4 所示为输入与输出信号均为旋转运动的机液伺服系统——液压转矩放大器的原理图。小功率的伺服电机 1 产生很小的转矩即可通过齿轮副 2 带动随动阀阀芯 3 转动。阀芯 3 的右端有反馈丝杠 4 与螺母 5 相配合，而螺母 5 则固定在液压马达 6 的输出轴上。在随动阀上，阀芯与阀套的棱边组成的四个节流口 δ_1，δ_2，δ_3 及 δ_4 以及它们间的油路连接，利用这四个节流口分别

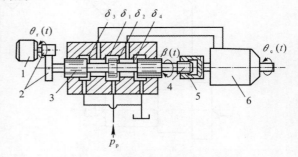

图 9-4　液压转矩放大器原理图
1—伺服电机；2—齿轮；3—随动阀芯；
4—反馈丝杠；5—反馈螺母；6—液压马达

控制液压马达两腔的压力。当处于图示中间平衡位置时，四个节流口完全一致，因而液压马达两腔的压力相同，液压马达静止不动。当伺服电机 1 转动一角度 $\theta_r(t)$ 时，使随动阀阀芯 3 转过 $\beta(t)$ 角度（$\beta = i\theta$，i 为齿轮副 2 的传动比），在丝杠 4 和螺母 5 的作用下，将使阀芯从原来中位移动一个距离，改变了四个节流口的状态，使液压马达两腔压力平衡被打破，在油压的作用下，液压马达轴旋转，输出旋转运动 $\theta_c(t)$，且输出很大的转矩来驱动负载。液压马达轴的旋转又联动螺母 5 一起转动，螺母旋转而丝杠不旋转则会使丝杠移动，因此通过丝杠 4 使随动阀阀芯反

方向移动。当液压马达轴的转角 $\theta_c(t)$ 也达到 $\beta(t)$ 角时,随动阀阀芯反向移动到原来的中位上,使四个节流口重新恢复一致,于是液压马达两腔压力恢复平衡,转动停止。当伺服电机连续转动时,液压马达也将跟随连续转动,并且转过的角位移与伺服电机的角位移成比例,即 $\theta_c(t)=i\theta_r(t)$。我国生产的 DMY 型电液脉冲马达就属于此类转矩放大器,它的伺服电机为步进电机,它由伺服步进电机、随动阀和液压马达组成一单独部件供某些数控机床送进系统使用。

二、电气液压式伺服系统

在伺服系统中,用电气信号进行控制具有传递速度快,线路连接方便,适用于远距离控制,易于测量、比较和处理等优点。使用液压能作为动力具有输出力(或力矩)大,惯性小,响应快等优点。因此两者结合组成的电液伺服系统是一种控制灵活、精度高、快速性好、输出功率大的控制系统。

图 9-5 是采用电液伺服阀控制方式驱动液压缸的电液伺服系统组成图。系统的液压执行元件为液压缸,根据输入系统的电气信号而动作,从而驱动负载输出相应的物理量,即系统的输出信号(如位移、速度、力等),该输出信号经电气测量反馈装置测得并反馈到系统输入端与输入信号相比较,如不一致,将产生反映二者误差大小的电压信号,即误差信号,该信号经过伺服放大器放大输出具有一定功率的电流信号后

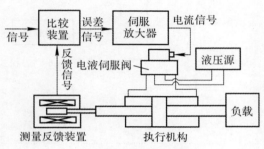

图 9-5　电液伺服系统组成图

被输入电液伺服阀。在电液伺服阀内部,首先把输入的电流信号通过电气-机械转换装置按比例变换成类似上述各例中的随动阀阀芯的机械位移,从而改变了相应的节流口状态,输出具有一定压力和流量的压力油(即输出具有足够大的液压功率的液压信号)去驱动液压执行元件及负载,执行元件运动到输入信号与反馈信号完全一致,误差信号消失为止。此类电液伺服系统广泛用于位置控制、速度控制和施力控制等。根据不同的输出信号和使用要求,反馈测量装置可以是电位器、旋转变压器、测速发电机和力传感器等。由此可知,电液伺服阀在系统中是完成电气-液压信号转换和最后功率放大的关键环节,关于它的结构和工作原理将在第9-4节中讲述。

三、节流控制与容积控制液压伺服系统

以上所列举的液压伺服系统其基本控制方式都是利用液压放大器(随动阀)中的节流口通流截面积的改变来控制输入执行元件的压力油的压力和流量,从而达到控制执行机构运动的目的,所以它们都属于节流控制的液压伺服系统。这样的系统和节流调速一样,效率较低。在大功率、大流量的系统中将造成较大的能量损耗,因此要求采用效率高的类似容积调速的液压伺服系统。图 9-6 为容积式液压伺服系统的方框图。输入的控制信号首先通过前述的小功率节流控制液压伺服系统来控制主液压泵的变量机构,如控制轴向柱塞泵的斜盘倾斜角度、变量叶片泵的定子偏心距等,从而改变主液压泵输出的液压功率(压力油的输出流量和压力)来控制系统执行元件的运动(系统的输出信号)。这个输出信号再经反馈装置反馈到输入端与输

入信号比较,实现闭环控制。

综上所述,液压伺服系统的分类情况可概括为

$$
液压伺服系统 - \begin{bmatrix} 节流控制式(阀控) \\ 容积控制式(泵控) \end{bmatrix} - \begin{bmatrix} 电液控制 \\ 机液控制 \end{bmatrix} - \begin{bmatrix} 位置控制 \\ 速度控制 \\ 力\ 控\ 制 \\ \cdots\cdots \end{bmatrix}
$$

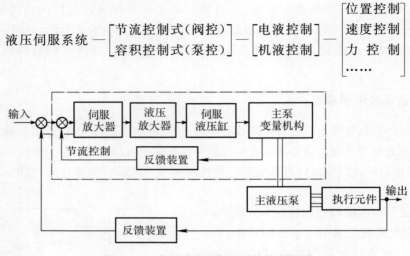

图 9-6　容积式液压伺服系统的方框图

9-2　液 压 放 大 器

液压伺服系统的核心是液压放大器,如上节各例中的随动阀。它根据输入的微弱机械位移信号来控制压力油的流量和分配,从而控制执行元件的运动。因此,液压放大器是一种具有功率放大作用、能起到机械与液压信号转换的液压控制元件。根据控制方式的不同,液压放大器分为滑阀式、喷嘴挡板式和射流管阀式三种。

一、滑阀式液压放大器

图 9-1 和图 9-4 各例中的液压放大器都属于此类。它们都是利用圆柱滑阀阀芯上的凸肩棱边与阀套上对应的凹槽棱边组成控制节流口,当阀芯相对阀套移动时,改变这些节流口的通流截面积来控制输出压力油的流量与压力。根据组成的节流口的数目不同,滑阀式液压放大器又分为四边控制、双边控制和单边控制等滑阀式液压放大器。

1. 四边控制滑阀式液压放大器

图 9-4 实例中的随动阀就是此类液压放大器。它利用滑阀阀芯与阀套组成四个节流口来进行控制,其工作原理不再赘述。为了便于进一步理解四个节流口的控制作用,采用图 9-7(c) 四臂电桥等效电路进行阐述。每个节流口相当于电桥一个臂上的电阻,而液压缸作为负载被连在电桥中间,油流量相当于电路中的电流,油压则相当于电压。当阀芯移动时,使各节流口开大或关小,即液阻(电阻)减小或加大,从等效电路中不难理解,这将改变加在负载上的压力差和流过负载的流量的大小和方向,从而达到控制负载运动的目的。

根据节流口在中间平衡位置时不同的初始开口量,又有正开口、零开口和负开口三种滑阀,如图 9-8 所示。当阀芯移动时,不同的初始开口量将有不同的流量输出,图 9-8(d) 为三种

不同开口滑阀的位移-流量特性曲线。

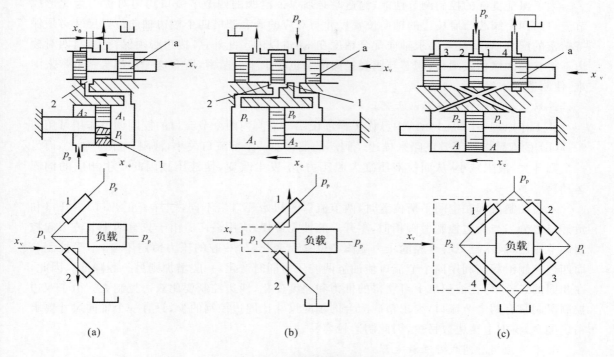

图 9-7　滑阀式液压放大器

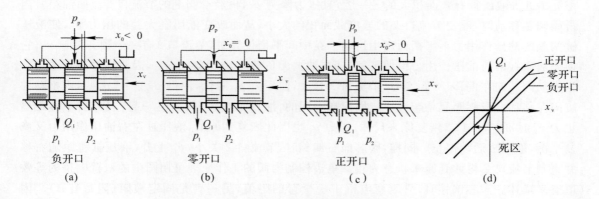

图 9-8　正开口、零开口和负开口滑阀

从图 9-8(a) 可见,负开口滑阀在中间平衡位置时,四个节流口都被遮盖,完全断开了油源与执行元件之间的通路。阀芯需左右移动一段距离 x_0 以后,才能把相应的节流口开启,才有油流输给执行元件,因此形成了没有流量输出的一段阀芯位移区,即死区,造成不良的非线性死区特性。

图 9-8(c) 为正开口滑阀。从图可见,阀芯在中间平衡位置时,由于各节流口都有一定的开口量,因此造成一部分压力油经这些节流口直接流回油箱,成为无功损耗,并从以后的分析计算可知,正开口滑阀增加了系统的静态误差。

图 9-8(b)的零开口滑阀避免了正、负开口滑阀的缺点,所以应用最广。

为了保证良好的控制调节性能,制造时必须保证滑阀的四个节流口均匀对称。为此形成节流口的四个阀芯凸肩棱边的轴向位置尺寸与对应的阀套凹槽四个棱边轴向位置尺寸必须保持精密的配合,有些甚至要求轴向配合精度在 $2 \mu m$ 以内。此外,各棱边必须保持尖锐,四对棱边不得有轻微擦伤或圆角,阀芯与阀套径向配合也要求十分精密,所有这一切都给制造带来困难,使制造成本增加。

2. 双边控制滑阀式液压放大器

其工作原理在图 9-1 示例中已作了详细说明。滑阀内两个节流口的控制调节作用可用图 9-7(b)的双臂电桥等效电路来描述。阀芯的偏移使一个节流口关小,液阻(电阻)加大,而另一个则开大,液阻减小,从而使液压缸大腔压力 p_1 发生改变,使液压缸因此产生相应的伺服运动。

双边控制滑阀在中间平衡位置时,两节流口的初始开口量不同,同样有正开口、零开口和负开口之分。与四边控制滑阀相似,零开口的性能最好,应用最广。由于只有两个节流口起控制调节作用,液压缸只有一腔的压力随阀芯位移而变化,另一腔的压力恒定不变,不受控制。而四边控制滑阀则利用四个节流口使油缸两腔压力同时变化,一腔增加则另一腔降低。因此,在相同的条件下,在液压缸上可获得的推力和速度变化,四边控制要比双边控制大。由于双边控制滑阀只有两个节流口,要求精确配合的轴向尺寸比四边控制的少,只有一个轴向尺寸要求精确配合,再加上棱边数目少,因此制造较容易。

3. 单边控制滑阀式液压放大器

图 9-7(a)具有恒压力为 p_p 的压力油从油源直接进入液压缸有效面积小的一腔,并经阻尼孔 1 进入液压缸有效面积大的另一腔,且压力降为 p_1,再经滑阀上的节流口 2 流回油箱。当滑阀阀芯移动时,改变节流口 2 的通流截面积的大小,从而改变液压缸大腔的压力 p_1,使液压缸两腔的油压作用力不平衡而产生运动。在中间平衡位置时,节流口 2 有一个预开口量 x_0,它使得液压缸两腔油压作用力保持平衡,即在油缸无负载时,$p_1 A_1 = p_p A_2$,因此油缸静止不动。当推动阀芯向左偏移 x_v 距离时,节流口 2 开大,使压力 p_1 降低,使得 $p_1 A_1 < p_p A_2$,则推动油缸向左移动。滑阀阀套是与液压缸固定在一起的,液压缸左移,阀套也一起左移,当左移距离也为 x_v 时,使节流口 2 恢复原来尺寸,压力 p_1 也因此恢复到原值,液压缸左右油压作用力又恢复平衡,液压缸运动停止。同样,阀芯向右偏移时,节流口 2 关小,p_1 上升,液压缸将跟随右移并直到节流口 2 再回到原来状态为止。单边控制滑阀的工作原理可用图中的双臂电桥的等效电路来描述。阀芯偏移时,只改变电桥中一个臂的阻值,另一臂是固定液阻(阻尼孔 1)。因此,在相同的条件下,它比双边控制滑阀所能获得的液压缸推力与运动速度的变化要小。而且在中间平衡位置时,节流口 2 必须是开启的,因此不可避免地有无功流量损耗。但由于只有一个节流口,所以结构最简单,制造最容易,成本亦最低。

综上所述,三种滑阀式液压放大器中,四边控制的控制调节性能最好,但结构最复杂,制造成本高,因此主要用在控制要求严格的精密伺服系统中。而双边和单边控制的滑阀式液压放大器则用在一般系统中或作为多级液压放大器的前置级使用。

二、喷嘴挡板式液压放大器

图 9-9(a)为单喷嘴挡板式液压放大器的原理图。恒压力为 p_p 的压力油经固定节流口 a

流入喷嘴前腔 b，且压力降为 p_c。压力油再由喷嘴前腔一路流入执行元件（液压缸）的工作腔，另一路经喷嘴 c 与喷嘴及挡板 d 间的节流缝隙 δ 流回油箱。显然，当挡板在输入信号作用下左右摆动，改变节流缝隙 δ 时，将使前腔压力 p_c 变化，从而使执行元件运动。其工作原理类似单边控制滑阀式液压放大器，其等效电路如图 9-9(b) 所示。

为了改善挡板受力情况和提高灵敏度更常采用的是如图 9-10 所示双喷嘴挡板式液压放大器。它实际上是将两个单喷嘴挡板式液压放大器连成推挽形式。当挡板处于两喷嘴之间的中间位置时，不难看出，两喷嘴的前腔及执行元件（液压缸）的两腔压力 p_{c1} 和 p_{c2} 相等，所以输出的压力差 $p_1 = p_{c1} - p_{c2} = 0$，液压缸不动。当挡板偏离中间位置时，例如向左偏移 x_d，使缝隙 δ_1 减小，液流流经它时的液阻加大（参看图中的等效电路），则 p_{c1} 增高。缝隙 δ_2 加大，液阻减小，则 p_{c2} 下降，因而有压力差 $p_1 = p_{c1} - p_{c2}$ 产生，即可推动执行元件运动。喷嘴挡板式液压放大器更多的是作为多级液压放大器的前置级，在第 9-4 节将要讲到的电液伺服阀中就是用它来作为前置级放大器。

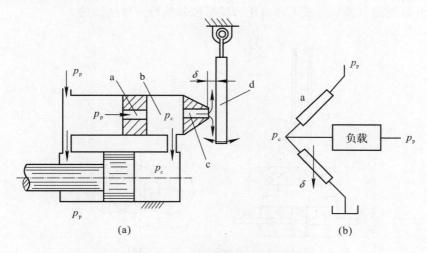

图 9-9　单喷嘴挡板式液压放大器

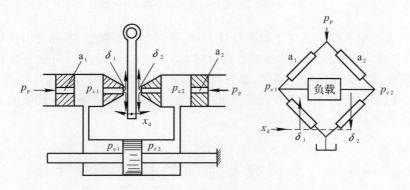

图 9-10　双喷嘴挡板式液压放大器

三、射流管式液压放大器

图 9-11 为射流管式液压放大器的原理图。压力油经收缩型的射流管 1 将液体压力能变成动能,从射流口 2 高速射出,并为接收器 5 上呈扩散形的两接收孔 3 和 4 所接收,再将液体动能重新变成压力能来驱动执行元件。输入信号为射流管绕轴心 O 的摆动,它使射流口 2 相对两接收口的重叠面积 Δf_1 和 Δf_2 改变,因而改变了两接收孔接收到的液体动能分配比例。当射流口 2 在中间时,$\Delta f_1 = \Delta f_2$,两接收口所接收到的液体动能相同,因此 $p_1 = p_2$,液压缸不动。当射流管摆动使射流口向右偏移 x_f 距离[见图 9-11(b)]时,$\Delta f_1 > \Delta f_2$,接收孔 3 接收到的液体动能就比接收孔 4 的大。因此 $p_1 > p_2$,液压缸的活塞将左移。当射流口向左偏移时,活塞将右移。显然,活塞移动的速度以及产生的推力大小与输入信号(射流管)偏移量 x_f 成比例。

射流管式液压放大器是一种非节流式液压放大器,其工作原理与滑阀式、喷嘴挡板式液压放大器有根本区别。前者是改变液体动能分配比例来控制执行元件运动的,而后者是利用油液通过不同开口量的节流口造成不同的压力降来控制执行元件运动的。

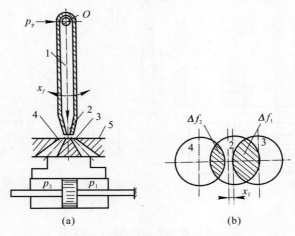

图 9-11 射流管式液压放大器的原理图
1— 射流管;2— 射流口;3,4— 接收孔;5— 接收器

射流管式液压放大器的优点是射流口较大,因而对污物不敏感,不容易出现堵塞或像滑阀式那样出现"卡死"的现象,故工作可靠性高,结构简单,制造容易。然而至今对射流口与接收孔之间的液流状态的分析研究还不够,缺乏精确的分析和计算方法,对其性能也难预测,因此应用还不多。但有的国家在液压放大前置级中逐渐用它来代替喷嘴挡板式放大器。目前我国已有此类的系列产品。

9-3 机液伺服系统特性分析与计算

现在以图 9-12 四边控制滑阀式液压仿形刀架为例,对机液伺服系统的特性分析与计算做简要的介绍。

一、四边控制滑阀式液压放大器特性

系统依靠四边控制滑阀式液压放大器实现伺服控制,因此滑阀特性在系统中就起关键的作用。假定系统所使用的是理想零开口的四边控制滑阀,即认为阀芯与阀套相应的棱边绝对锋锐,轴向尺寸完全一致、对称,阀芯与阀套的径向间隙也为零。此理想滑阀在其处于中间平衡位置时,四个控制节流口完全关闭无油流。当阀芯相对阀套向右位移 x_v 时,节流口1和4开启,而2和3关闭,从图9-12右上角的等效电路可见,1和4两臂是通的,其液阻大小取决于 x_v 的大小,而2和3两臂则断开。如果滑阀所控制的液压缸两腔的有效面积一样,在不考虑油液泄漏和可压缩性的情况下,流过节流口1和4以及液压缸的流量 Q_1,Q_4 和 Q_L 是相等的,即

$$Q_1 = C_d w x_v \sqrt{\frac{2}{\rho}(p_p - p_1)} \qquad (9-1)$$

$$Q_4 = C_d w x_v \sqrt{\frac{2}{\rho} p_2} \qquad (9-2)$$

由此可得
$$p_p = p_1 + p_2$$

而
$$p_L = p_1 - p_2$$

所以
$$p_1 = \frac{1}{2}(p_p + p_L); p_2 = \frac{1}{2}(p_p - p_L)$$

代入式(9-1)或式(9-2)可得

$$Q_L = C_d w x_v \sqrt{\frac{1}{\rho}(p_p - p_L)} \qquad (9-3)$$

式中:w 为节流口缝隙长度;Q_L 为流过液压缸的流量,亦即是随动阀输出的流量,简称负载流量;p_L 为加在液压缸两腔的压力差,亦即是随动阀两输出端压力差,简称负载压力。

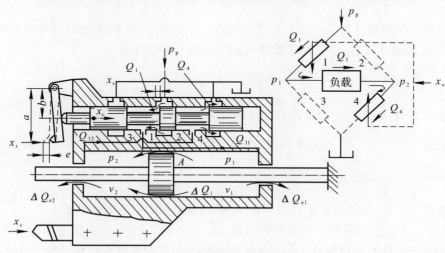

图9-12　四边控制滑阀式液压仿形刀架

当阀芯相对阀套反方向移动时,将使节流口1和4关闭,2和3开启,此时负载流量 Q_L 和负载压力 p_L 都改变了方向,但其计算公式仍可用式(9-3)。为了考虑 x_v,Q_L,p_L 的方向,式(9-3)可改写成

$$Q_L = C_d w x_v \sqrt{\frac{1}{\rho}\left(p_p - \frac{x_v}{|x_v|}p_L\right)} = f(x_v, p_L)$$

$$(9-4)$$

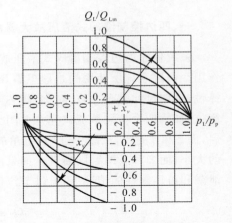

图 9-13　滑阀流量压力特性

输出的负载流量 Q_L 为 x_v 和 p_L 的函数,如图 9-13 所示,这是个非线性关系。图中 Q_{Lm} 为 $p_L = 0$,而 x_v 达到最大值时的流量,即

$$Q_{Lm} = C_d w x_{vmax} \sqrt{\frac{p_p}{\rho}}$$

为了简化分析与计算,只要 x_v 和 p_L 的变化是限制在某小范围内,我们则可以在这个范围内近似地用一线性关系式来代替式(9-4),进行这样的处理,称为线性化处理。设滑阀是在 a 点附近变化,即 $Q_{La} = f(x_{va}, p_{La})$,则在这个点的邻域内用泰勒级数将式(9-4)展开,并略去高次项得

$$Q_L - Q_{La} = \frac{\partial Q_L}{\partial x_v}\bigg|_{\substack{x_v = x_{va} \\ p_L = p_{La}}} (x_v - x_{va}) + \frac{\partial Q_L}{\partial p_L}\bigg|_{\substack{x_v = x_{va} \\ p_L = p_{La}}} (p_L - p_{La})$$

即

$$\Delta Q_L = \frac{\partial Q_L}{\partial x_v}\bigg|_{\substack{x_v = x_{va} \\ p_L = p_{La}}} \Delta x_v + \frac{\partial Q_L}{\partial p_L}\bigg|_{\substack{x_v = x_{va} \\ p_L = p_{La}}} \Delta p_L \qquad (9-5)$$

只要把工作范围限制在起始点 $Q_{La} = f(x_{va}, p_{La})$ 附近,就可以用线性的增量方程式(9-5)代替式(9-4),令

$$K_{Qa} = \frac{\partial Q_L}{\partial x_v}\bigg|_{\substack{x_v = x_{va} \\ p_L = p_{La}}} = C_d w \sqrt{\frac{1}{\rho}(p_p - p_{La})} \qquad (9-6)$$

称为在起始点 a 处的流量增益,它代表了起始点处单位滑阀位移所能引起的负载流量的变化。显然,K_{Qa} 值越大,则很小的阀芯位移引起的负载流量变化越大。

$$K_{ca} = -\frac{\partial Q_L}{\partial p_L}\bigg|_{\substack{x_v = x_{va} \\ p_L = p_{La}}} = \frac{1}{2}C_d w x_{va} \sqrt{\frac{1}{\rho(p_p - p_{La})^3}} \qquad (9-7)$$

称为流量压力系数,它是在起始点处单位负载压力变化所引起的负载流量的变化。由于 p_L 的增加始终使 Q_L 减小,即 $\frac{\partial Q_L}{\partial p_L}$ 始终为负值,式(9-7)中加一负号就使得 K_{ca} 值恒为正值。令

$$K_{pa} = -\frac{\partial p_L}{\partial x_v} = \frac{\partial Q_L}{\partial x_v}\bigg/\left(-\frac{\partial Q_L}{\partial p_L}\right) = K_{Qa}/K_{ca} = \frac{2(p_p - p_{La})}{x_{va}} \qquad (9-8)$$

称为压力增益,它是在起始点处单位滑阀的位移所引起的负载压力的变化。

K_{Qa}, K_{ca} 及 K_{pa} 三者统称为滑阀在起始点 a 的性能系数,它们与系统的性能关系极大。

我们总是把工作起始点选在 x_{va}, p_{La}, Q_{La} 都等于零,即滑阀处于中间平衡位置情况下进行分析计算的,也就是所谓初始条件为零的情况下进行分析计算。这样做并非仅仅是为了简化计算,而是由于实际工作情况就是滑阀总是在中间平衡位置附近工作的,并且从以后的计算可知,这个位置也是液压伺服系统稳定性最危险的点。如果按这点进行计算时,系统是稳定的,则其他各点也就必然是稳定的了。

理想零开口滑阀在中间平衡位置时,即 x_{va}, p_{La}, Q_{La} 均为零时,得

$$\left.\begin{array}{l} K_Q = C_d w \sqrt{\dfrac{1}{\rho} p_p} \\ K_p \rightarrow \infty \\ K_c = 0 \end{array}\right\} \qquad (9-9)$$

用式（9-9）算得的中间平衡位置的流量增益 K_Q 的值通过对零开口滑阀的实验，证明是正确的，因而可以有把握地使用。然而 K_p 和 K_c 值就与实际情况有极大差别。原因是，在实际零开口滑阀上，阀芯与阀套之间必然存在一定的径向间隙；组成各节流口的阀芯与阀套的棱边也不可避免地有一定的圆角，尤其是工作一段时间的旧阀更是如此；各棱边之间不可避免地还有轴向尺寸误差。所有这一切造成滑阀处于中间平衡位置时，各节流口都有一定的流量流过，在旧阀上由于棱边的磨损使该流量增加更明显，而不是理想零开口滑阀那样，流量为零。在中间平衡位置关闭负载通道（即 $Q_L=0$）下，所得 p_L 和 x_v 之间的实验曲线如图9-14所示。由图可见，K_p 是一个有限值，并非理想零开口滑阀那样为无穷大，因此 K_c 也绝不是等于零。依靠实验求得中间平衡位置的 K_p 值，再根据 K_p，K_Q 及 K_c 三者之间的关系，以及式（9-8），即可求得中间平衡位置的 K_c 值了。从上述可见，中间平衡位置时的 K_p 值最大，而 K_c 值最小。而且还可以看出，由于正开口滑阀在中间平衡位置时，各节流口均有一定的开口量，因此它的 K_c 值远比零开口的大。

起始点选择为中间平衡位置时，即 x_{va}，Q_{La}，p_{La} 均等于零时，则式（9-5）可改写成

$$Q_L = K_Q x_v - K_c p_L \qquad (9-10)$$

式中的 K_Q 和 K_c 分别为中间平衡位置时的流量增益和流量-压力系数。

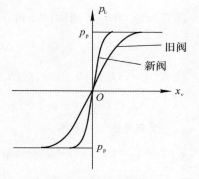

图9-14 关闭负载通道下的
压力增益曲线

二、液压缸特性

图9-12仿形销在样板的作用下输入 $x_r(t)$ 位移，刀架输出 $x_c(t)$ 位移时，仿形销与刀架之间的位置误差为

$$e(t) = x_r(t) - x_c(t) \qquad (9-11)$$

通过传动杠杆，位置误差 $e(t)$ 使阀芯相对阀套偏移中间平衡位置 $x_v(t)$ 距离，如果杠杆传动比为 $i=b/a$，则

$$x_v(t) = ie(t) \qquad (9-12)$$

阀芯的偏移，使液压缸两腔压力发生变化，且有流量 Q_{L1} 和 Q_{L2} 经滑阀流进和流出液压缸，液压缸将以 $\dfrac{dx_c}{dt}$ 的速度运动。液压缸两腔的压力差就是负载压力 p_L，两腔的流量平均值近似地视为负载流量 Q_L，即

$$\left.\begin{array}{l} p_L = p_1 - p_2 \\ Q_L = \dfrac{1}{2}(Q_{L1} + Q_{L2}) \end{array}\right\} \qquad (9-13)$$

设滑阀到液压缸两腔的密封空间容积分别为 V_1 和 V_2。当活塞处于液压缸行程的中间位置时，$V_1 = V_2 = \dfrac{1}{2}V_t$。$V_t$ 为滑阀到液压缸之间的总的密封空间容积。在两腔 V_1 和 V_2 中的油

液由于压力的变化引起容积变化[见式(1-4)]，进而引起的流量分别为

$$\left.\begin{array}{l} \Delta Q_{p1} = \dfrac{dV_1}{dt} = \dfrac{V_t}{2K}\dfrac{dp_1}{dt} \\[3mm] \Delta Q_{p2} = \dfrac{dV_2}{dt} = \dfrac{V_t}{2K}\dfrac{dp_2}{dt} \end{array}\right\} \tag{9-14}$$

式中，K 为油液综合体积弹性模量，取 $K = 7 \times 10^8$ Pa。

两腔之间不可避免地还有内泄漏，在图 9-12 所示情况下 p_1 比 p_2 高，后腔的油泄漏到前腔。此外，两腔均有外泄漏，内、外泄漏量均与压力差成正比，即

内泄漏量 $\qquad\qquad\qquad \Delta Q_i = C_i(p_1 - p_2)$

外泄漏量 $\qquad\qquad\qquad \Delta Q_{e1} = C_e p_1; \Delta Q_{e2} = C_e p_2$ $\qquad$ (9-15)

式中，C_i, C_e 分别为液压缸内、外泄漏系数，是指在单位压力差作用下泄漏的流量。

当液压缸以 $\dfrac{dx_c}{dt}$ 速度运动时，液压缸的前、后腔流量平衡方程式为

前腔 $\qquad\qquad Q_{L1} - \Delta Q_i - \Delta Q_{e1} - A\dfrac{dx_c}{dt} - \Delta Q_{p1} = 0$

后腔 $\qquad\qquad \Delta Q_i - \Delta Q_{e2} - Q_{L2} + A\dfrac{dx_c}{dt} - \Delta Q_{p2} = 0$

两式相减，并且各项除以 2 得

$$\frac{1}{2}(Q_{L1} + Q_{L2}) - \Delta Q_i - \frac{1}{2}(\Delta Q_{e1} - \Delta Q_{e2}) - \frac{1}{2}(\Delta Q_{p1} - \Delta Q_{p2}) = A\frac{dx_c}{dt}$$

将式(9-13)、式(9-14)、式(9-15) 代入得

$$\underbrace{Q_L}_{\text{负载流量}} - \underbrace{C_i(p_1 - p_2)}_{\text{内泄漏}} - \underbrace{\frac{1}{2}C_e(p_1 - p_2)}_{\text{外泄漏}} - \underbrace{\frac{V_t}{4K}\frac{d}{dt}(p_1 - p_2)}_{\text{容积弹性变形变化量}} = \underbrace{A\frac{dx_c}{dt}}_{\text{有效流量}}$$

令 $C = C_i + C_e/2$ 为液压缸的综合泄漏系数，代入得

$$Q_L - Cp_L - \frac{V_t}{4K}\frac{dp_L}{dt} = A\frac{dx_c}{dt} \tag{9-16}$$

三、负载特性

液压缸运动时，从力的平衡可得

$$Ap_L = \underbrace{m\frac{d^2 x_c}{dt^2}}_{\text{惯性力}} + \underbrace{B\frac{dx_c}{dt}}_{\text{黏性摩擦力}} + \underbrace{f(t)}_{\text{外负载力}} \tag{9-17}$$

式中：m 为液压所驱动的全部质量；B 为液压缸及刀架运动时的黏性摩擦阻力系数，即单位运动速度所引起的黏性摩擦力的大小；$f(t)$ 为加在液压缸上所有的外负载力，如切削阻力等。

四、系统数学模型

综上所述，整个系统的运动可以用式(9-10)、式(9-11)、式(9-12)、式(9-16)和式(9-17)这一组方程式来描述。在初始条件为零的情况下(即初始位置是处于中间平衡位置)，对这组方程式进行拉氏变换得下列代数方程式组：

$$
\left.
\begin{aligned}
&E(s) = X_{\mathrm{r}}(s) - X_{\mathrm{c}}(s) \\
&X_{\mathrm{v}}(s) = iE(s) \\
&Q_{\mathrm{L}}(s) = K_Q X_{\mathrm{v}}(s) - K_{\mathrm{c}} P_{\mathrm{L}}(s) \\
&Q_{\mathrm{L}}(s) - \left(\frac{V_{\mathrm{t}}}{4K}s + C\right) P_{\mathrm{L}}(s) = As X_{\mathrm{c}}(s) \\
&A P_{\mathrm{L}}(s) = s(ms + B) X_{\mathrm{c}}(s) + F(s)
\end{aligned}
\right\}
\qquad (9-18)
$$

按式(9-18)可画出系统的结构图及其等效简化过程,如图9-15所示。图中 $B(K_{\mathrm{c}}+C)/A^2 \ll 1$,因此可以略去不计。

由图9-15可知,系统的自然频率 ω_{n} 及阻尼比 ζ 分别为

$$
\left.
\begin{aligned}
&\omega_{\mathrm{n}} = \sqrt{\frac{4KA^2}{V_{\mathrm{t}}m}} \\
&\zeta = \frac{B}{4A}\sqrt{\frac{V_{\mathrm{t}}}{Km}} + \frac{K_{\mathrm{c}}+C}{A}\sqrt{\frac{Km}{V_{\mathrm{t}}}}
\end{aligned}
\right\}
\qquad (9-19)
$$

令

$$
\left.
\begin{aligned}
&K_{\mathrm{v}} = \frac{K_Q i}{A} \text{(开环增益)} \\
&G = \frac{AK_Q i}{K_{\mathrm{c}}+C} \text{(刚度系数)} \\
&T = \frac{V_{\mathrm{t}}}{4K(K_{\mathrm{c}}+C)} \text{(时间常数)}
\end{aligned}
\right\}
\qquad (9-20)
$$

则系统结构图简化成图9-16结构形式。

从图9-16可得,系统对输入信号 $X_{\mathrm{r}}(s)$ 的闭环传递函数为

$$
\Phi_{\mathrm{r}}(s) = \frac{X_{\mathrm{cr}}(s)}{X_{\mathrm{r}}(s)} = \frac{K_{\mathrm{v}}}{\dfrac{1}{\omega_{\mathrm{n}}^2}s^3 + \dfrac{2\zeta}{\omega_{\mathrm{n}}}s^2 + s + K_{\mathrm{v}}}
\qquad (9-21)
$$

系统对外负载力 $F(s)$(干扰信号)的闭环传递函数为

$$
\Phi_{\mathrm{f}}(s) = \frac{X_{\mathrm{cf}}(s)}{F(s)} = \frac{-K_{\mathrm{v}}(Ts+1)/G}{\dfrac{1}{\omega_{\mathrm{n}}^2}s^3 + \dfrac{2\zeta}{\omega_{\mathrm{n}}}s^2 + s + K_{\mathrm{v}}}
\qquad (9-22)
$$

式中, $X_{\mathrm{cr}}(s)$ 和 $X_{\mathrm{cf}}(s)$ 分别输入信号 $X_{\mathrm{r}}(s)$ 与外载力 $F(s)$ 作用下刀架的输出响应(即刀架的位移)的拉氏变换式。

系统总的输出响应(刀架的位移)的拉氏变换式为

$$
\begin{aligned}
X_{\mathrm{c}}(s) &= X_{\mathrm{cf}}(s) + X_{\mathrm{cr}}(s) = \\
&\frac{K_{\mathrm{v}}}{\dfrac{1}{\omega_{\mathrm{n}}^2}s^3 + \dfrac{2\zeta}{\omega_{\mathrm{n}}}s^2 + s + K_{\mathrm{v}}}\left[X_{\mathrm{r}}(s) - \frac{F(s)}{G}(Ts+1)\right]
\end{aligned}
\qquad (9-23)
$$

必须指出,在以上的分析计算中,对于仿形销、传动杠杆和滑阀的质量以及由此而引起的惯性力、机械弹性变形,阀芯上的稳态和瞬态液动力以及黏性摩擦力等都认为是很小的而没有考虑,所以在计算中将传动杠杆和滑阀式液压放大器均作为比例环节对待。这样的简化处理合乎大多数机液伺服系统的实际情况,但对于某些高速、精密的液压伺服系统,这样简化就过于粗糙,需要考虑上述因素,进行精确的分析与计算。

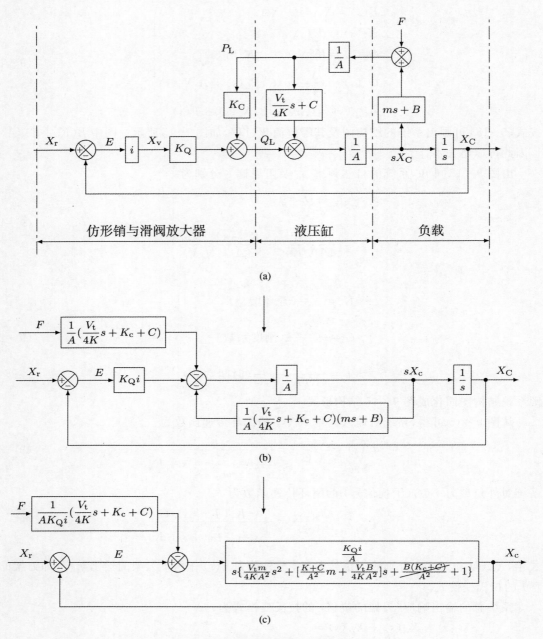

(a)

(b)

(c)

图 9-15 系统结构图和等效过程

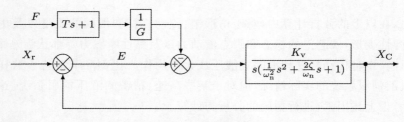

图 9-16 系统结构

五、系统性能分析

建立了系统的数学模型,即图 9-16、式(9-21)和式(9-22)以后,就可以根据数学模型对系统的性能进行全面的分析。

1.系统稳定性

由式(9-21)和式(9-22)可知系统的特征方程式为

$$\frac{1}{\omega_n^2}s^3 + \frac{2\zeta}{\omega_n}s^2 + s + K_v = 0$$

相应的劳斯表为

s^3	$\dfrac{1}{\omega_n^2}$	1
s^2	$\dfrac{2\zeta}{\omega_n}$	K_v
s^1	$\dfrac{\omega_n}{2\zeta}\left(\dfrac{2\zeta}{\omega_n} - \dfrac{K_v}{\omega_n^2}\right)$	
s^0	K_v	

由劳斯判据可得保证系统稳定的充分和必要的条件是,劳斯表中第一列各元素必须大于零。而 ω_n, ζ, K_v 由前面的分析可知均是大于零的,于是得系统稳定的充要条件为

$$\frac{\omega_n}{2\zeta}\left(\frac{2\zeta}{\omega_n} - \frac{K_v}{\omega_n^2}\right) > 0$$

即是

$$K_v < 2\zeta\omega_n \qquad\qquad (9-24)$$

将式(9-19)和式(9-20)代入式(9-24)并整理得

$$K_Q < \frac{1}{i}\sqrt{\frac{4KA^2}{V_t m}}\left[\frac{B}{2}\sqrt{\frac{V_t}{Km}} + 2(K_c + C)\sqrt{\frac{Km}{V_t}}\right] \qquad (9-25)$$

一旦系统各部分的结构参数确定了,就可以用式(9-25)来校核系统的稳定性。凡满足该式者则是稳定的,反之系统则不稳定,各部分结构参数需要进行调整。所以该式成为检验系统各部分参数匹配是否恰当的最基本公式之一。往往根据系统的应用场合和驱动负载大小将液压缸的基本参数 A, m, V_t 等确定了,因此式(9-25)是选择液压放大器性能参数 K_Q 和 K_c 的基本公式。

如果略去黏性摩擦和系统的泄漏不计,即 $B \approx 0, C \approx 0$,则式(9-25)可简化成

$$\frac{K_c}{K_Q} > \frac{iV_t}{4KA} \qquad\qquad (9-26)$$

式(9-26)大为简化了确定系统主要元件(液压放大器、液压缸、传动杠杆)的主要参数的匹配条件。按式(9-26)计算,由于忽略了对稳定有利的黏性摩擦和泄漏而偏于保守。但是在进行系统动态性能估算或设计新系统的过程中,进行系统参数预选时,这个公式仍然是十分有用的。

2.系统的频率特性

从图 9-16 可知，系统对输入信号 $X_r(s)$ 的开环传递函数为

$$W_r(s) = \frac{K_v}{s\left(\frac{1}{\omega_n^2}s^2 + \frac{2\zeta}{\omega_n}s + 1\right)} \quad (9-27)$$

则系统的开环对数频率特性曲线（波德图）如图 9-17 所示。为了确保系统稳定并使系统具有良好的过渡过程，必须使系统具有一定的稳定裕量（相角裕量 γ 和幅值裕量 h）。为此，在自然频率 ω_n 一定的情况下，必须严格控制开环增益 K_v 和阻尼比 ζ 值，图中曲线 ① 所示系统是稳定的，且具有一定稳定裕量。当阻尼比 ζ 不变而使开环增益 K_v 增加时，将会使对数幅频特性曲线向上平移而使系统变为不稳定，如图中曲线 ② 所

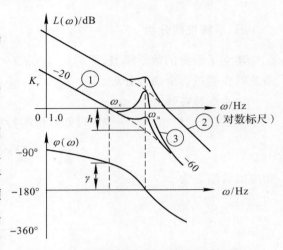

图 9-17　机液伺服系统（液压仿形刀架）开环波德图

示。当开环增益 K_v 不变，阻尼比 ζ 减小时，也同样使稳定裕量减小，甚至变为不稳定，如图中曲线 ③ 所示。因此使系统具有一定的阻尼比是改善系统动态性能的重要途径。从式（9-19）可知，适当地增加滑阀放大器的流量-压力系数 K_c 或液压缸的综合泄漏系数 C 值可以使阻尼比 ζ 加大。从图 9-14 可知，采用具有一定的正开口的滑阀可使 K_p 下降，K_c 加大。也可以采用在执行元件的两腔间跨接一个固定节流器，如图 9-18 所示，人为地造成一定的泄漏量使 C 值增加。用这两种方法来增加阻尼比固然方便可行，但都造成无功流量的增加而降低了系统的效率，并且从式（9-20）可知，K_c 或 C 值的增加将使刚度系数 G 下降。从以后的分析将知道，刚度系数 G 下降使系统静态误差加大。

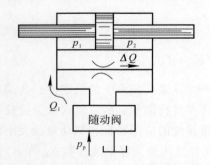

图 9-18　用跨接液阻的方式增加阻尼比

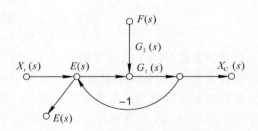

图 9-19　仿形刀架的信号流图

还应指出，提高油液的综合体积弹性模量 K 值，不仅可以使阻尼比 ζ 适当增加，更重要的是使系统自然频率 ω_n 提高，从式（9-24）可知，这将改善系统的稳定性。因此，在保证一定的稳定裕量的条件下，可提高开环增益 K_v 和系统的快速性，而 K_v 的增加又会提高系统的静态精度，减小静态误差。然而空气渗入到系统内部将会使油液综合体积弹性模量 K 值严重下降，为此必须采用各种措施严格防止空气的渗入。对于这点，液压伺服系统比一般液压传动系统要求更为严格。此外，液压缸与滑阀之间尽量不要用软管连接，软管弹性变形大，促使 K 值下降。

3. 系统的静态误差

液压伺服系统是利用误差信号进行控制的闭环控制系统。因此仿形销的输入运动 $x_r(t)$ 与液压缸(刀架)的输出运动 $x_c(t)$ 之间必然存在误差。从图 9-16 可知,误差 $e(t)$ 包含两部分:一部分是由输入信号 $x_r(t)$ 所引起的误差 $e_r(t)$;另一部分为外负载力(干扰信号)$f(t)$ 所引起的误差 $e_f(t)$。所以系统总的误差为二者的代数和,即

$$e(t) = e_r(t) + e_f(t)$$

或

$$E(s) = E_r(s) + E_f(s) \tag{9-28}$$

为了便于计算,我们也可以将图 9-16 变换成图 9-19 所示的信号流图,并从节点 $E(s)$ 引出一条单位增益的支路,变 $E(s)$ 为阱点。

图 9-19 中

$$G_1(s) = \frac{K_v}{s\left(\frac{1}{\omega_n^2}s^2 + \frac{2\zeta}{\omega_n}s + 1\right)}$$

$$G_2(s) = -\frac{1}{G}(Ts + 1)$$

按照图 9-19 和梅逊公式,先令 $F(s)=0$,求得输入信号下系统的误差传递函数为

$$\frac{E_r(s)}{X_r(s)} = \frac{1}{1+G_1(s)} = \frac{s\left(\frac{1}{\omega_n^2}s^2 + \frac{2\zeta}{\omega_n}s + 1\right)}{s\left(\frac{1}{\omega_n^2}s^2 + \frac{2\zeta}{\omega_n}s + 1\right) + K_v}$$

或

$$E_r(s) = X_r(s)\frac{s\left(\frac{1}{\omega_n^2}s^2 + \frac{2\zeta}{\omega_n}s + 1\right)}{s\left(\frac{1}{\omega_n^2}s^2 + \frac{2\zeta}{\omega_n}s + 1\right) + K_v} \tag{9-29}$$

再令 $X_r(s)=0$,求得干扰信号下系统的误差传递函数为

$$\frac{E_f(s)}{F(s)} = -\frac{G_1(s)G_2(s)}{1+G_1(s)} = \frac{K_v(Ts+1)/G}{s\left(\frac{1}{\omega_n^2}s^2 + \frac{2\zeta}{\omega_n}s + 1\right) + K_v}$$

或

$$E_f(s) = F(s)\frac{K_v(Ts+1)/G}{s\left(\frac{1}{\omega_n^2}s^2 + \frac{2\zeta}{\omega_n}s + 1\right) + K_v} \tag{9-30}$$

若仿形销以恒速 v 运动,且加于系统的外负载力也为恒值 F_o,即

$$x_r(t) = vt, \qquad f(t) = F_o 1(t)$$

或

$$X_r(s) = v/s^2, \qquad F(s) = F_o/s$$

代入式(9-29)和式(9-30),并由终值定理可求出系统分别在输入信号与干扰信号作用下的静态误差 e_{vs} 和 e_{fs} 为

$$e_{vs} = \lim_{t \to \infty} e_r(t) = \lim_{s \to 0} sE_r(s) = v/K_v \tag{9-31}$$

$$e_{fs} = \lim_{t \to \infty} e_f(t) = \lim_{s \to 0} sE_f(s) = F_o/G \tag{9-32}$$

从式(9-31)可见,系统的开环增益 K_v 的物理含义为单位误差信号下,系统可达到的稳态

速度值,所以 K_v 又称为系统的速度放大系数。从式(9-32)可见,刚度系数 G 代表了单位误差信号下,系统可能驱动的外负载力的大小。G 的倒数称为系统的柔度,即加于系统的单位外负载力所引起的误差值。

液压缸(刀架)上的静摩擦力 F_f 看成是外负载力 F_o 中的一部分,即 F_o 由有效负载力(切削阻力等)F_t 和静摩擦力 F_f 组成,$F_o = F_f + F_t$,因此代入式(9-32)得

$$e_{fs} = \frac{F_f}{G} + \frac{F_t}{G} = e_{ss} + e_{ts}$$

式中,e_{ss} 表示液压缸为了克服静摩擦力而引起的输入与输出之间的位置误差。显然,当滑阀处于中间平衡位置时,只有当输入的位移信号超过 e_{ss},由此而引起随动阀阀芯相对阀套的偏移量超过 ie_{ss},从而造成液压缸前后腔压力差足以克服静摩擦力 F_f 时,液压缸才能产生跟随运动,系统才有响应输出。反之,如输入的位移信号在 $\pm e_{ss}$ 范围内,则液压缸不会动作,系统将无响应输出,故称 e_{ss} 为静不灵敏度。e_{ts} 表示液压缸为克服有效负载力 F_t 而引起的位置误差,称为刚度误差。e_{vs} 表示运动速度 v 所引起的位置误差,称为速度误差。总的静态误差为上述三种误差的代数和,即

$$e_s = \lim_{t \to \infty} e(t) = \lim_{t \to \infty} e_r(t) + \lim_{t \to \infty} e_f(t) =$$

$$e_{vs} + e_{ts} + e_{ss} = \frac{v}{K_v} + \frac{F_t}{G} + \frac{F_f}{G} \qquad (9-33)$$

从上面计算可知,为了减小静态误差 e_s,应使 K_v 和 G 值增加,从式(9-20)可知,可以用增加 K_Q 和 i,减小 K_c 和 C 值来达到。但是从动态性能分析可知,K_Q 和 i 的增加与 K_c 和 C 值的减小又会促使阻尼比减小,稳定裕量减小,系统动态性能变坏,甚至严重时使系统变得不稳定而不能工作。所以系统各参数必须按照实际情况,综合系统动态、静态两方面的特性合理地选择。

静态误差必然会反映到被加工的零件上,带来加工误差。图 9-20 所示为液压仿形刀架加工时的情况,图中细线 Ⅰ 为仿形销运动轨迹,即样板的轮廓。粗线 Ⅱ 为刀具运动轨迹,即加工零件的实际轮廓。两者由于静态误差的存在必然是不一致的,这就是加工误差。不难理解,在加工圆柱部分时,由于没有输入运动,即仿形销没有位移 $x_r(t)$,$v=0$,将不存在速度误差 e_{vs},这时的加工误差为 $e_{ss}+e_{ts}$。在加工斜面或垂直端面时,由于有仿形运动速度 v 存在,这时加工误差中将包含三种静态误差,即 $e_{vs}+e_{ss}+e_{ts}$。当分析这三种

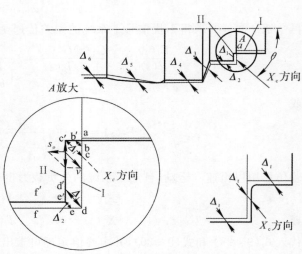

图 9-20　液压仿形刀架加工误差

静态误差所带来的零件加工误差时,必须注意三种静态误差的方向,为此我们仔细分析一下图中 A 部的加工过程,图中左下角为 A 部的放大图。先假定进行的是精加工,切削力很小(即 F_t 很小)暂时略去不计,则刚度误差暂不计。当刀具与仿形销一起纵向送进至 a 点时,在样板 Ⅰ

的作用下,仿形销将沿样板轮廓 abcd 方向运动。此时,由于系统还处在中间平衡位置,所以刀具还没有仿形运动,在纵向送进 s_0 带动下,刀具将继续纵向移动。当刀具沿纵向运动到 b′点,仿形销沿样板运动到 b 点时,刀具与仿形销之间形成位置误差,如果该误差达到 e_{ss},即 bb′ = e_{ss},在液压缸中造成的压力差足可以克服刀架的静摩擦力 F_f 时,刀架才有仿形运动的可能。但此时位置误差所造成的随动阀的偏移量仅形成液压缸内的压力差克服了摩擦力,还没有造成一定的流量 Q_L 进入液压缸,因此,刀具仍没有仿形送进运动,还将继续纵向运动。当刀具运动到 c′点,仿形销运动到 c 点时,两者位置误差扩大成 cc′。当 cc′ = e_{ss} + e_{vs} 时,刀具方才具备一定的仿形送进运动速度 v,此时刀具才跟随仿形销一起沿 c′d′e′ 方向运动。于是就造成了工件与样板之差,沿仿形运动方向的加工误差 Δ_1 = e_{ss} + e_{vs}。当仿形销行至 d 点,刀具行至 d′时,由于刀具与仿形销之间的误差 e_{ss} + e_{vs} 仍旧存在,所以刀具仍将垂直运动。二者分别运动到 e 和 e′点时,二者位置误差减小到 ee′ = e_{ss},进入静不灵敏区,仿形运动停止,$v=0$,因此此时刀具沿 e′f′ 纵向运动。不难看出,这一段所造成的加工误差 Δ_2 = e_{ss}。前面我们是略去切削力来分析的,现在单独考虑切削力这个有效负载力 F_t 所造成的刚度误差 e_{ss} 的影响。由于加工图示零件时,切削力 F_t 总是将刀具推离工件,使加工直径变大,造成如图中右下角所示的加工误差 Δ_t = e_{ts},所以前述各段的加工误差 Δ_1,Δ_2,… 中还应叠加上 Δ_t。至于其他各段的加工误差的形成用相同的方法不难分析出如图中所示情况,这里不再赘述。必须指出,以上加工误差分析仅从静态角度加以考虑的。仔细分析时,还必须考虑系统的动态过程对加工误差的影响。

可以根据静态误差的大小及其对加工误差的影响,适当地调整样板的尺寸和安装位置,使加工后的零件轮廓和尺寸与图纸要求的相吻合。

例 9-1 图 9-21 YFD—100 型液压仿形刀架的参数如下:随动阀为零开口;阀芯直径 d = 0.038 m;随动阀整个圆周均通流,即节流口缝隙长度 $w=\pi d$ = 0.119 4 m;中位处测得随动阀压力增益 K_p = 1.95×10^{10} Pa/m;仿形销杠杆传动比 $i=2b/a$ = 0.5;液压缸直径 D = 0.063 m;活塞杆直径 d_0 = 0.016 m;滑阀到液压缸之间总的密封空间容积 V_t = 6.757×10^{-4} m^3;油源压力 p_p =16×10^5 Pa;仿形运动速度 v =5×10^{-3} m/s;刀架静摩擦力 F_f =160 N;切削阻力 F_t = 1 000 N;油液综合容积弹性模数 K =7×10^8 Pa。刀架运动部分质量 m=50 kg。求该液压仿形刀架的数学模型及主要性能。(C_d = 0.64,ρ = 0.9×10^3 kg/m^3)

解 由于液压缸的活塞杆直径很小,因此两腔有效面积相差很小,$A_2/A_1 \approx 0.934$,故可近似地取两腔有效面积相等,即 $A_2 \approx A_1 = A \approx 3.12 \times 10^{-3}$ m^2。由于刀架运动速度不大且系统泄漏较小,故黏性摩擦阻力很小,可略去不计,泄漏也略去不计,即 $B \approx 0, C \approx 0$。

1. 求随动阀性能参数

由式(9-9)得流量增益为

$$K_Q = C_d w \sqrt{\frac{1}{\rho} p_p} = 0.64 \times 0.119\ 4 \sqrt{\frac{16 \times 10^5}{0.9 \times 10^3}} \approx 3.2\ \text{m}^2/\text{s}$$

由式(9-8)得流量-压力系数为

$$K_c = K_Q / K_p = 3.2/(1.95 \times 10^{10}) \approx 1.64 \times 10^{-10}\ \text{m}^5/(\text{N} \cdot \text{s})$$

2. 系统性能参数

由式(9-19)得系统自然频率与阻尼比为

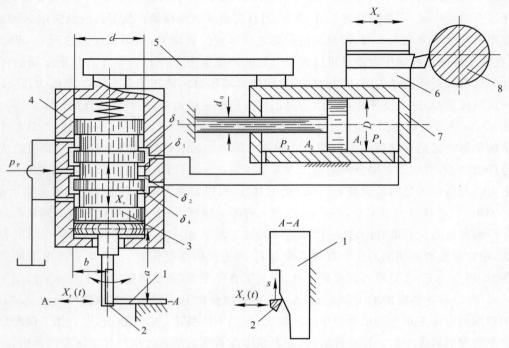

图 9-21　YFD—100 型液压仿形刀架原理图

1— 样板；2— 仿形销；3— 随动阀；4— 阀套；5— 支架；6— 刀架；7— 液压缸；8— 工件

$$\omega_n = \sqrt{\frac{4KA^2}{V_t m}} = \sqrt{\frac{4 \times 7 \times 10^8 \times (3.12 \times 10^{-3})^2}{6.757 \times 10^{-4} \times 50}} \approx 898.2 \ (1/\text{s})$$

$$\zeta \approx \frac{K_c}{A}\sqrt{\frac{Km}{V_t}} = \frac{1.64 \times 10^{-10}}{3.12 \times 10^{-3}}\sqrt{\frac{7 \times 10^8 \times 50}{6.757 \times 10^{-4}}} \approx 0.4$$

由式(9-20)得系统的开环增益、刚度系数及时间常数

$$K_v = K_Q i / A = 3.2 \times 0.5 / 3.12 \times 10^{-3} \approx 512 \ (1/\text{s})$$

$$G = AK_Q i / K_c = 3.12 \times 10^{-3} \times 3.2 \times 0.5 / (1.64 \times 10^{-10}) \approx 3.04 \times 10^7 \ \text{N/m}$$

$$T \approx V_t / (4KK_c) = 6.757 \times 10^{-4} / (4 \times 7 \times 10^8 \times 1.64 \times 10^{-10}) \approx 0.0015 \ \text{s}$$

3.系统的数学模型

由图9-16可得系统结构图,如图9-22所示。按照结构图就可以求出系统的开环、闭环传递函数以及频率特性等。

4.系统性能计算

由式(9-24)可以判断系统的稳定性为

$$2\zeta\omega_n = 2 \times 0.4 \times 898.2 \approx 719 > K_v(=512)$$

所以系统是稳定的。

由式(9-33)可得系统的静态误差为

$$e_{vs} = v / K_v = 5 \times 10^{-3} / 512 \approx 10^{-5} \ \text{m}(=0.01 \ \text{mm})$$

$$e_{ts} = F_t / G = 1\,000 / (3.04 \times 10^7) \approx 3.3 \times 10^{-5} \ \text{m}(=0.033 \ \text{mm})$$

$$e_{\text{fs}} = F_f/G = 160/(3.04 \times 10^7) \approx 5.26 \times 10^{-6}\,\text{m}(=0.005\,26\,\text{mm})$$

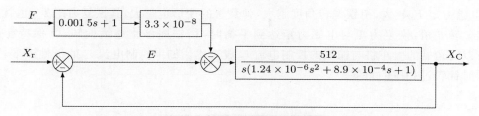

图 9 - 22　YFD—100 型仿形刀架的结构图

9 - 4　电液伺服阀

　　电液伺服系统中的关键环节是电液伺服阀。它按照微小功率的输入电信号（一般小于0.2 W），为液压系统执行元件提供相应强大功率的液压信号（压力与流量可控），使执行元件跟随输入信号而动作。因此电液伺服阀在液压系统中起到功率放大和电气-液压信号转换的作用。

　　在20世纪40年代，首先在飞机上出现电液伺服系统和相应的电液伺服阀。当时的电液伺服阀只是一个滑阀式液压放大器。而滑阀阀芯的位移则是由伺服电动机来拖动。由于电动机的惯性较大，致使当时的电液伺服阀常成为控制回路中响应最慢的元件，从而限制了系统性能的提高。直到50年代初，出现了快速反应的永磁式力矩马达来拖动阀芯，才形成电液伺服阀的雏形。50年代末，又出现了喷嘴挡板式液压放大器作为前置级的电液伺服阀，进一步提高了它的快速性。60年代又出现了干式力矩马达，解决了油液中金属小颗粒被吸附在力矩马达磁隙中的难题，使得电液伺服阀的性能趋于完善，因而在军事技术和工业生产中得到了广泛应用。

一、结构与工作原理

　　图9-23为最常用的机械力反馈式电液伺服阀的工作原理图。它由三大部分组成：上部为力矩马达；中部为喷嘴挡板式前置液压放大器；下部为滑阀式液压放大器。力矩马达的作用是将输入的电流信号转换成喷嘴挡板式液压放大器挡板的偏移。它由永久磁铁 1、导磁体 2 和 4、衔铁 3、控制线圈 12 以及弹簧管 11 等组成。力矩马达部分的工作原理如图 9-24 所示。衔铁 3 装在由永久磁铁 1 磁化了的上、下导磁体 2 和 4 中间，并由弹簧管 11 支撑着。衔铁的两端部与导磁体之间形成四个气隙 ①②③④，衔铁上套有成推挽连接的两个控制线圈。当没有控制信号时，流过两线圈的电流 i_1 和 i_2 大小相等，分别所产生的磁通量大小相等而方向相反，因此所合成的控制磁通 Φ_c 为零，所以在气隙 ①②③④ 中只有永久磁铁形成大小相等的固定磁通 Φ_0，它使衔铁两端所受到的上下磁吸力相同，因此衔铁保持在中间位置不动。当有控制信号输入时，使两个线圈中的电流一个增加而另一个减小，即在线圈上有一差动控制电流 $i_c = i_1 - i_2$，于是在衔铁和导磁体上形成与 i_c 大小与方向成比例的控制磁通 Φ_c，Φ_c 也通过四个气隙。在图示情况时，在气隙 ①④ 中控制磁通与固定磁通方向相反，合成后使磁通量减小。气隙 ②③ 中则相同，合成后使磁通量加大。气隙间的磁通量越大则磁吸力越大，因此衔铁将受

到一个大小和电流 i_c 成比例的逆时针方向的电磁力矩 T_d（见图 9 – 25）的作用，而逆时针偏转。衔铁的偏转使支撑的弹簧管产生弹性变形，形成一个与电磁力矩 T_d 方向相反的恢复力矩 T_{b1}。电磁力矩 T_d 越大，衔铁偏转角度越大，弹簧管的变形也越大，其恢复力矩 T_{b1} 也就越大。当衔铁偏转 θ 角，恢复力矩与电磁力矩达到平衡时，衔铁即停止继续偏转，并保持在此转角上。所以转角 θ 的大小将与输入的控制电流 i_c 成正比。如果控制电流 i_c 的极性改变，同理衔铁将顺时针转过相应的角度。

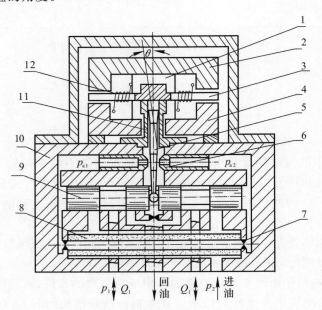

图 9 – 23　电液伺服阀工作原理图

1— 永久磁铁；2，4— 上、下导磁体；3— 衔铁；5— 挡板；6— 喷嘴；
7— 固定节流器；8— 滤油器；9— 滑阀阀芯；10— 壳体；11— 弹簧管；12— 控制线圈

在图 9 – 23 中，衔铁上固定有挡板 5 和反馈杆，二者随同衔铁一起偏转，反馈杆另一端成球状，嵌入滑阀阀芯 9 的凹槽中。当阀芯还处于中间平衡位置时，如衔铁已在控制电流作用下发生偏转 θ 角而阀芯还仍处于原静止不动状态，则将使反馈杆端点产生 $(r+b)\theta$ 的弹性变形量（见图 9 – 25）。反馈杆弹性变形所产生的恢复力对于衔铁来说也

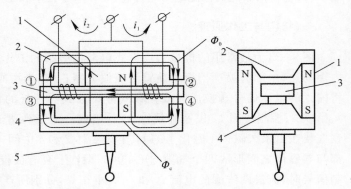

图 9 – 24　力矩马达工作原理图

1— 永磁铁；2— 上导磁体；3— 衔铁；4— 下导磁体；5— 挡板

是一个促使衔铁恢复中位的恢复力矩 T_{b2}。当衔铁偏转 θ 角时，挡板从两个喷嘴之间的中间位置偏移 x_d 距离。从喷嘴挡板式放大器的工作原理可知，当从油源来的压力油经过滤油器 8、两固定节流孔 7 和喷嘴挡板间的节流缝隙流回油箱时，在两个喷嘴前腔中便形成压力差 $p_c = p_{a1} - p_{a2}$。滑阀阀芯 9 在压力差 p_c 作用下向左偏移，并带动反馈杆端点使反馈杆变形继续增

加。当阀芯偏移 x_v 距离时，反馈杆端部变形量增加为 $(\gamma+b)\theta+x_v$。同时反馈杆端部的左移又使挡板被部分地拉回中位，起到一定的负反馈作用。反馈杆所产生的恢复力矩 T_{b2} 因其变形的增加而有所加大。当 T_{b2} 与弹簧管产生的恢复力矩 T_{b1} 加在一起与控制电流 i_c 产生的电磁力矩 T_d 达到平衡，且反馈杆变形对阀芯的反作用力与阀芯两端压力油的作用力也相平衡时，阀芯便停止移动并保持偏移 x_v 距离。这就使控制电流与阀芯偏移量有成比例的一一对应关系。从四边控制滑阀式液压放大器工作原理可知，阀芯 9 偏移 x_v 就能通过四个节流口的控制作用输出对应的负载压力 $p_L=p_1-p_2$ 和负载流量 Q_L 的压力油去驱动液压执行元件。一旦 $i_c=0$ 时，喷嘴挡板和滑阀阀芯在弹簧管和反馈杆变形恢复力的作用下，重新回到中间平衡位置，输出的 p_L 和 Q_L 也就为零了。而当 i_c 反向时，同理输出的 p_L 和 Q_L 也就反向。

从上述工作原理可见，滑阀阀芯的偏移量 x_v 是依靠反馈杆的弹性变形所产生的恢复力，反馈到前置级喷嘴挡板和力矩马达上来加以控制的。同样，挡板的偏移量 x_d 也是依靠弹簧管的弹性变形所产生的恢复力矩，反馈到前置级力矩马达上来加以控制的，所以称为机械力反馈式电液伺服阀。根据反馈方式不同，电液伺服阀还有多种形式，这里不再一一列举。此外，图9-23的电液伺服阀中，力矩马达部分完全与液压油隔离，避免了油液中的金属微粒被吸附于力矩马达的气隙上，影响工作性能，所以称为"干式"电液伺服阀。

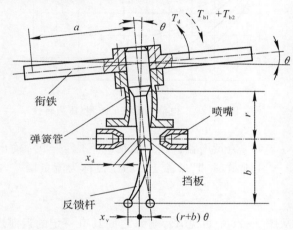

图 9-25　衔铁挡板组件的变形图

那种力矩马达部分完全浸泡在液压油中的，则称为"湿式"电液伺服阀。

二、静态和动态特性

电液伺服阀是根据输入的控制电流 i_c 相应地输出具有一定压力与流量的压力油来驱动执行元件的，因此，它的静态与动态特性主要是建立控制电流、负载压力与负载流量（i_c，p_L，Q_L）三者之间的关系。

1. 静态特性

（1）流量-压力特性。在不同的控制电流 i_c 作用下，电液伺服阀输出的负载压力 p_L 和负载流量 Q_L 之间的关系用无量纲曲线（见图9-26）描绘，图中 Q_{Lm} 是当 $p_L=0$ 时，电液伺服阀在额定控制电流 i_{cm} 作用下的输出流量。从图可见，Q_L 随 p_L 的增加而减小和随控制电流 i_c 的增加而增加的关系与前述四边控制的滑阀式液压放大器的特性（见图9-13）很相似，不同的只是用控制电流代替了滑阀的位移而已。同样，随负载压力 p_L 的增加，输出的负载流量 Q_L 则减小，当 p_L 增加至电液伺服阀的供油压力 p_p 时，将无流量输出了（$Q_L=0$）。

为了满足执行元件所需要的不同的 Q_L 和 p_L，显然在额定控制电流 i_{cm} 下的电液伺服阀的流量-压力曲线应包围所要求的全部工作点。并且和节流调速相似，为了使电液伺服阀有较大的功率输出，建议负载压力 $p_L \leqslant \dfrac{2}{3}p_p$，即所有的工作点都落在图9-27中所示阴影部分。

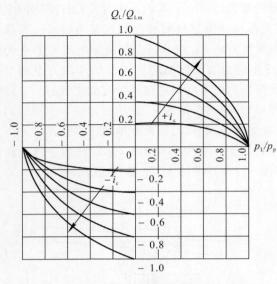

图 9-26　电液伺服阀的流量-压力特性

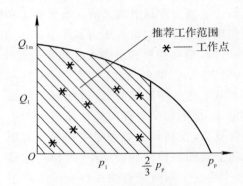

图 9-27　电液伺服阀的工作区

(2) 流量增益。在空载情况下（$p_L = 0$），输出的流量 Q_L 与控制电流 i_c 之间的关系如图 9-28 所示，并把二者变化的比值称为流量增益，即

$$K_Q = \frac{\partial Q_L}{\partial i_c}\bigg|_{p_L=0}$$

从图 9-28 中可见，Q_L 与 i_c 之间具有一定的迟滞现象，这主要是由于力矩马达的磁路中的磁滞现象所引起。电液伺服阀应力求减小这种不良的非线性因素。良好的电液伺服阀的迟滞电流是很小的，一般不超过额定电流的 3%，这样 Q_L 与 i_c 之间可近似用图中虚线来描绘，此时二者之间具有良好的线性度，即各点流量增益 K_Q 为常数不变。

有时，当 $i_c = 0$ 时，Q_L 并不等于零，只有当 $i_c = i_0$ 时，Q_L 才为零，称 i_0 为电液伺服阀的零偏电流。通过调整电液伺服阀的前置放大器或伺服阀中喷嘴挡板的位置来纠正零偏。

如果工作条件（如供油压力、温度、回油压力等）发生变化，则引起零点漂移。即 Q_L 为零时，其控制电流 i_c 是变化的。显然在使用时零漂将影响系统的工作性能，所以应尽量减小零漂。

(3) 压力增益。图 9-29 为输出流量 $Q_L = 0$ 时，负载压力 p_L 与控制电流 i_c 的关系，并把二者变化的比值称为压力增益 K_p（或称压力灵敏度），即

$$K_p = \frac{\partial p_L}{\partial i_c}\bigg|_{Q_L=0}$$

通常以控制电流达到额定电流 i_{cm} 的 1% 时，负载压力 $p_L > \frac{1}{4}p_p$ 作为压力增益特性的指标。

2. 动态特性

图 9-30 是在负载压力 $p_L = 0$ 的情况下，通过实验得到的控制电流 i_c 与空载输出流量 Q_{Lo} 之间的对数频率特性曲线图。从图 9-30 可见，电液伺服阀的传递函数近似为

$$W_v(s) = \frac{Q_{Lo}(s)}{I_c(s)} = \frac{K_Q}{\dfrac{s^2}{\omega_v^2} + \dfrac{2\zeta_v}{\omega_v}s + 1} \tag{9-34}$$

式中：ω_v 为电液伺服阀的自然频率，一般常见的电液伺服阀 $\omega_v = 300 \sim 1\,000$ Hz；$I_c(s)$ 为控制电流 i_c 的拉氏变换式；ζ_v 为电液伺服阀的阻尼比，一般电液伺服阀 $\zeta_v = 0.6 \sim 0.9$。

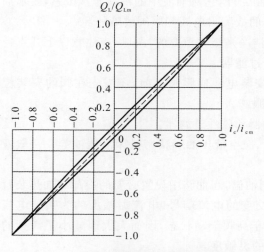

图 9-28　电液伺服阀的流量增益特性

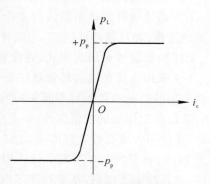

图 9-29　电液伺服阀压力增益特性

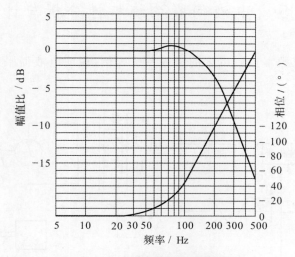

图 9-30　电液伺服阀的频率特性

如果电液伺服阀所驱动的执行元件（液压缸或液压马达）及其所带动机构的自然频率较低，则电液伺服阀的传递函数可近似地视为一阶环节，即

$$W_v(s) = \frac{K_Q}{T_v s + 1} \qquad (9-35)$$

式中，T_v 为电液伺服阀的时间常数，一般常见电液伺服阀 $T_v = 0.002 \sim 0.006$ s。

如果执行元件及所带动的机构的自然频率远比电液伺服阀的低，例如差 6 倍以上，则电液伺服阀甚至可以近似地视为比例环节。

三、使用

电液伺服阀是电液伺服系统必备的精密控制元件,它对油液中的污物非常敏感,要求油液过滤精度在 $5~\mu m$ 以下。据统计,油液污物引起的故障占电液伺服阀故障的 $80\% \sim 90\%$。可见,为保证系统性能和工作可靠,保持工作油的洁净是至关重要的,所以,应注意以下几点:

（1）在电液伺服阀的进、回油口处设置精密过滤器。

（2）系统元件经严格清洗后才能总装。在安装电液伺服阀之前,还需先在阀的安装位上装上冲洗板,进行循环冲洗后,才能装上电液伺服阀。

（3）油箱装置做成封闭式,并设置空气滤清器和磁性过滤器。

（4）采用合适黏度的精密液压油,如透平油、航空液压油和精密机床液压油等。一般液压传动常用的机械油是绝对不能使用的。

除保持工作油的清洁以外,还必须严格控制油温,在油路中设置必要的冷却和加热装置。此外,在使用中可在控制线圈上附加一个高频交变的电流信号（电流振幅大约为额定电流的 30% 以内,频率为 $200 \sim 300~Hz$）,使伺服阀处于高频颤动状态,因而大大地减小了滑阀的静摩擦,并且减小了堵塞,从而提高了电液伺服阀的灵敏度。

9-5　　电液伺服系统特性分析与计算

下面以图 9-31 某数字控制机床的送进系统为例,说明电液伺服系统应用于位置控制的情况。

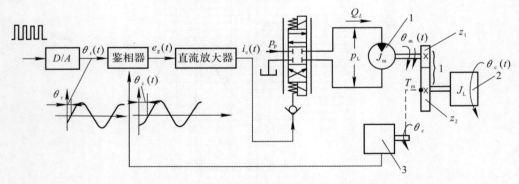

图 9-31　相位控制的电液伺服位置控制系统
1— 液压马达;2— 负载（被控对象）;3— 旋转变压器

图 9-31 中系统的执行元件为液压马达 1,它输出的角位移 $\theta_m(t)$ 经传动比 $i = z_1/z_2$ 的齿轮副传给被控制对象 2（机床工作台）,被控对象 2 的角位移 $\theta_c(t)$ 就是所要控制的系统输出信号。旋转变压器 3 与被控对象 2 一起转动,从而输出具有一定相位移的正弦电压信号。从旋转变压器的工作原理知道,它输出的正弦电压信号的相位移就是其输入轴转动的机械角位移 $\theta_c(t)$。这个信号反馈到输入端的鉴相器中与输入信号相比较。输入信号也是一个正弦电压信号,其频率与旋转变压器反馈来的正弦电压信号的频率相同,但其相角 $\theta_r(t)$ 的大小则是由

输入的数字脉冲信号经数模转换器（D/A）把数字转换为相位而得到的。如果输入与反馈信号的相角位移不一致，即 $\theta_r(t) \neq \theta_c(t)$，经鉴相器将误差信号 $\theta_r(t) - \theta_c(t) = e(t)$ 大小与方向成比例输出电压 $e_g(t)$，再经直流放大器放大后用输出的电流信号 $i_c(t)$ 去控制电液伺服阀。电液伺服阀根据 $i_c(t)$ 的大小和方向，输出相应的液压油（其压差为 p_L，流量为 Q_L）来驱动液压马达及被控对象，使其转动直到其角位移 $\theta_c(t)$ 与输入的相角 $\theta_r(t)$ 完全一致为止。由于该系统是利用正弦电压信号的相角进行比较来实现控制的，所以这种系统称为相位控制系统。下面就以这一电液伺服系统为例进行特性分析与计算。

一、液压马达 —— 负载部分

从图9-31可见，液压马达所驱动的总负载包括：液压马达本身的转子，转子轴及其上的齿轮 Z_1 等的转动惯量的总和 J_m 和被控对象，传动轴及其上的齿轮 Z_2 等的转动惯量的总和 J_L 构成的惯性负载；从液压马达到被控对象2之间的机械传动装置的弹性变形所形成的弹性负载以及传动时的黏性摩擦负载。为了方便计算，我们把这些负载均折算到液压马达轴上，则液压马达所驱动的负载简化成图 9-32 所示。

图9-32中，J_{Lo} 为被控对象等的转动惯量 J_L 折算到液压马达轴上的等效转动惯量，根据在液压马达轴上的惯性力矩相同的原理可得 $J_{Lo} = J_L i^2$；k_m 为折算到液压马达轴上的从液压马达到被控对象间的机械传动装置综合扭转弹性模量；$\theta_{co}(t)$ 为折算到液压马达轴上的转动惯量 J_{Lo} 的当量角位移，它与被控对象实际输出的角位移 $\theta_c(t)$ 之比就是齿轮传动比，即 $\theta_{co}(t) = \theta_c(t)/i$；$B_m$，$B_L$ 分别为液压马达本身的和外负载的综合黏性摩擦阻尼系数；$T_m(t)$ 为液压马达轴上的输出力矩。

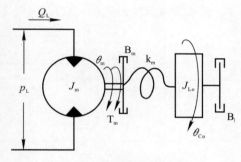

图 9-32 液压马达负载图

液压马达的流量平衡计算与第9-3节中计算液压缸的流量平衡[见式(9-16)]相似，考虑泄漏、容积弹性变形等因素，输给液压马达的负载流量 Q_L 为

$$Q_L = \underbrace{q\frac{d\theta_m}{dt}}_{\text{有效流量}} + \underbrace{\frac{V}{4K}\frac{dp_L}{dt}}_{\substack{\text{容积弹性变} \\ \text{形变化量}}} + \underbrace{Cp_L}_{\text{泄漏量}} \qquad (9-36)$$

液压马达可能产生的理论转矩为 $p_L q$，则从液压马达轴上的转矩平衡得

$$p_L q = \underbrace{J_m\frac{d^2\theta_m}{dt^2}}_{\substack{\text{液压马达的} \\ \text{惯性力矩}}} + \underbrace{B_m\frac{d\theta_m}{dt}}_{\substack{\text{液压马达} \\ \text{的黏性} \\ \text{摩擦力矩}}} + \underbrace{T_m}_{\text{输出力矩}} \qquad (9-37)$$

$$T_m = k_m(\theta_m - \theta_{co}) \qquad (9-38)$$

由转动惯量 J_{Lo} 上的转矩平衡得

$$T_m = J_{Lo}\frac{d^2\theta_{co}}{dt^2} + B_L\frac{d\theta_{co}}{dt} \qquad (9-39)$$

$$\theta_c = i\theta_{co} \qquad\qquad (9-40)$$

在初始条件为零的情况下,对式(9-36)到式(9-40)进行拉氏变换得

$$\left.\begin{aligned}
&Q_L(s) = qs\theta_m(s) + \frac{V_t}{4K}sP_L(s) + CP_L(s) \\
&P_L(s)q = J_m s^2\theta_m(s) + B_m s\theta_m(s) + T_m(s) \\
&T_m(s) = k_m[\theta_m(s) - \theta_{co}(s)] \\
&T_m(s) = J_{Lo}s^2\theta_{co}(s) + B_L s\theta_{co}(s) \\
&\theta_c(s) = i\theta_{co}(s)
\end{aligned}\right\} \qquad (9-41)$$

式中:C 为液压马达的综合泄漏系数;V_t 为从电液伺服阀到液压马达两腔的总的密封空间容积;q 为液压马达每转过一弧度的排量。

按照式(9-41)可绘出液压马达-负载部分的结构图,如图9-33所示。从结构图可见这一部分为一复杂的五阶系统。如果液压马达到被控对象之间的机械传动的刚度很大,即 k_m 值很大,则我们可以略去液压马达轴与负载 J_{Lo} 之间的弹性连接,把它们视为理想的刚性连接在一起。这样,液压马达轴上的总的转动惯量就为 $J = J_m + J_{Lo}$;总的黏性摩擦系数则为 $B = B_m + B_L$ 而 $\theta_m = \theta_{co}$,这时式(9-41)这个方程式组可简化为

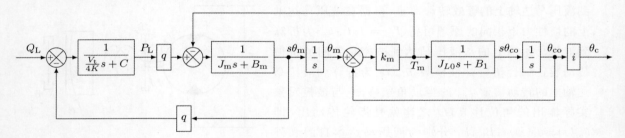

图 9-33　液压马达-负载结构图

$$\left.\begin{aligned}
&Q_L(s) = qs\theta_{co}(s) + \frac{V_t}{4K}sP_L(s) + CP_L(s) \\
&qP_L(s) = Js^2\theta_{co}(s) + Bs\theta_{co}(s) \\
&\theta_c(s) = i\theta_{co}(s)
\end{aligned}\right\} \qquad (9-42)$$

则液压马达-负载部分的结构图简化成图9-34所示。

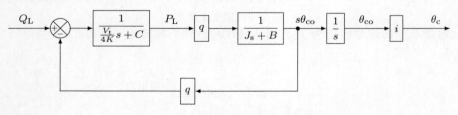

图 9-34　简化了的液压马达-负载结构图

必须再次强调,如果机械传动链很长,刚度较低或者机械传动中的扭转弹性模数 k_m 与所驱动的转动惯量 J_{Lo} 相耦合所形成的机械振动的自然频率 $\left(=\sqrt{\dfrac{k_m}{J_{Lo}}}\right)$ 较低时,则忽略了机械弹

性不计,按式(9-42)和图9-34计算的结果将与实际情况出入很大而不能使用。因此,在这种情况下,只能按式(9-41)和图9-33来计算。为了简化起见,在下面的分析与计算中,都认为机械传动的刚性很大,而按式(9-42)和图9-34计算。

二、电液伺服阀部分

从式(9-34)可得电液伺服阀在负载压力 p_L 等于零的情况下,求出伺服阀的输出流量为

$$Q_{Lo}(s) = I_c(s) \frac{K_Q}{\dfrac{s^2}{\omega_v^2} + \dfrac{2\zeta_v}{\omega_v}s + 1} \tag{9-43}$$

然而从电液伺服阀的流量-压力特性(见图9-26)可见,输出的负载流量 Q_L 随负载压力 p_L 的增加而减小呈非线性关系。为了简化计算,在分析时我们认为电液伺服阀是在零位附近作微小变化,则负载流量 Q_L 与负载压力 p_L 之间的关系如同滑阀式液压放大器那样,可以近似地由一线性方程式来描绘,如同式(9-10),即

$$Q_L = Q_{Lo} - K_c p_L$$

初始条件为零的情况下,拉氏变换得

$$Q_L(s) = Q_{Lo}(s) - K_c P_L(s) \tag{9-44}$$

而

$$K_c = \frac{\partial Q_L}{\partial p_L}\bigg|_{i_c=0} = \left[\frac{\partial Q_L}{\partial i_c}\bigg/\frac{\partial p_L}{\partial i_c}\right]_{i_c=0} = \frac{K_Q}{K_p}$$

式中,K_c 为电液伺服阀在零位的流量-压力系数。

从式(9-43)和式(9-44)可得电液伺服阀的简单结构图,如图9-35所示。

三、系统的电气部分

系统所使用的电气部件鉴相器、旋转变压器、直流放大器的时间常数与电液伺服阀,尤其是液压马达负载部分的相比要小得多,所以在这种情况下,这些电气部分都可以近似视为比例环节,即

鉴相器　　$e_g(t) = K_g[\theta_r(t) - \theta_c(t)]$

直流放大器　　　　　　　　$i_c(t) = K_d e_g(t)$

拉氏变换得:

$$E_g(s) = K_g[\theta_r(s) - \theta_c(s)] \tag{9-45}$$

$$I_c(s) = K_d E_g(s) \tag{9-46}$$

式中:$e_g(t), E_g(s)$ 为鉴相器输出电压及其拉氏变换;K_g, K_d 分别为鉴相器和直流放大器的传递系数。

至于旋转变压器输入的机械角位移就等于它的输出的正弦电压信号的相位移 $\theta_c(t)$,即旋转变压器的传递系数为1。

四、系统的数学模型

综上所述,可以绘出整个系统的结构图和结构图等效过程,如图9-36所示。因为 $B(K_c + C) \ll q^2$,所以 $B(K_c + C)$ 可以略去不计,再令

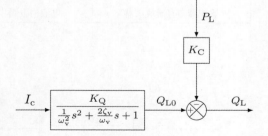

图9-35　电液伺服阀结构图

$$\omega_{\mathrm{m}} = \sqrt{\frac{4Kq^2}{V_{\mathrm{t}}J}} \qquad (9-47)$$

$$\zeta_{\mathrm{m}} = \frac{K_{\mathrm{c}}+C}{q}\sqrt{\frac{JK}{V_{\mathrm{t}}}} + \frac{B}{4q}\sqrt{\frac{V_{\mathrm{t}}}{KJ}} \qquad (9-48)$$

$$K_{\mathrm{v}} = iK_{\mathrm{g}}K_{\mathrm{d}}K_{\mathrm{Q}}/q \qquad (9-49)$$

和前面所讲的阀控液压缸相似,参看式(9-19)。ω_{m} 为液压马达内部密封空间中的油液弹性与液压马达所驱动的负载惯量相偶合而成的振荡环节的自然频率,ζ_{m} 为该振荡环节的阻尼比,K_{v} 则是系统的开环增益。最终系统的结构图可简化成图 9-37 所示。从图中可得系统的开环传递函数为

$$W(s) = \frac{K_{\mathrm{v}}}{s\left(\dfrac{s^2}{\omega_{\mathrm{v}}^2} + \dfrac{2\zeta_{\mathrm{v}}}{\omega_{\mathrm{v}}}s + 1\right)\left(\dfrac{s^2}{\omega_{\mathrm{m}}^2} + \dfrac{2\zeta_{\mathrm{m}}}{\omega_{\mathrm{m}}}s + 1\right)} \qquad (9-50)$$

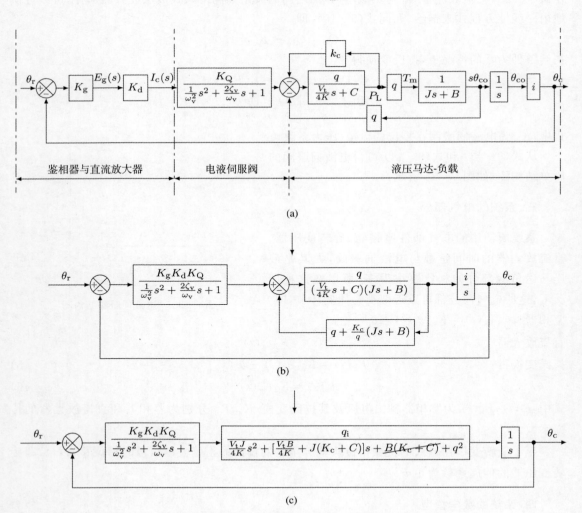

图 9-36　电液伺服系统结构图及其等效过程

系统的闭环传递函数为

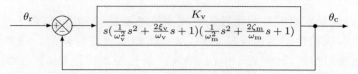

图 9-37　简化了的电液伺服系统结构图

$$\Phi(s) = \frac{\theta_c(s)}{\theta_r(s)} = \frac{K_v}{s\left(\dfrac{s^2}{\omega_v^2} + \dfrac{2\zeta_v}{\omega_v}s + 1\right)\left(\dfrac{s^2}{\omega_m^2} + \dfrac{2\zeta_m}{\omega_m}s + 1\right) + K_v} \tag{9-51}$$

　　这类系统中，一般液压马达负载部分的阻尼比 $\zeta_m = 0.1 \sim 0.2$ 是比较小的。电液伺服阀的阻尼比 $\zeta_v = 0.6 \sim 0.9$。如果电液伺服阀的自然频率 ω_v 比液压马达负载部分的自然频率 ω_m 大很多，例如 $\omega_v \geqslant (4 \sim 6)\omega_m$，则完全可以把电液伺服阀近似地视为一个比例环节，则系统开环与闭环传递函数又可近似地简化成

$$W(s) = \frac{K_v}{s\left(\dfrac{s^2}{\omega_m^2} + \dfrac{2\zeta_m}{\omega_m}s + 1\right)} \tag{9-52}$$

$$\Phi(s) = \frac{\theta_c(s)}{\theta_r(s)} = \frac{K_v}{\dfrac{1}{\omega_m^2}s^3 + \dfrac{2\zeta_m}{\omega_m}s^2 + s + K_v} \tag{9-53}$$

　　与第 9-3 节中分析的液压仿形刀架的传递函数相对照［式（9-21）、式（9-27）］，可以看出它们具有完全相同的形式。有了系统的结构图和开环、闭环传递函数，利用自动控制的有关理论与方法就可以对系统的动态与静态特性进行全面分析，并且找出获得较好性能时的系统参数。在第 9-3 节中，就这方面的内容我们已经做过概略的介绍，这里就不再重复了。

　　必须指出，由于电液伺服系统中传输的信号主要是电气信号，很容易进行处理和传输，这就为在系统中增添校正环节以便改善性能提供了方便。这类系统最常用的校正方式是在系统的比较装置（如图 9-31 所示系统中的鉴相器）与放大装置（如直流放大器）之间串联"超前-滞后"网络进行性能校正（即 PID 控制）和利用测速发电机之类的测量元件，将系统输出信号的速度，例如前述的 $\dot{\theta}_c(t)$，转换为成比例的电压信号，再负反馈到输入端与比较装置输出的控制信号（如 e_g 信号）叠加进行性能校正。有时甚至还将输出信号的加速度（$\ddot{\theta}_c$）反馈到输入端来进行性能校正。实践证明，采用校正以后使系统性能大大改善。关于校正的详细分析与计算请参看有关自动控制原理的方面文献。

9-6　案例分析——汽车液压助力转向系统

　　采用助力转向的目的是改善操作性能，特别是在低速重载条件下可减小操纵力。传统机械液压助力转向系统使用发动机带动油泵给机械转向提供液压助力，但在高速行驶时，由于方向盘反馈力太小，容易出现"丢方向"的感觉，即使用轻微的力就可转动方向盘，为使操作方向盘的力在任何条件下都处于最佳状态，低速或停车转向时操纵力不至于太大，高速行驶转向时操纵力又不至于太小，就需要改进传动机械液压助力系统，使用专门电机为液压助力系统提供动力，并增加了控制单元，使助力大小依据汽车车速进行匹配，高车速时助力小，低车速时助

力大。

液压助力转向的基本原理是利用转阀改变高压油液的流动方向,进出活塞两端的左右转向动力腔,活塞左右运动带动转向连杆运动,从而驱动车轮进行转向。图 9-38,当直线行驶时,转向盘不传送转向扭矩,转阀处于中位,油液由泵直接流回油箱,不驱动活塞运动,转向助力器不起助力作用。右转向时,向右转动转向盘传送转向扭矩给转阀阀芯,油液进入左助力腔,推动活塞向右移动起到助力作用,右助力腔的油液流回油箱。左转向时的原理与右转向相同。如果将转向盘转到任一角度并保持这一角度不变,在转向力矩与转向阻力矩达到平衡时,转阀又回到中位,助力消失,从油泵出来的油经空载油路继续循环,汽车保持沿着曲线行驶,直到再次改变方向为止。

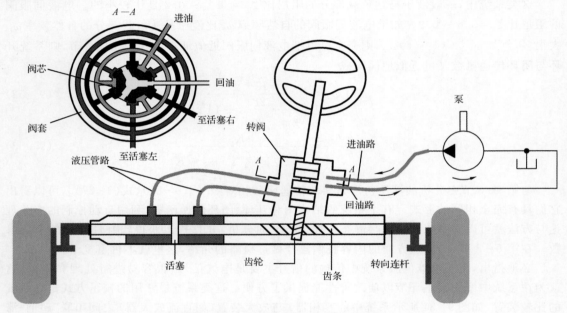

图 9-38   汽车液压助力转向系统原理

思考题和习题

9-1   试分析图 9-1 液压仿形刀架的工作原理及特点。

9-2   刀架随动液压缸的轴线与工件轴线为什么安装成 $45°\sim60°$ 的角度?

9-3   用液压仿形刀架车削曲线型面时,工件表面各处的切向进给速度是不是一个常数?为什么?你能否设计一个纵向进给运动由液压传动来实现并能保证仿形表面切向进给速度为常数的液压仿形装置的方案?

9-4   在工件一次安装中,能否用液压仿形刀架加工出如图 9-39 所示工件的形状来?为什么?

9-5   试比较单边、双边和四边控制的滑阀式液压放大器的工作原理及控制性能。

9-6   试比较正开口、零开口和负开口滑阀的优、缺点。

9-7   何谓滑阀式液压放大器的流量增益 K_Q、压力增益 K_p 和流量-压力系数 K_c? 它们的大小对系统静态、动态性能有何影响？

9-8　机液伺服系统的静态误差由哪几部分组成？以液压仿形刀架为例，试说明它们的物理意义和对加工精度的影响以及与哪些结构参数有关。

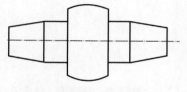

图9-39　题9-4图

9-9　机液伺服系统的稳定性与哪些结构参数有关？

9-10　电液伺服阀的工作原理是怎样的？它在电液伺服系统中所起的作用如何？

9-11　主要依据什么物理过程来建立液压伺服系统的数学模型？建立数学模型的步骤和方法是怎样的？

9-12　在电液伺服系统中，影响它的动静态性能的主要因素有哪些？

9-13　就你所了解的工业知识，试举出或想象出一两件电液伺服系统的例子。并试绘出类似图9-31所示的框图。

参 考 文 献

[1]　姜继海,宋锦春,高常识. 液压与气压传动［M］. 北京:高等工业出版社,2019.

[2]　杜巧连,沈伟. 液压与气动控制［M］. 北京:科学出版社,2017.

[3]　赵新泽,谭宗柒,陈永清. 液压传动基础［M］. 武汉:华中科技大学出版社,2012.

[4]　李寿昌,钱红,翟红云. 液压与气压传动［M］. 北京:北京理工大学出版社,2019.

[5]　章宏甲,周邦俊. 金属切削机床液压传动［M］. 南京:江苏科学技术出版社,1980.

[6]　大连工学院机械制造教研室. 金属切削机床液压传动［M］. 北京:科学出版社,1974.

[7]　上海市业余工业大学,上海市电视大学. 液压传动与控制［M］. 上海:上海科学技术出版社,1981.

[8]　盛敬超. 液压流体力学［M］. 北京:机械工业出版社,1980.

[9]　哈尔滨工业大学液压教研室. 液压流体力学［M］. 北京:高等教育出版社,1977.

[10]　北京航空学院,西北工业大学. 工程流体力学［M］. 北京:国防工业出版社,1980.

[11]　王春行. 液压伺服控制系统［M］. 北京:机械工业出版社,1981.

[12]　陆元章. 机械工程手册［M］. 北京:机械工业出版社,1981.

[13]　何存兴. 液压元件［M］. 北京:机械工业出版社,1981.

[14]　南京航空学院,西北工业大学,北京航空学院. 自动控制原理［M］. 北京:国防工业出版社,1980.

[15]　梅里特. 液压控制系统［M］. 陈燕庆,译. 北京:科学出版社,1976.

[16]　绪方胜彦. 现代控制工程［M］. 卢伯英,译. 北京:科学出版社,1978.

[17]　市川常雄. 液压技术基本理论［M］. 鸡西煤矿机械厂,译. 北京:煤炭工业出版社,1974.

[18]　B.П.哥罗鲍奇金. 机床液压系统动力学［M］. 林丞,译. 北京:科学出版社,1976.

[19]　伯劳斯. 液压气动伺服机构［M］. 黄明慎,译. 北京:国防工业出版社,1978.

[20]　章宏甲,黄谊. 机床液压传动［M］. 北京:机械工业出版社,1987.

[21]　朱绍祥,张宏生,殷锡章. 可编程控制器(PLC)原理与应用［M］. 上海:上海交通大学出版社,1988.

[22]　上海第二工业大学液压教研室. 液压传动与控制［M］. 2 版. 上海:上海科学技术出版社,1990.